UG NX 12.0
数控编程

主编◎梁宇明　赵江平　邱腾雄

内容提要

本书是按照数控车铣"1+X"职业技能中级证书的加工岗位职业标准和典型的工作任务要求，基于数控车铣加工工艺及程序编制与实施工作过程的要求进行编写的。本书由 UG NX 12.0 编程介绍、平面铣加工、轮廓铣加工、孔加工、车削加工 5 个项目组成，每个项目根据加工工艺分成多个任务，便于读者学习。本书除了常规的铣削加工、孔加工、车削加工的学习外，还对项目相关的"1+X"证书的实操考题进行讲解，分析其加工工艺，得出相关的工艺参数，演示部分编程过程，引导读者自行解决实操考题剩余部分的工艺与编程。本书适合 UG 数控加工初学者以及数控加工编程人员使用，同时也可以作为大中专院校相关专业的教材以及社会相关培训班的培训用书。

图书在版编目（CIP）数据

UG NX 12.0 数控编程 / 梁宇明，赵江平，邱腾雄主编 . —上海：上海交通大学出版社，2024.2

ISBN 978-7-313-30182-6

Ⅰ. ①U… Ⅱ. ①梁… ②赵… ③邱… Ⅲ. ①数控机床—程序设计—应用软件 Ⅳ. ①TG659-39

中国国家版本馆 CIP 数据核字（2024）第 035129 号

UG NX 12.0 数控编程
UG NX 12.0 SHUKONG BIANCHENG

主　　编：梁宇明　赵江平　邱腾雄
出版发行：上海交通大学出版社
地　　址：上海市番禺路 951 号
邮政编码：200030
电　　话：021-6407 1208
印　　制：北京荣玉印刷有限公司
经　　销：全国新华书店
开　　本：787 mm × 1092 mm　1/16
印　　张：11.25
字　　数：270 千字
版　　次：2024 年 2 月第 1 版
印　　次：2024 年 2 月第 1 次印刷
书　　号：ISBN 978-7-313-30182-6
电子书号：ISBN 978-7-89424-543-4
定　　价：45.00 元

编写委员会

主　编 | 梁宇明　赵江平　邱腾雄

副主编 | 赖　辉　李晓敏　袁智权　胡　涛　莫志豪　陆镜任

前　言

“1+X”证书制度体现了职业教育作为一种类型教育的重要特征，是完善职业教育培训体系、深化产教融合与校企合作的一项重要制度。为了贯彻落实习近平总书记关于教育的重要论述和全国教育大会精神，推进新时代职业教育改革发展，2019 年教育部等四部门印发了《关于在院校实施“学历证书 + 若干职业技能等级证书”制度试点方案》，部署实施“1+X”证书制度。

实施“1+X”技能等级证书制度培养复合型技能人才，是应对新一轮科技革命和产业变革的挑战，是促进人才培养供给侧和产业需求侧结构要素全方位融合的重大举措。新一轮科技革命和产业变革的到来，推动了产业结构调整与经济转型升级发展新业态的出现。制造业是国民经济的主体，是立国之本、兴国之器、强国之基，而 UG NX 软件是目前世界上面向制造业的最高端软件之一，在全球拥有众多客户，广泛应用于汽车、航空航天、机械、医药、电子工业等领域。针对上述情况，笔者编写了这本以 UG NX 为基础，全面讲解数控加工编程的教材，用以培养能够达到数控车铣“1+X”职业技能中级证书要求的高素质劳动者和技术技能人才，为促进经济社会发展和提高国家竞争力提供优质人才资源支撑。

本书有五大特点：

（1）落实立德树人根本任务，贯彻《高等学校课程思政建设指导纲要》和党的二十大精神，将专业知识与思政教育有机结合，推动价值引领、知识传授和能力培养紧密结合。

（2）突出案例教学，在全面、系统地介绍各项目内容的基础上，以数控车铣“1+X”职业技能中级证书中的实操考核任务为案例，将理论知识和案例结合起来。

（3）采用项目化的方式，项目下有多个小任务，将数控加工工作任务与企业真实应用相结合，读者在学习项目的过程中，掌握“1+X”职业技能中级证书要求的工作知识和技能。

（4）结构严谨、条理清晰、重点突出、案例丰富，内容讲解由浅入深，从易到难，各项目既相对独立又前后关联，及时给出总结和相关提示。

（5）配备了丰富的操作视频、配套的实例素材源文件及参考答案、在线学习资源等，满足读者多样化的学习需求，推动教育教学变革创新。

本书在编写过程中，得到武汉华中数控股份有限公司的技术支持，特此鸣谢。由于编者水平有限，书中存在的错误和疏漏之处，恳请广大读者批评指正。此外，本书作者还为广大一线教师提供了服务于本书的教学资源库，有需要者可致电 13810412048 或发邮件至 2393867076@qq.com。

目 录

UG NX 12.0 编程介绍

学习目标

知识目标

1. 了解零件数控加工的基本流程。
2. 熟练掌握创建程序、几何体、刀具等操作方法。
3. 熟悉几何体、刀具等加工参数的设置。

技能目标

1. 掌握 UG NX 12.0 软件数控加工自动编程的流程。
2. 能根据加工零件的特点设置加工坐标系和工件几何体。
3. 掌握“1+X”证书（中级）训练题的编程技巧及流程。
4. 能独立对加工零件进行创建几何体、刀具等编程的前期操作。

素质目标

1. 体会一丝不苟的工作作风在数控编程中的重要性。
2. 培养良好的编程思路，具备“1+X”证书（中级）所需的职业素养和规范意识。
3. 提升创新设计的意识和能力。

项目概述

数控加工编程是数控加工准备阶段的主要内容，包括分析零件图样，确定加工工艺；计算刀轨，获得刀具位置信息；编写数控加工程序；制作控制介质；校验加工程序及首件试切。它是从加工图纸到获得数控加工程序的全过程，可分为手工编程和自动编程。

手工编程是指零件图纸分析、工艺处理、数值计算、编写程序单、程序校核等各步骤的数控编程工作均由人工完成的全过程。编程人员利用一般的计算工具，通过人工进行各种三角函数的计算，刀具轨迹的运算，并进行指令编制。这种方式一般用于点位加工或简单的几何形状零件的加工，编程方便简单，适应性强。

自动编程是指在计算机及相应的软件系统的支持下，自动生成数控加工程序的过程。自动编程是采用计算机辅助数控编程技术实现的，需要一套专门的数控编程软件。现代数控编程软件主要分为以处理命令方式为主的各种类型的语言编程系统和交互式 CAD/CAM 集成化编程系统。交互式 CAD/CAM 集成系统自动编程是现代 CAD/CAM 集成系统中常用的方法。编程人员利用计算机辅助设计（CAD）软件或自动编程软件自身的建模功能，对零件进行建模；然后对零件图样进行工艺分析，确定加工方案；再利用编程软件的计算机辅助制造（CAM）模块的编程功能，根据工艺方案设定切削用量、刀具及其参数，生成刀轨文件；最后利用对应加工机床数控系统的后置处理功能生成加工程序。由于使用计算机代替编程人员完成了烦琐的数值计算工作，并省去了书写程序单等工作，因而可提高编程效率几十倍乃至上百倍，解决了手工编程无法解决的许多复杂零件的编程难题。

任务 1.1 认识 UG NX 12.0 数控加工编程软件

1. 简介

UG NX（unigraphics NX）是一款由 Siemens PLM Software 公司开发的先进数控编程软件。该软件是集 CAD、CAE 计算机辅助工程、CAM 于一体的三维机械设计平台，也是当今世界上应用广泛的计算机辅助设计、分析与制造软件之一，在汽车、交通、航空航天、日用消费品、通用机械及电子工业等工程设计领域都有大规模的应用。这类软件的特点是优越的参数化设计、变量化设计及特征造型技术与传统的实体和曲面造型功能结合在一起，加工方式完备，计算准确，实用性强。数控编程是 UG NX 的重要功能之一，它能够优化制造过程，提高生产效率和质量。它可以实现从简单的 2 轴加工到以 5 轴联动方式进行的极为复杂的工件表面加工，并可以对数控加工过程进行自动控制和优化。

国内 CAM 软件的代表有 CAXA 制造工程师、中望收购的 VX 等，它们主要面向国内的中小企业，与德国西门子公司旗下的 UG 软件仍有一定的差距。随着中国由制造大国向制造强国转变，对数控加工产品的精度和质量在不断提高，对精密制造的技术人员的编程能力的要求也越来越高。这就要求我们务必提高自己的 CAM 软件的编程水平，简化生产工艺与工序，减少后续处理工作量，提高加工效率、表面质量和高速加工技术。

2. 主要功能

UG NX 数控编程软件的主要功能如下。

（1）图形绘制：提供丰富的绘图工具，支持二维和三维几何图形绘制。用户可以使用各种绘图命令，如直线、圆弧、曲线等来创建所需的零件轮廓和结构。

（2）建模工具：提供一系列三维建模工具，如布尔运算、放样、扫描等，用于创建和修改复杂零件模型。用户还可以进行特征设计，如孔、槽、凸轮等。

（3）零件装配：支持零件装配与拆卸，可进行碰撞检查和模拟。用户可以创建装配关系，指定零件之间的连接方式，并进行模拟以验证设计的可行性。

（4）工程图创建：生成二维工程图，包括剖视图、局部视图等。用户可以从三维模型生成工程图，添加尺寸、标注和其他注释信息。

（5）数控编程：使用 CAM 模块生成数控加工路径。用户可以根据零件模型和加工需求，设置刀具路径、切削参数、进给速度等，生成可用于数控机床的 G 代码。

（6）仿真与优化：进行运动仿真、流体动力学分析等，优化产品设计。用户可以通过仿真验证加工过程，检查潜在的干涉和碰撞问题，优化加工参数，提高产品质量和生产效率。

3. 优势

UG NX 数控编程软件的优势如下。

（1）高度集成的环境：UG NX 将 CAD、CAE 和 CAM 功能集成在一个软件中，使得从设计到制造的过程更加高效和顺畅。

（2）先进的建模技术：支持参数化、变量化和特征驱动的建模方法，可以快速创建和修改复杂零件模型。

（3）强大的数控编程功能：提供丰富的数控编程工具，能够生成高效、精确的加工路径和 G 代码。

（4）可视化编程：提供可视化的编程环境，便于用户编写程序，并能够进行可视化调试。

（5）数据可视化：支持数据可视化分析，便于用户理解数据，并能够进行可视化的数控加工仿真。

（6）高效率：具有高效的处理速度和稳定性，能够提高工作效率。

（7）兼容性：支持多种数据格式转换，便于与其他软件集成。

（8）安全性：提供可靠的数据保护和加密功能，确保数据安全。

4. 应用领域

UG NX 数控编程软件广泛应用于以下领域。

（1）汽车制造：用于汽车零部件的制造，如发动机、底盘、车身等。

（2）航空航天：用于航空航天零部件和结构的制造，如飞机发动机、机翼等。

（3）机械制造：用于各种机械设备的制造，如机床、液压缸、齿轮等。

（4）电子设备：用于电子设备的制造，如手机、计算机等。

（5）医疗器械：用于医疗器械的制造，如手术器械、牙科设备等。

（6）模具制造：用于模具的设计和制造，如注塑模具、压铸模具等。

5. 使用方法

（1）使用 UG NX 数控编程软件时，首先需要创建一个新的设计文档。在文档中，用户可使用绘图工具绘制二维或三维图形，并使用建模工具进行三维建模。

（2）在建模过程中，用户可以根据需要应用特征设计命令，如孔、槽、凸轮等。

（3）完成模型创建后，可进行零件装配和仿真，验证设计的可行性。

（4）在数控编程阶段，用户可以使用 CAM 模块生成加工路径和 G 代码。

（5）UG NX 还提供可视化的编程环境，便于用户编写程序并进行可视化调试。在使用过程中，用户可根据需要学习软件的各种功能和工具的使用方法。

任务 1.2 UG NX 12.0 数控加工编程流程

UG NX 12.0 数控加工编程流程

当工厂接到订单后，技术人员针对加工零件的特点，制订出合理的加工工艺。数控编程技术人员利用 UG NX 12.0 强大的建模功能，根据产品零件图绘制出产品的建模模型，再进入软件的 CAM 加工模块，对产品进行数控加工编程，其主要流程如下。

（1）打开或导入已创建好的产品建模模型。

（2）进入 CAM 加工模块。

（3）创建程序。

（4）创建加工坐标系。

（5）创建工件几何体。

（6）创建刀具。

（7）创建加工工序。

（8）生成刀轨并进行仿真。

（9）后处理并输出 NC 代码。

下面通过一个简单型芯零件的数控加工编程，来介绍 UG NX 12.0 软件的一般编程流程。

1. 进入加工模块

打开通过 UG NX 软件创建的加工零件的建模模型“1.2.1.prt”，如图 1-2-1 所示。如果是其他三维建模软件创建的建模模型，要先把文件格式转换成通用格式 STEP、IGES 等。也可新建一个建模文件，再通过“文件（F）”工具栏中的“导入”功能，将模型导入到 UG NX 软件中，如图 1-2-2 所示。

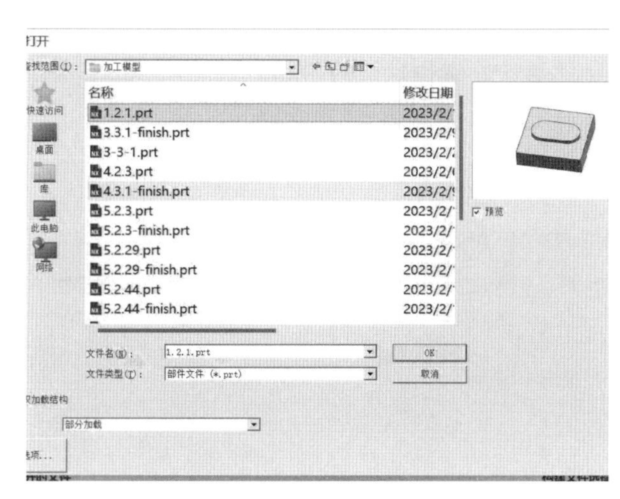

图 1-2-1　打开加工零件

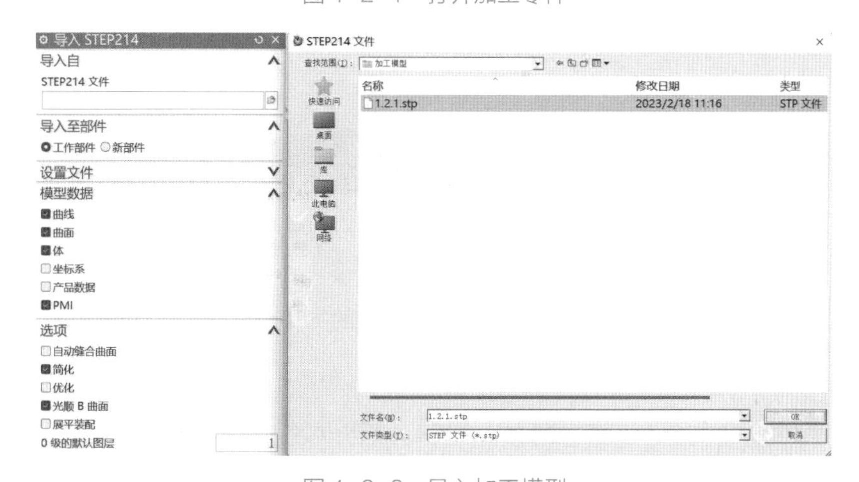

图 1-2-2　导入加工模型

2. 进入 CAM 加工模块

（1）在“应用模块”功能选项卡区域中单击加工图标，弹出“加工环境”对话框，如图 1-2-3 所示。

mill_planar：平面铣削模块。

mill_contour：轮廓铣削模块。

mill_multi-axis：多轴铣削模块。

mill_multi_blade：多轴叶片铣削模块。

mill_rotary：旋转铣削模块。

hole_making：孔加工模块。

drill：钻孔模块。

turning：车削模块。

（注：本书中，×× 铣与 ×× 铣削意思相同）

图 1-2-3　加工环境设置

（2）在“加工环境”对话框的“CAM 会话配置”区域中，选择默认的“cam_general”选项，在“要创建的 CAM 组装”区域中，选择默认的“mill_planar”选项，单击“确定”按钮进入加工模块，如图 1-2-4 所示。

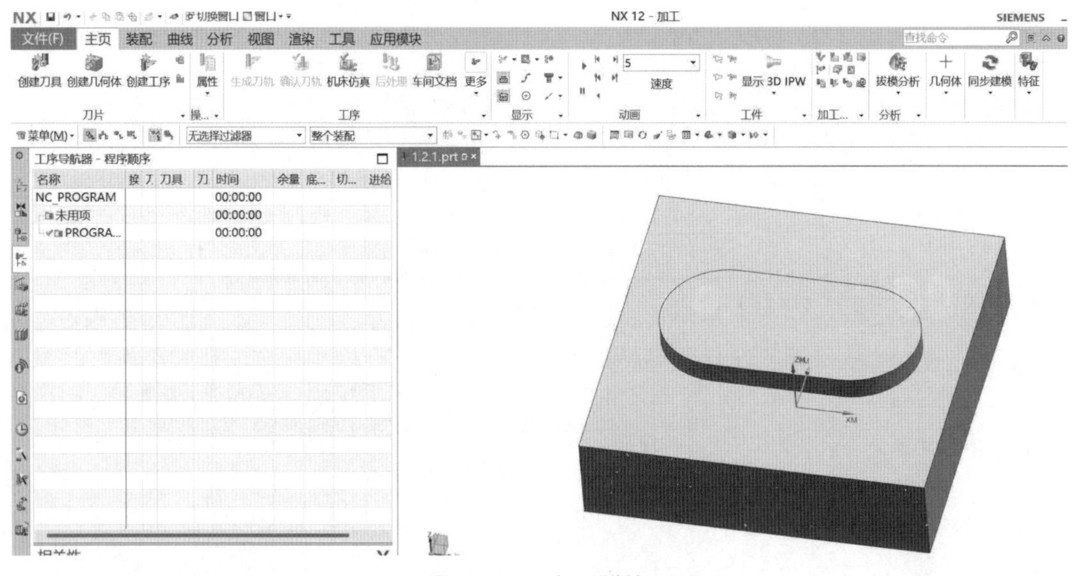

图 1-2-4　加工模块

（3）进入加工模块后，系统会自动保存加工环境的加工参数，以后每次打开这个加工文件，单击加工图标进入“加工模块”后，无须再次选择加工环境。如要重新选择加工环境，可以在“工具”菜单选择“工序导航器”中的“删除组装”选项（见图 1-2-5），在弹出的“删除组装确认”对话框（见图 1-2-6）中单击“确定”按钮，可以重新设置加工环境。

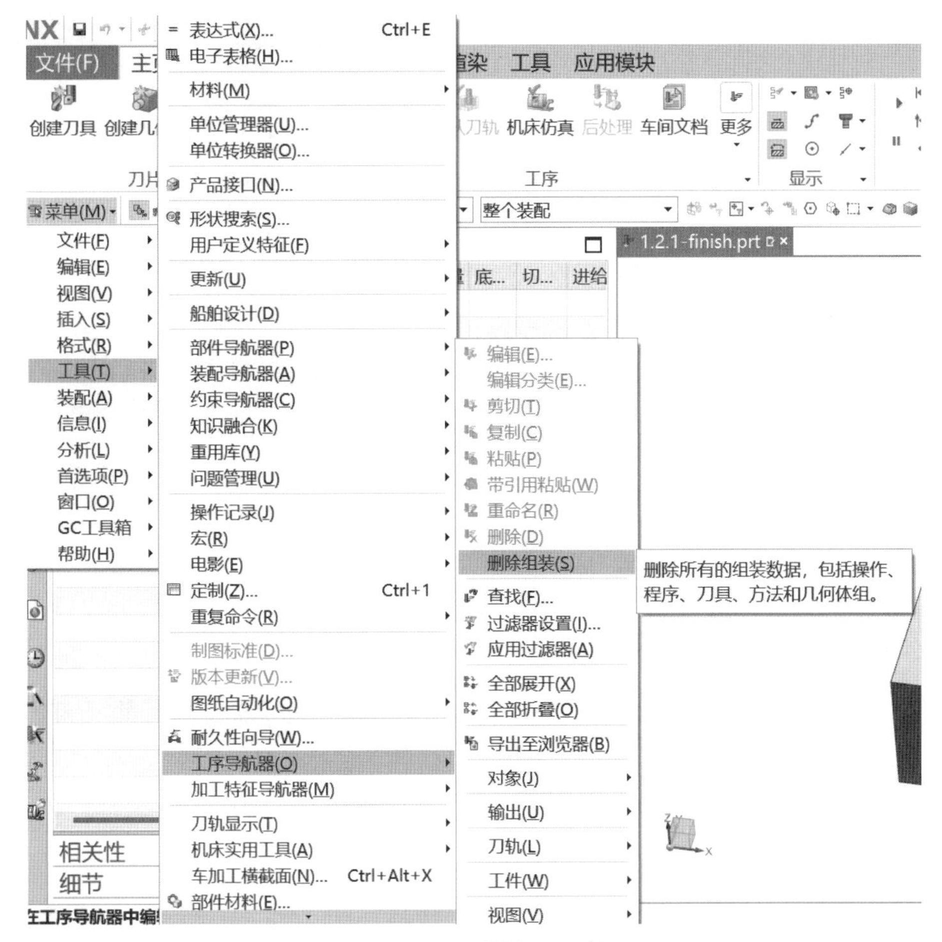

图 1-2-5 重置加工环境

3. 创建程序

程序可以控制加工工序的顺序，且不同的程序下面包含了相同特点或者加工参数的加工工序（如刀具、加工工艺、加工机床等），类似一个文件夹的作用，把符合某种要求的工序集中在一起，便于输出程序。例如，加工零件采用的数控机床没有刀库功能，我们可以创建一个相同刀具的程序，把相同刀具的工序放在这个程序下，程序输出同一个 NC 文件，提高加工效率。

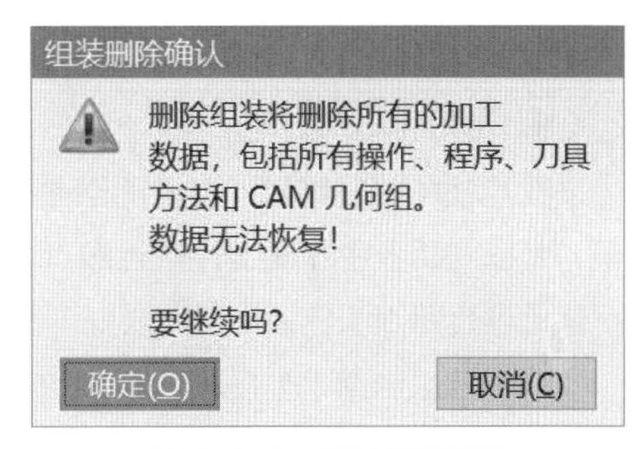

图 1-2-6 组装删除确认

（1）单击如图 1-2-7 所示的（程序顺序视图）图标，进入程序视图界面。

（2）右击“PROGRAM”图标，在弹出的的工具条（见图 1-2-8）中，选择“插入”列表中的“程序组”选项，进入“创建程序”对话框，如图 1-2-9 所示。在“名称”中填入“粗加工”，单击“确定”按钮进入“程序”对话框，如图 1-2-10 所示。再次单击“确定”按钮后，成功创建“粗加工”程序组。

图 1-2-7　单击“程序顺序视图”图标

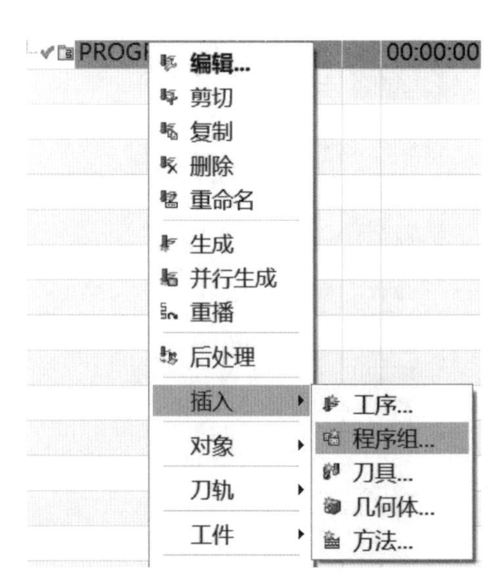

图 1-2-8　插入程序组

图 1-2-9　创建程序

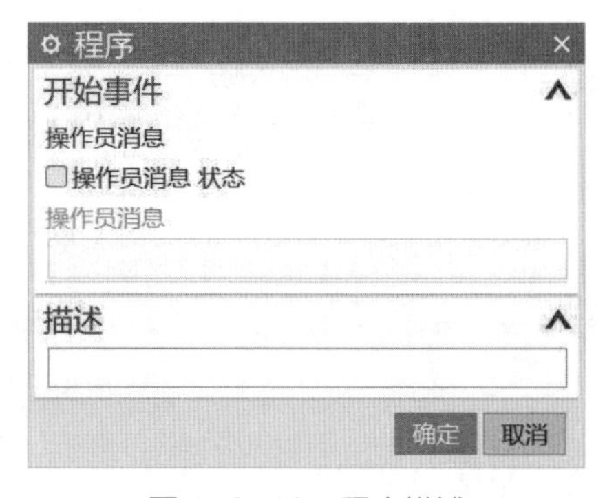

图 1-2-10　程序描述

4. 创建加工坐标系

数控铣床一般将加工坐标的原点设置在加工零件的上表面的中心。这样设置的优势在于，可以利用分中棒对工件进行四点分中，找出 X[①]、Y 坐标的中心，工件的四个侧面都留有余量进行粗加工。

（1）单击如图 1-2-11 所示的 （几何视图）图标，进入几何视图界面。

（2）双击 MCS_MILL 加工坐标系，弹出“MCS 铣削”对话框，如图 1-2-12 所示。

（3）加工坐标系的设置。示范工件的建模坐标在工件的底面的中心，系统会自动把建模坐标转化成加工坐标，如图 1-2-13 所示。我们需要把加工坐标系的原点移动到加工零件的上表面中心。

① 为与软件坐标轴格式一致，本书坐标用正体表示。

图 1-2-11 几何视图图标

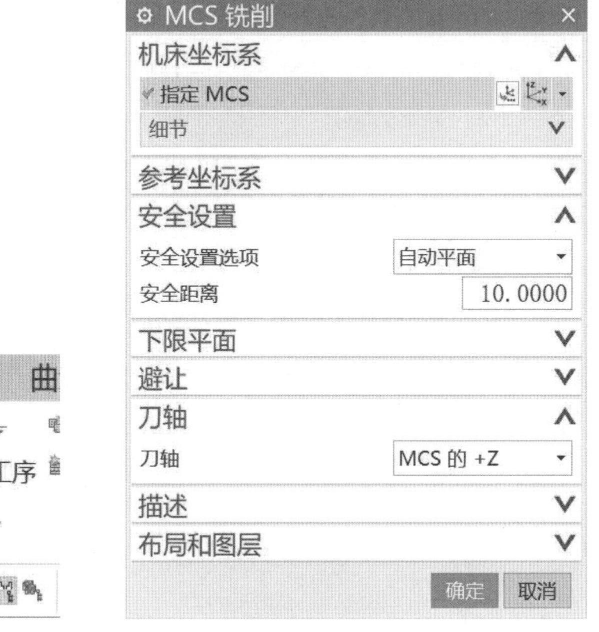

图 1-2-12 MCS 铣削

方法 1：测量底面到顶面的高度，在加工坐标系坐标文本框中输入 Z 的坐标。具体做法是，单击“分析”工具条下的测量图标，分别选取工件的底面和顶面，测量出工件的高度为 25 mm，如图 1-2-14 所示。在加工坐标系的设置文本框，输入 Z 坐标为 25 mm，加工坐标系就移动到了顶面的中心，如图 1-2-15 所示。

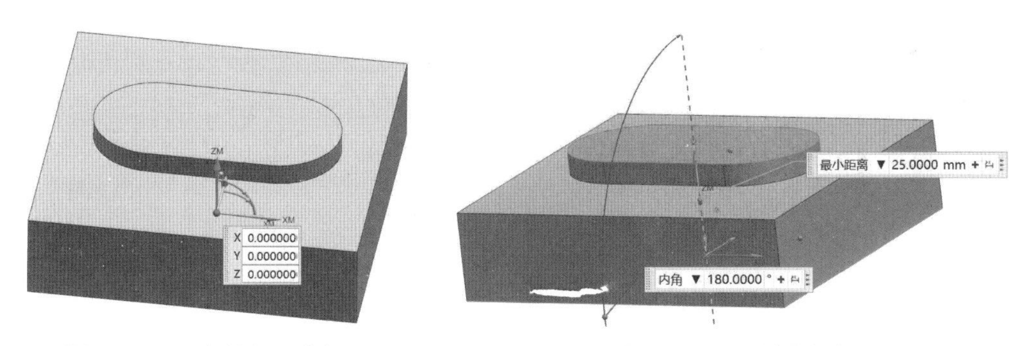

图 1-2-13 初始加工坐标系　　图 1-2-14 测量高度

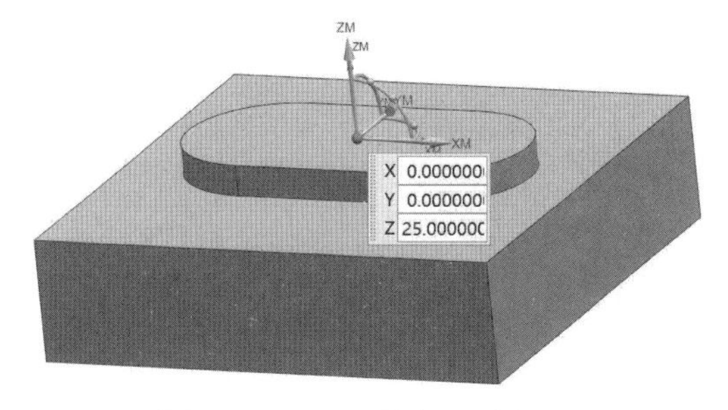

图 1-2-15 设置加工坐标系

方法 2：利用坐标原点的“点设置”功能，找出顶面的中心。具体做法是，单击“机床坐标系”→“指定 MCS”中的图标，进入“坐标系”对话框，如图 1-2-16 所示。单击“操控器”→“指定方位”中的图标，进入“点”对话框，如图 1-2-17 所示。“点类型”选择 面上的点 选项，选择加工工件的顶面作为选择面，如图 1-2-18 所示。在“面上的位置”设置区域，把“U 向参数”和“V 向参数”都设置为“0.5”（代表点在选择面 X、Y 方向中心），如图 1-2-19 所示。连续单击“确定”按钮返回“MCS 铣削”界面。

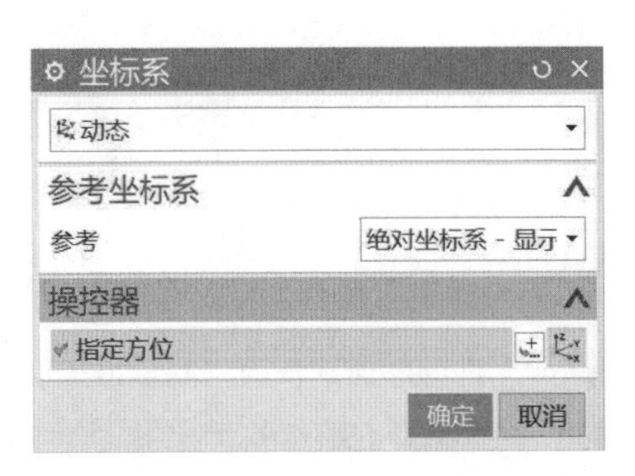

图 1-2-16 “坐标系”对话框

图 1-2-17 “点”对话框

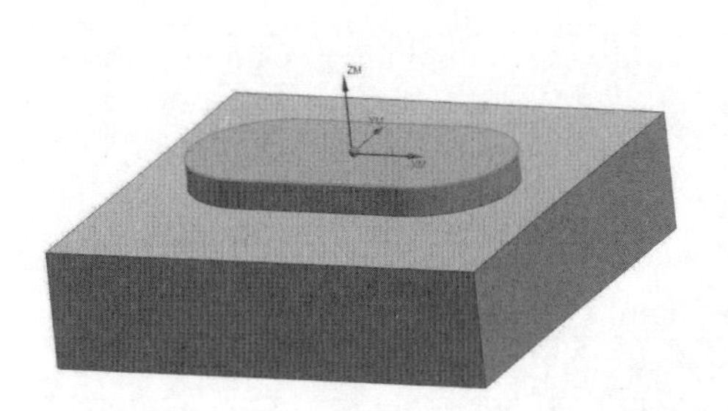

图 1-2-18 选择加工工件顶面

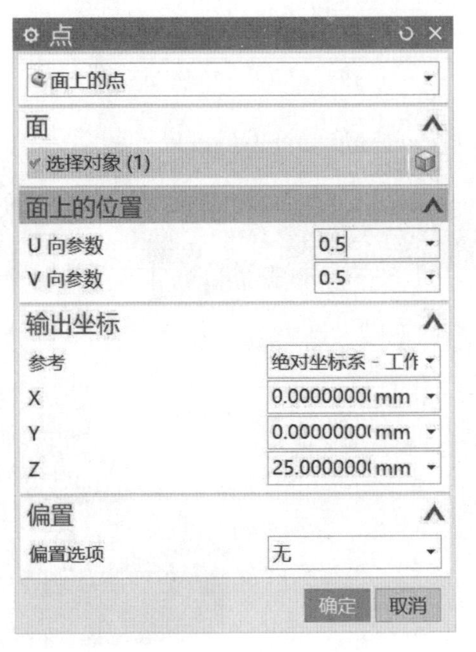

图 1-2-19 “点”参数设置

（4）加工坐标系的 Z 轴一定是垂直于顶面向上的，有些建模的坐标 Z 轴并不是向上的，可以通过双击坐标轴之间的旋转作用点，在弹出的文本框中填入旋转角度，旋转加工坐标轴得到 Z 轴向上的加工坐标系，如图 1-2-20 所示。

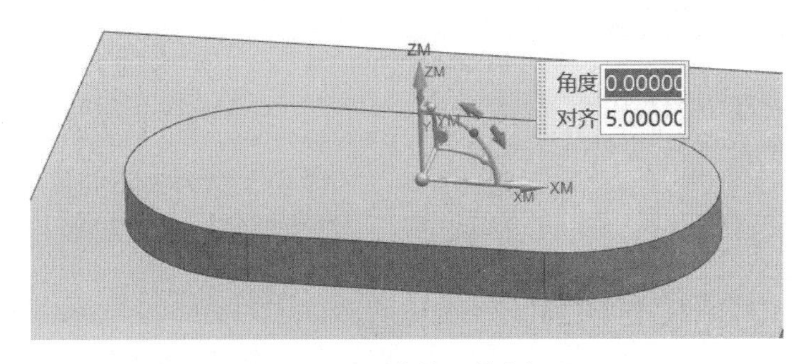

图 1-2-20 旋转工件坐标系

（5）安全平面的设置非常重要，影响到加工的安全，很多工序默认的移动刀具都是在安全平面上进行的。安全平面默认的设置是“自动平面”，安全距离默认的设置是“10”，为了让刀具移动时兼顾安全性和效率性，一般设置安全平面离顶面 3~5 mm。因此，在“安全设置”区域中，设置“安全设置选项”为“平面”，选择加工工件的顶面作为安全平面的参考，在“距离”文本框中填入“5”，如图 1-2-21 所示。

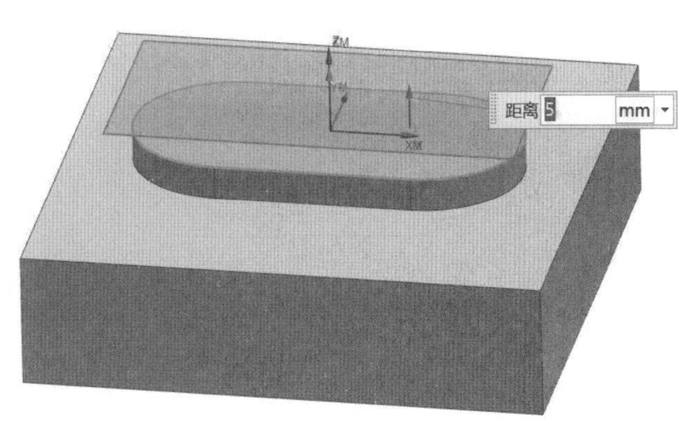

图 1-2-21 安全平面的设置

5. 创建工件几何体

创建工件几何体主要包括三个内容：①（指定部件）；②（指定毛坯）；③（指定检查）。指定部件是指经过数控加工后最终加工成型的模型，一般选用根据零件图创建的模型。指定毛坯是指采用什么形状、多大尺寸的毛坯进行数控加工，一般根据实际拿到的毛坯进行设置。指定检查是指在加工过程中，指定刀具不能与之相碰的几何体，一般是夹具和已经加工过的重要表面。

（1）双击 WORKPIECE 图标，弹出“工件”对话框。在“几何体”设置区域，单击（指定部件）图标，弹出“部件几何体”对话框，如图 1-2-22 所示。选取加工零件作为部件几何体，如图 1-2-23 所示。单击“确定”按钮返回“工件”界面。

图 1-2-22 “部件几何体”对话框

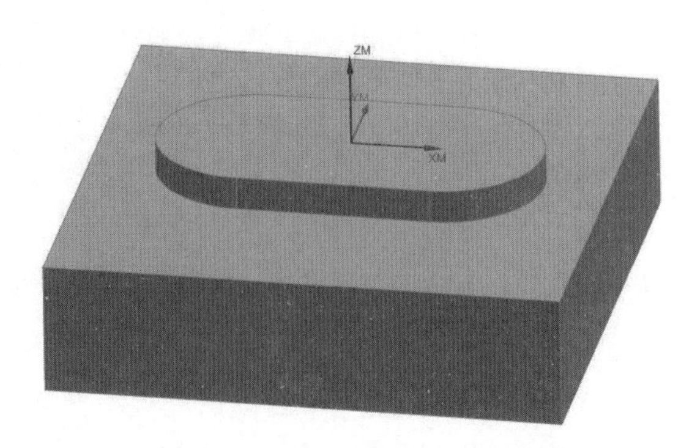

图 1-2-23 选择部件几何体

（2）单击（指定毛坯）图标，进入“毛坯几何体”界面。把“毛坯几何体”设置为 包容块 模式，如图 1-2-24 所示。包容块模式是指利用最小的长方体把“部件几何体”包裹成毛坯。在“限制”设置区域中，根据实际毛坯的大小算出 XM-、XM+、YM-、YM+、ZM-、ZM+ 方向的余量，填入相应的文本框内。单击“确定”按钮返回“工件”界面。单击图标预览效果图，如图 1-2-25 所示。

图 1-2-24 包容块设置

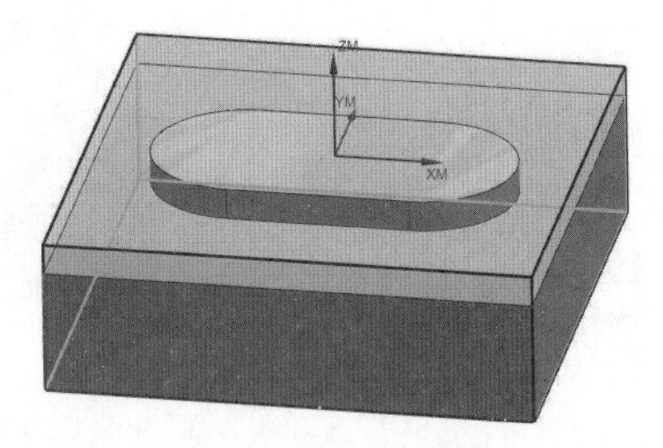

图 1-2-25 毛坯预览图

（3）常见的毛坯设置还有几何体、部件的偏置、包容圆柱体等，如图 1-2-26 所示。几何体是指选取 UG NX 软件提前绘制好的毛坯建模模型，一般形状不规则或者较为复杂的毛坯用这种方式。部件的偏置是指部件几何体整体偏置的尺寸，一般铸造件、其他机床已经粗加工过的工件用这种方式。包容圆柱体是指利用最小的圆柱体包裹工件几何体，一般圆柱形、圆锥形、球形的工件使用这种方式。

6. 创建刀具

在创建工序前，必须根据实际加工的刀具的参数进行刀具设置，或者从刀库中选取标准的刀具。刀具的类型和直径直接影响了加工表面的粗糙度、加工精度和加工成本。刀具的刀刃长度、总长度、夹持长度、夹持器的参数与加工仿真息息相关，在刀具参数设置中填入真实加工的参数，可以对实际数控加工的过切、撞刀等情况进行检测。

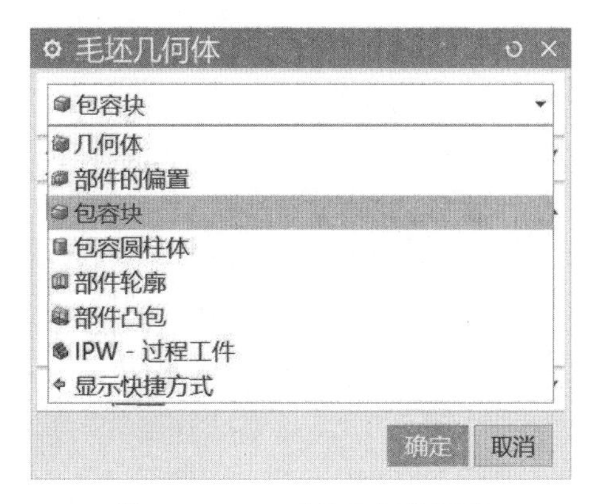

图 1-2-26　毛坯几何体设置

（1）单击“主页”区域下的 创建刀具 图标，进入“创建刀具”对话框，如图 1-2-27 所示。

在“类型”设置区域，可以选择 mill_planar、mill_contour、mill_multi-axis 等加工模块，如图 1-2-28 所示。选择不同的模块，可选择相应的刀具子类型。

图 1-2-27　“创建刀具”对话框

图 1-2-28　类型选择

例如，选择 mill_planar、mill_contour 等模块，则弹出铣刀刀具供选择，如图 1-2-29 所示。选择 hole_making 模块，则弹出钻孔刀具供选择，如图 1-2-30 所示。选择 turning 模块，则会弹出车刀刀具供选择，如图 1-2-31 所示。

常用的铣刀有：（平底刀）、（倒角铣刀）、（球刀）、（T 型铣刀）等。

常用的钻孔刀具有：（麻花钻）、（中心钻）、（埋头孔钻）、（丝锥）、（螺纹刀）等。

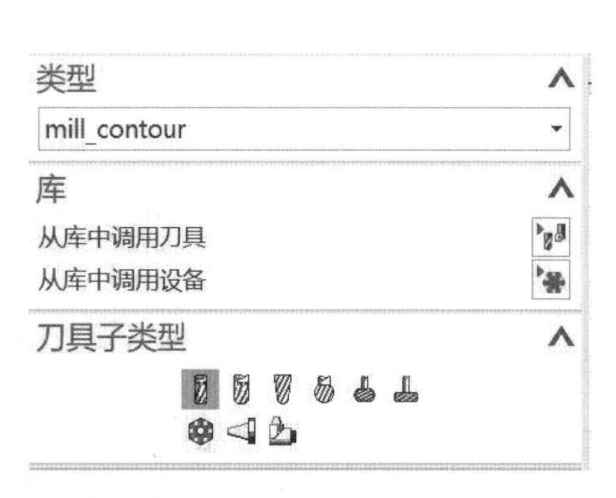

图 1-2-29　铣刀选择

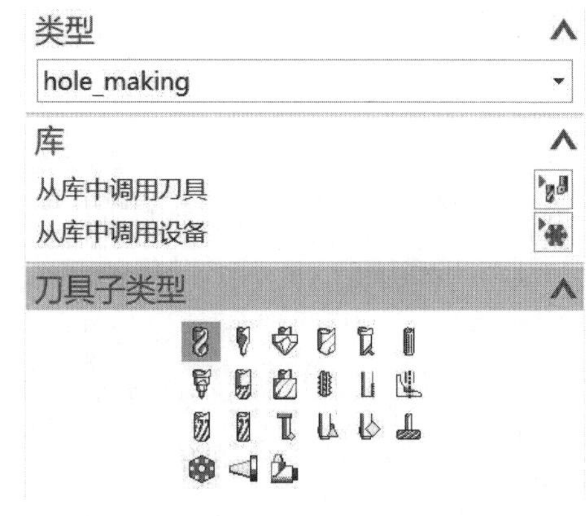

图 1-2-30　钻孔刀具选择

常用的车刀有：（外圆左偏车刀）、（外圆右偏车刀）、（内孔车刀）、（外槽刀）、（内槽刀）、（外螺纹刀）、（内螺纹刀）等。

（2）在类型区域下，选择“mill_planar”模块。在“刀具子类型”区域，单击（平底刀）图标，在“名称”区域，填入平底刀的直径“D10”作为刀具名称，如图 1-2-32 所示。单击“确定”按钮进入“铣刀 -5 参数”对话框。在“尺寸”区域中的“直径”文本框中填入“10.0000”，“长度”和“刀刃长度”不变（有些刀具长度为加长长度，按实际加工刀具参数填写）。在“编号”区域，将“刀具号”“补偿寄存器”和“刀具补偿寄存器”都设置为“1”，如图 1-2-33 所示。

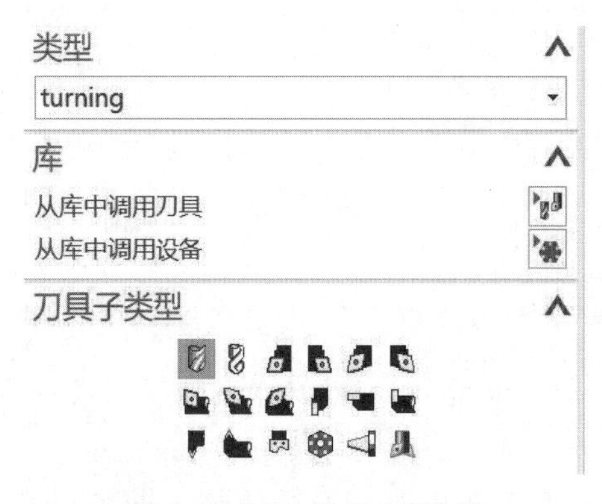

图 1-2-31　车刀刀具选择

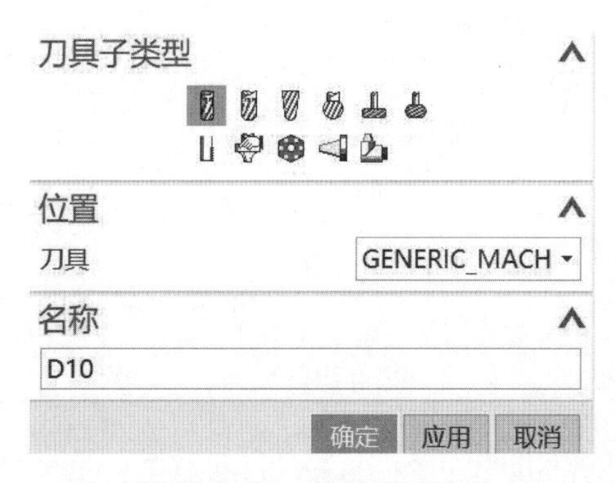

图 1-2-32　刀具类型选择

（3）单击“夹持器”图标，切换至夹持器设置界面。在“夹持器步数”区域下，将“下直径”设置为 30，“长度”设置为 50，“上直径”设置为 30（按实际加工机床的夹持器参数填写，常用的为 BT30 和 BT40 两种），在“刀片”区域，将“偏置”设置为 20（该参数代表夹持器夹持刀具的长度），如图 1-2-34 所示。

7. 创建加工工序

UG NX 软件加工模块的工序能对铣削工件、车削工件等各种类型的零件进行数控加工。各种工序针对零件的表面、曲面、型芯、型腔等不同部分进行粗加工、半精加工和精加工，产生对应的刀路轨迹。如何选用合适的工序来加工不同特点的工件，是提高编程水平必须掌握的技能。

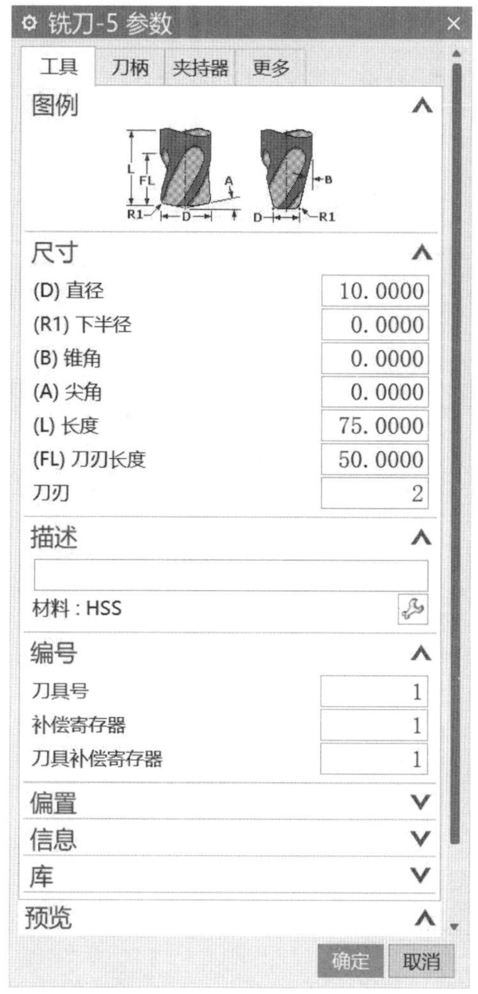

图 1-2-33　刀具参数设置

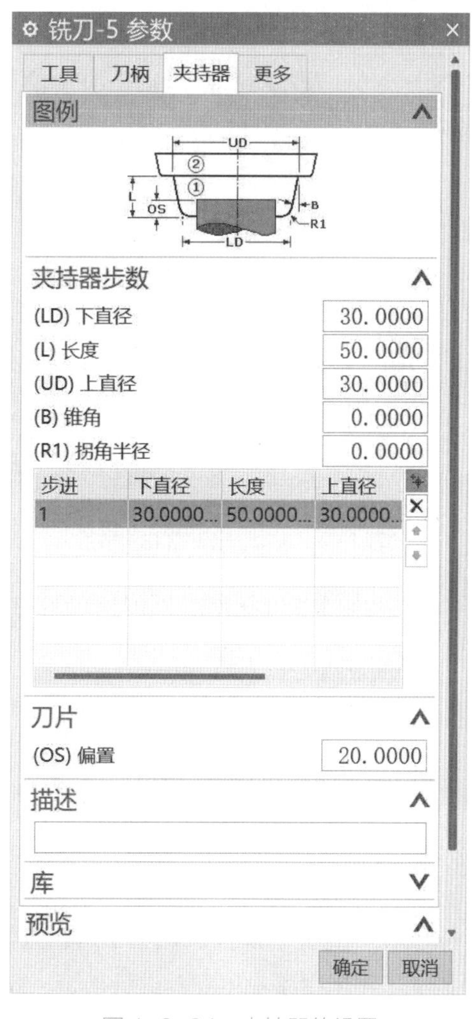

图 1-2-34　夹持器的设置

（1）单击“主页”区域下的 创建工序 图标，进入“创建工序”界面，如图 1-2-35 所示。

（2）在“类型”设置区域，可以选择平面铣、轮廓铣等不同加工模块类型，如图 1-2-36 所示。选择加工模块类型后，在“工序子类型”区域出现与选择的加工模块相对应的工序供选用。图 1-2-37 是“mill_planar”加工模块对应的工序。

（3）在“位置”设置区域，“程序”选项可以选择该子工序生成在哪个程序组下，默认的有 NC_PROGRAM、NONE、PROGRAM 三个程序组。选取前面创建的“粗加工”程序组，代表该工序是属于粗加工工序，便于后期工序分类、管理和修改，如图 1-2-38 所示。

图 1-2-35 “创建工序”界面

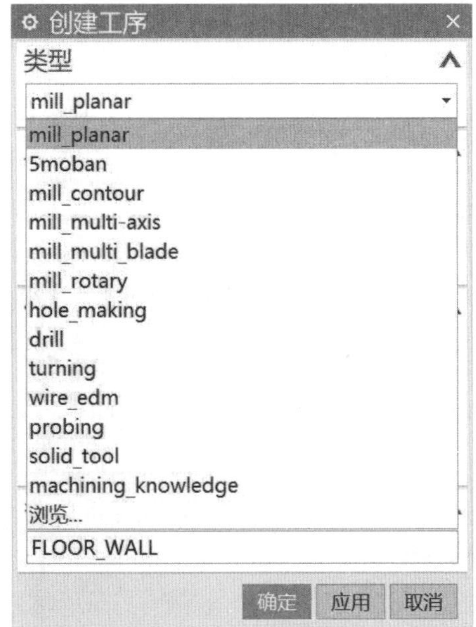

图 1-2-36 加工模块选择

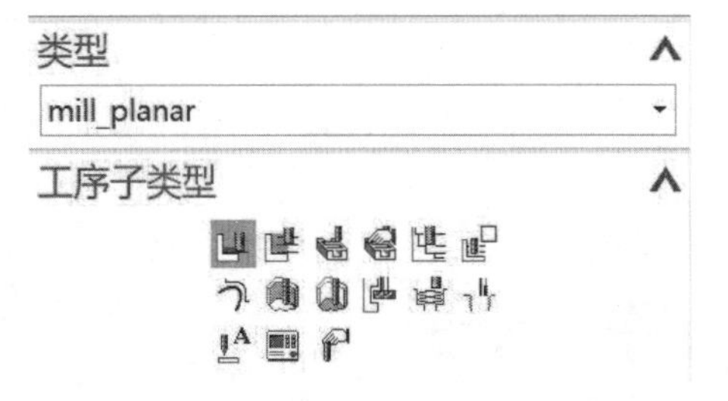

图 1-2-37 对应的工序子类型

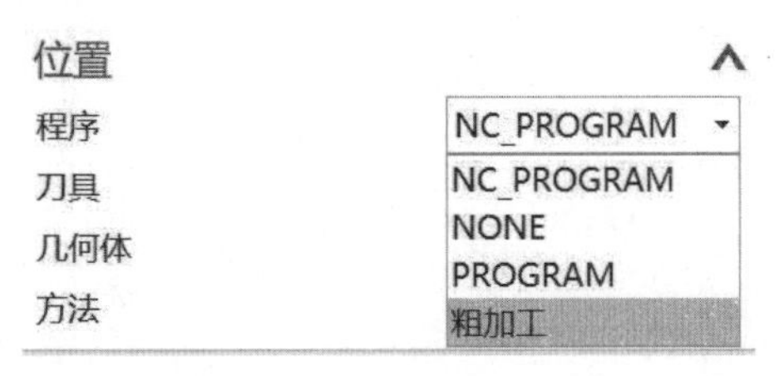

图 1-2-38 程序组选择

（4）在“位置”设置区域，“刀具”选项可以选择该子工序采用哪一把刀具进行加工。选取前期创建的“D10（铣刀-5参数）”铣刀，如图 1-2-39 所示。

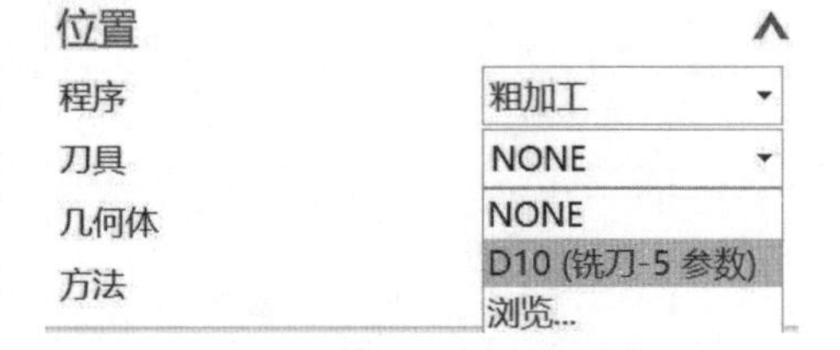

图 1-2-39 刀具选择

（5）在“位置”设置区域，“几何体”选项可以指定该子工序选用哪个几何体进行加工，默认的有 MCS_MILL、NONE、WORKPIECE 三个几何体。选择“MCS_MILL”几何体，代表该工序处在“MCS_MILL”加工坐标下，执行前面的加工坐标，跟“WORKPIECE”几何体同级，意味着该工序不执行前面指定的工件几何体。选择“WORKPIECE”几何体，代表该工序处在“WORKPIECE”工件几何体下，执行上两级的加工坐标系和工件几何体约束。选择“NONE”几何体，代表不执行加工坐标系和工件几何体的约束。如图 1-2-40 所示，选择“WORKPIECE”几何体选项。

（6）在“位置”设置区域，“方法”选项可以选择该子工序选用的加工方法，默认的有

METHOD、MILL_FINISH、MILL_ROUGH、MILL_SEMI_FINISH、NONE 五种，代表了一般方法、精加工、粗加工、半精加工和无五种加工方法。选择“MILL_ROUGH”（粗加工）选项，如图 1-2-41 所示。

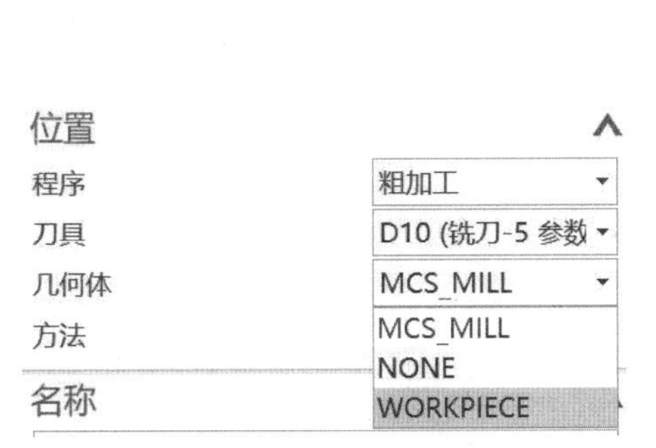

图 1-2-40　几何体选取

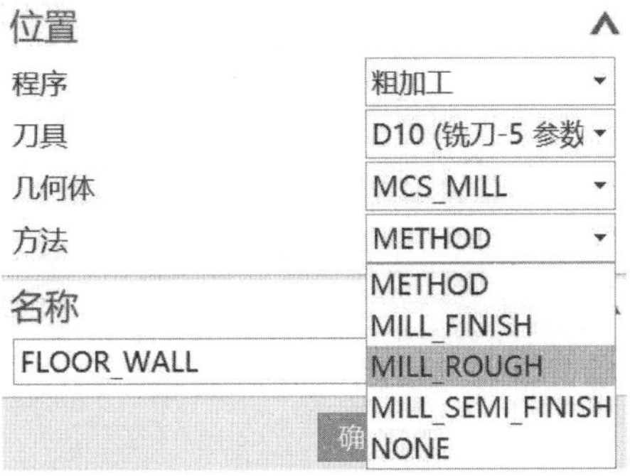

位置
程序　粗加工
刀具　D10 (铣刀-5 参数
几何体　MCS_MILL
方法　METHOD
METHOD
MILL_FINISH
MILL_ROUGH
MILL_SEMI_FINISH
NONE
名称
FLOOR_WALL

图 1-2-41　加工方法选择

（7）单击“确定”按钮进入“底壁铣”工序界面，如图 1-2-42 所示。在几何体设置区域中，由于前面指定了“WORKPIECE”几何体，因此（指定部件）显示为灰色不可选状态，可以单击图标查看几何体。单击（指定切削区底面）图标，弹出如图 1-2-43 所示的“切削区域”对话框。选择需要加工的底面，如图 1-2-44 所示。

图 1-2-42　“底壁铣”工序界面

图 1-2-43　“切削区域”对话框

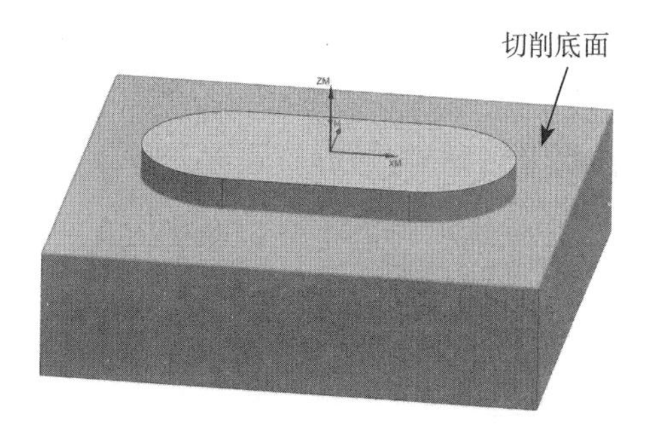

图 1-2-44　切削底面选择

（8）在“工具”设置区域中，默认选取了前面设定的“ D10”铣刀作为该子工序的加工刀具。如需更改其他刀具，可在刀具选项中点选。也可单击图标，对当前刀具进行刀具参数修改，或者单击图标，新建一把刀具。

（9）“刀轴”设置区域。“刀轴”是指刀具所在的轴线方向。三轴数控机床加工，刀轴方向都是ZM+ 方向固定不变，“轴”可以改为“ +ZM 轴”选项，由于选择工序的加工底面的垂直方向与“ +ZM 轴”方向相同，默认“垂直于第一个面”选项，可以不更改，如图 1-2-45 所示。

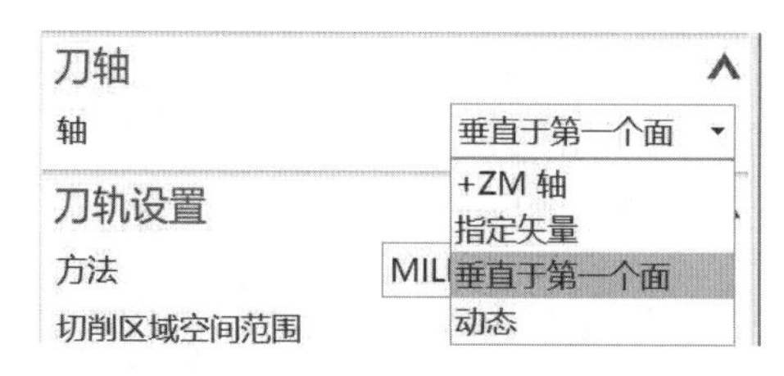

图 1-2-45　刀轴设置

（10）在“刀轨设置”区域中，默认选取前面设定的“ MILL_ROUGH”选项作为该子工序的加工方法。可以单击图标，新建一种加工方法，设定“加工余量”和“公差”等参数。单击图标，修改当前加工方法的“加工余量”和“公差”等参数，弹出如图 1-2-46 所示的“铣削粗加工”对话框。在“余量”设置区域，部件余量文本框中填入“0.5000”。在“公差”设置区域，“内公差”和“外公差”的文本框中都填入“0.0100”。

（11）在“刀轨设置”对话框中，单击（进给率和速度）图标，弹出“进给率和速度”对话框。在“主轴速度”设置中，勾选（主轴速度）图标，在文本框中填入“2000.000”。在“进给率”设置中，将“切削”文本框填入“1000.000”，如图 1-2-47 所示。

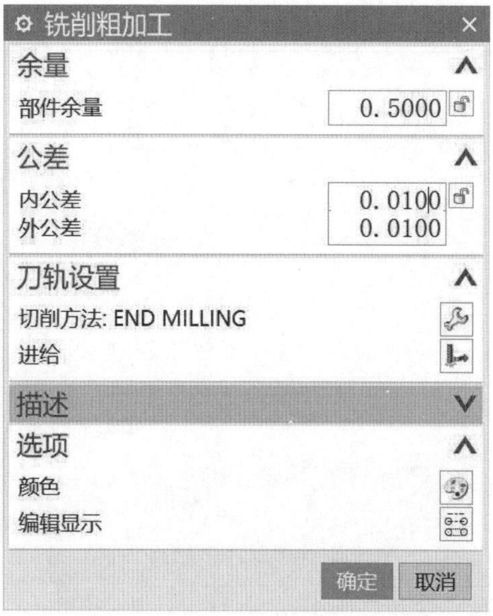

图 1-2-46　加工方法参数修改

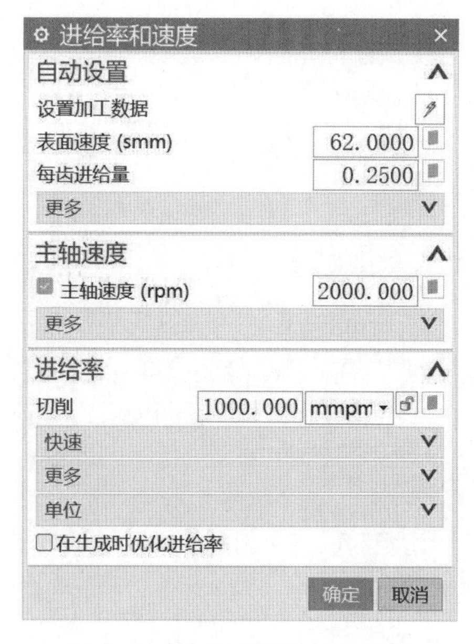

图 1-2-47　进给率和速度设置

注：rpm 的规范用法为 r/min，由于本书软件使用了 rpm，故本书统一使用 rpm。

8. 生成刀路并进行仿真

（1）在“操作”设置区域中，单击图标计算刀轨，如图 1-2-48 所示。其中红色虚线（请扫描图片旁的二维码，查看高清彩图）代表刀具执行 G00 指令快速移刀的轨迹，蓝色虚线代表垂直快速上下刀的轨迹，浅蓝色实线代表进刀的轨迹，而灰色实线代表退刀的轨迹。

（2）在“操作”设置区域中，单击图标进行加工仿真，弹出“刀轨可视化”对话框。“重播”选项代表刀具沿着刀轨进行移动执行仿真，主要是仿真刀具的移动过程。“3D 动态”选项代表刀具沿着刀轨进行切削 3D 仿真，可以预览工件的 3D 切削效果。在“动画速度”设置中，1~10 代表仿真的速度，一般选择 2 比较容易观察仿真过程。单击图标进行仿真，仿真效果如图 1-2-49 所示。

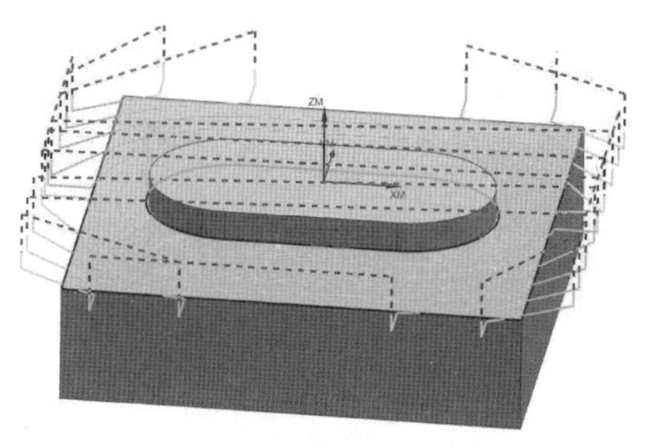

图 1-2-48　刀轨预览

图 1-2-49　仿真效果

刀轨预览

9. 后处理并生成 NC 代码

当成功创建工序，并进行仿真确认没有问题后，就可以导出加工程序，输入数控机床进行加工了。不同的数控系统的机床的加工代码、切削范围、换刀点、夹持器各不相同，因此有相应后处理导出对应数控系统的加工程序。后处理的一般操作步骤如下。

（1）右击 FLOOR_WALL，弹出工具条，选择“后处理”选项，如图 1-2-50 所示。

（2）在弹出的“后处理器”对话框中选择 UG NX 自带的“MILL_3_AXIS”后处理器，如图 1-2-51 所示。它与“MILL_3_AXIS_TURBO”都是 3 轴数控机床的通用后处理器，区别在于前者是手动换刀，后者带有自动换刀功能。

除了 UG NX 软件自带的后处理器，用户也可以通过 UG NX 软件带有的 后处理构造器 程序进行后处理器的新建和修改工作。或者通过（浏览以查找输出文件）功

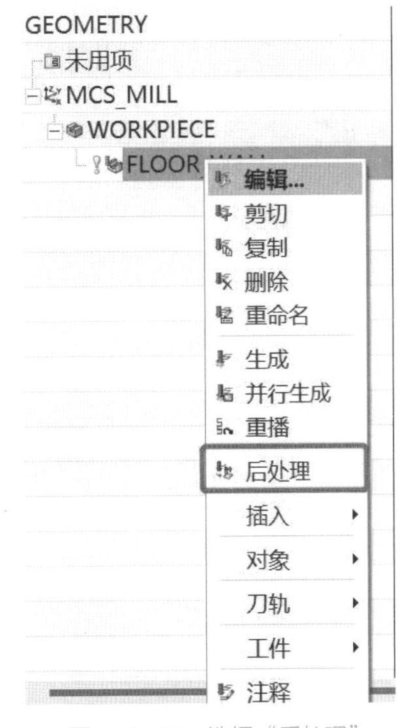

图 1-2-50　选择“后处理”

能选择网络上下载的后处理器进行后处理。

（3）在“输出文件”设置区域中，“文件名”文本框显示的地址是程序输出的地址，可在 更改程序输出的地址。“文件扩展名”一般由后处理器设定，也可自行修改，一般常用的为 NC、CNC、PTP 格式，如图 1-2-52 所示。

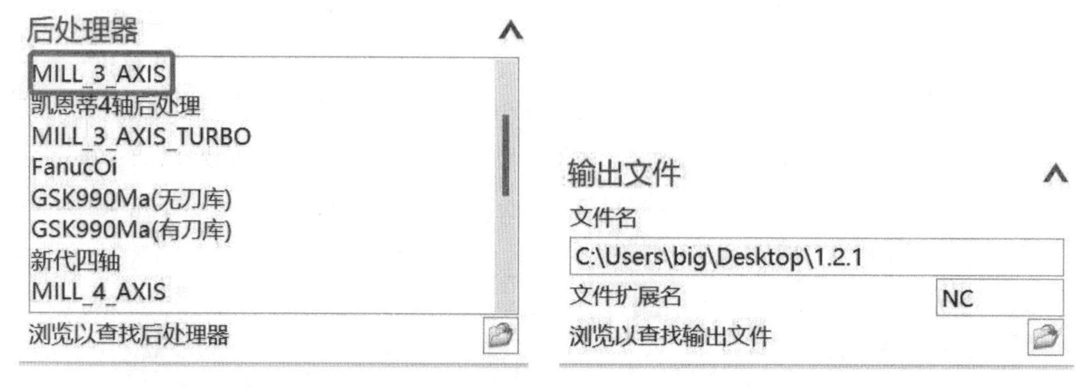

图 1-2-51 “后处理器”对话框　　图 1-2-52 输出文件设置

（4）单击“确定”按钮，在指定的地址生成加工程序，并弹出生成程序的“信息”对话框，如图 1-2-53 所示。

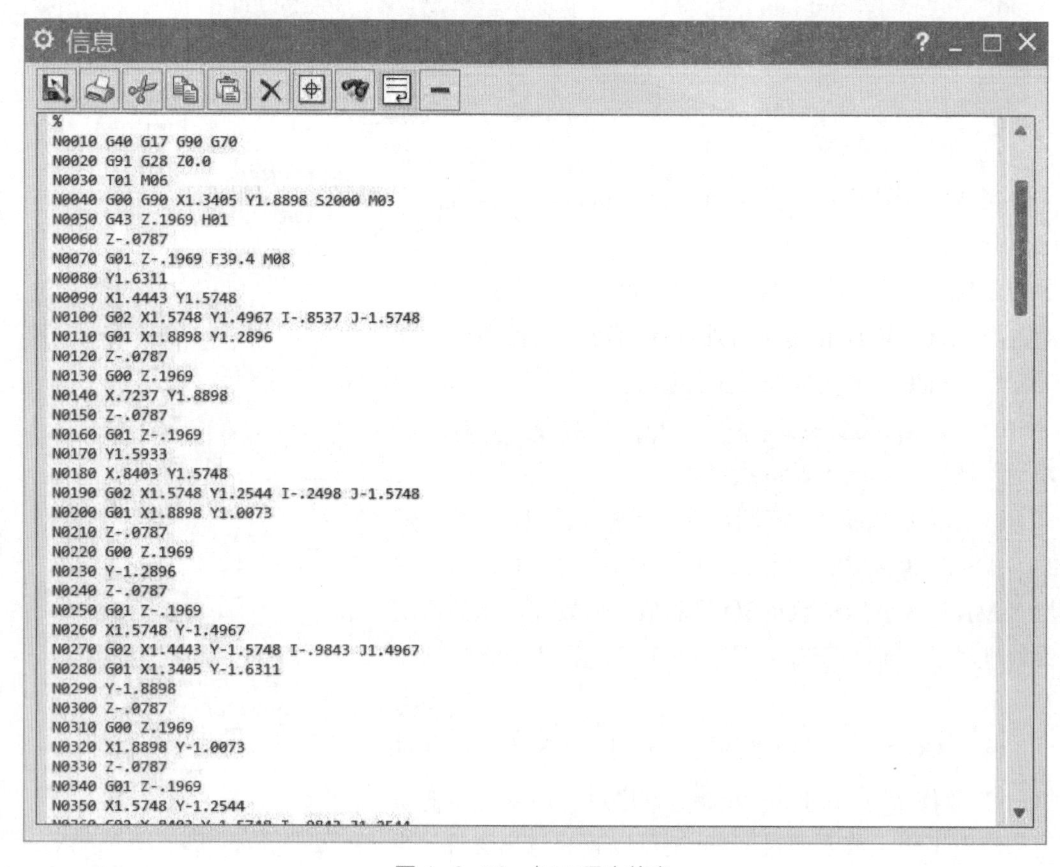


```
%
N0010 G40 G17 G90 G70
N0020 G91 G28 Z0.0
N0030 T01 M06
N0040 G00 G90 X1.3405 Y1.8898 S2000 M03
N0050 G43 Z.1969 H01
N0060 Z-.0787
N0070 G01 Z-.1969 F39.4 M08
N0080 Y1.6311
N0090 X1.4443 Y1.5748
N0100 G02 X1.5748 Y1.4967 I-.8537 J-1.5748
N0110 G01 X1.8898 Y1.2896
N0120 Z-.0787
N0130 G00 Z.1969
N0140 X.7237 Y1.8898
N0150 Z-.0787
N0160 G01 Z-.1969
N0170 Y1.5933
N0180 X.8403 Y1.5748
N0190 G02 X1.5748 Y1.2544 I-.2498 J-1.5748
N0200 G01 X1.8898 Y1.0073
N0210 Z-.0787
N0220 G00 Z.1969
N0230 Y-1.2896
N0240 Z-.0787
N0250 G01 Z-.1969
N0260 X1.5748 Y-1.4967
N0270 G02 X1.4443 Y-1.5748 I-.9843 J1.4967
N0280 G01 X1.3405 Y-1.6311
N0290 Y-1.8898
N0300 Z-.0787
N0310 G00 Z.1969
N0320 X1.8898 Y-1.0073
N0330 Z-.0787
N0340 G01 Z-.1969
N0350 X1.5748 Y-1.2544
```

图 1-2-53 加工程序信息

（5）在生成的加工程序“1.2.1.NC”图标上右击，选择工具条上的“打开方式”中的“记事本”选项，如图 1-2-54 所示，可打开加工程序进行修改，打开效果如图 1-2-55 所示。

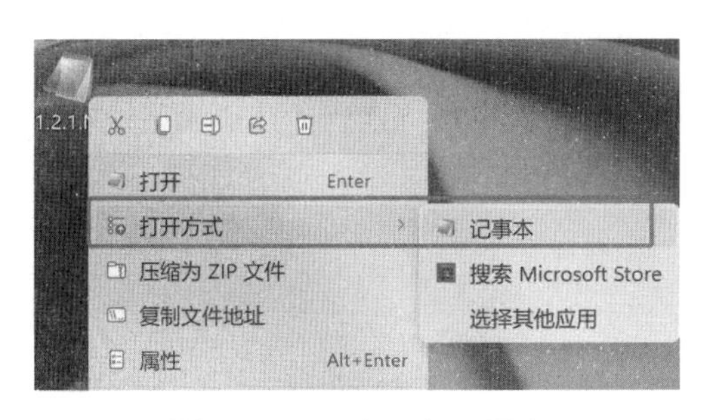

图 1-2-54　打开加工程序

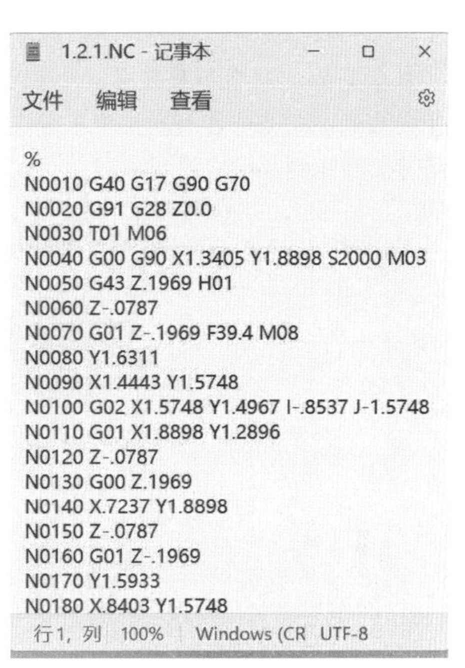

图 1-2-55　记事本修改加工程序

学思践悟

“蛟龙”号载人潜水器首席装配钳工技师——顾秋亮

“蛟龙”号载人潜水器是目前世界上下潜深度最大的载人潜水器，其研制难度不亚于航天工程。在这个高精尖的重大技术攻关中，有一个普通钳工技师的身影，他就是顾秋亮——中国船舶重工集团公司第七〇二研究所水下工程研究开发部职工，“蛟龙”号载人潜水器首席装配钳工技师。

他全程参与了“蛟龙”号载人潜水器 1000 米、3000 米、5000 米和 7000 米四个阶段的海上试验，保质保量完成了“蛟龙”号总装集成、数十次水池试验和海试过程中的“蛟龙”号部件拆装与维护。参加海上试验时，顾秋亮已是五十多岁，但他克服了严重的晕船反应和海上艰苦的工作生活条件等诸多困难，安排好家中生病的妻子，义无反顾地投入每年近 100 天的海试中。

作为首席装配钳工技师，工作中面对技术难题是常有的事。而每次顾秋亮都能见招拆招，靠的就是工作四十余年来养成的“螺丝钉”精神。他爱琢磨善钻研，喜欢啃工作中的“硬骨头”。凡是交给他的活儿，他总是绞尽脑汁想着如何改进安装方法和工具，提高安装精度，确保高质量地完成安装任务。

顾秋亮说：“在海上工作生活确实很苦很累，但我感到很兴奋、很自豪。不管是晚上加班到半夜还是早上五点半起床保养潜水器，不管日晒还是雨淋，我感到很光荣，能为海试出一份力，我很骄傲，因为在祖国的深潜纪录中有我的汗水，光荣！”

怀揣崇高的使命感和荣誉感，他又肩起了新的挑战——组装 4500 米载人潜水器。已近花甲的顾秋亮仍坚守在科研生产第一线，为载人深潜事业不断书写我国深蓝乃至世界深蓝的奇迹默默奉献……

（来源：中国网，2022 年 10 月 31 日）

项目 2

平面铣加工

学习目标

知识目标

1. 了解零件平面铣加工工序制订的思路。
2. 熟悉平面铣加工类型及操作方法、技巧。
3. 熟悉简单零件粗加工、精加工参数的设置。

技能目标

1. 掌握 UG NX 12.0 软件平面铣加工编程步骤。
2. 能根据零件的加工特点选用适合的平面铣工序和加工参数。
3. 掌握“1+X”证书（中级）训练题涉及的编程技巧及流程。
4. 能独立对加工零件进行平面铣加工编程，且加工零件精度达到“1+X”证书（中级）的评分标准。

素质目标

1. 深刻理解精益求精精神在数控编程中的重要性。
2. 培养良好的编程思路，具备获得“1+X”证书（中级）所需的职业素养和规范意识。
3. 提升创新设计的意识和能力。

项目概述

轴承是当代机械设备中一种重要的零部件。它的主要功能是支撑机械旋转体，降低其运动过程中的摩擦系数，并保证其回转精度。当前我国轴承行业主要面临的突出问题：研发和创新能力低、制造技术水平低。当前我们的设计和制造技术以模仿为主，产品开发能力低，表现在：虽然对国内主机的配套率达到 80%，但高速铁路客车、中高档轿车、计算机、空调器、高水平轧机等重要主机的配套和维修轴承，基本上靠进口。因此，我们必须提升加工技术与能力，为祖国富强、不受制于人而努力奋斗。下面我们以轴承座零件的加工为例，详细介绍平面铣加工的方法。

平面铣加工即对工件的平面层中的余量进行移除，常用于加工零件的外表面、零件的基准面、内型腔的垂直壁和底面等，特别是加工直壁、岛屿型凸台和型槽底面为平面的零件尤为高效。

任务 2.1 平面铣类型及操作

在“应用模块”中选择（加工模块）图标后，选择“mill_planar”工序，如图 2-1-1 所示，当我们单击（创建工序）图标后，系统会弹出图 2-1-2 所示的“创建工序”对话框。它提供了所有平面铣加工工序的类型，下面对各个工序类型进行简单介绍。

图 2-1-1　CAM 模块选择

图 2-1-2　平面铣加工类型

平面铣工序子类型如下。

(FLOOR_WALL)：底壁铣。

(FLOOR_WALL_IPW)：带 IPW（过程中的毛胚）的底壁铣。

(FACE_MILLING)：边界面铣。

(FACE_MILLING_MANUAL)：手工面铣。

(PLANAR_MILL)：平面铣。

(PLANAR_PROFILE)：平面轮廓铣。

(CLEANUP_CORNERS)：清理拐角。

(FINISH_WALLS)：精铣侧壁。

2.1.1　底壁铣

底壁铣是平面铣加工中较为常用的铣削指令，主要通过选取加工平面或者区域来指定加工区域。底壁铣常常配合平底刀进行粗加工，也能针对某些平面进行精加工。

底壁铣

下面以图 2-1-3 所示零件的加工为例进行介绍。

加工步骤如下。

1. 进入加工模块

（1）打开如图 2-1-3 所示的“加工零件”建模文件。

（2）在“应用模块”功能选项卡中单击 （加工）图标，在弹出的“加工环境”对话框中的“要创建的 CAM 组装”模块选择“ mill_planar”选项，再单击“确定”按钮，如图 2-1-4 所示。

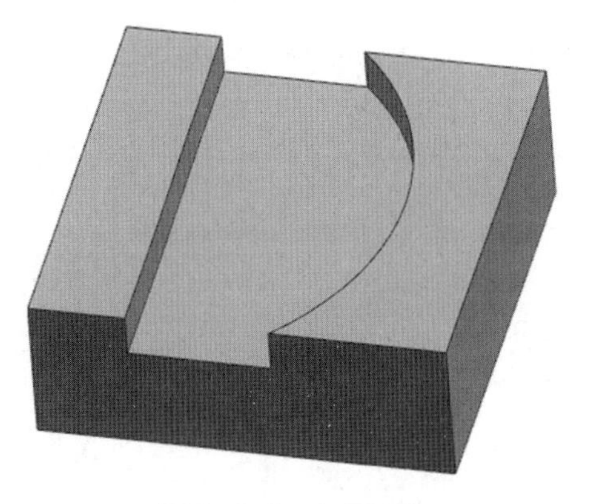

图 2-1-3　加工零件

图 2-1-4　CAM 模块选择

2. 创建几何体模块

（1）单击 （几何视图）图标，进入“几何视图”界面。双击 MCS_MILL 图标，弹出“MCS 铣削”对话框。

（2）在“ MCS 铣削”对话框单击 图标，系统弹出“坐标系”对话框。单击 图标，弹出如图 2-1-5 所示的“点”对话框，在“ Z”文本框中输入零件的高度为 28。单击“确定”按钮返回，得到如图 2-1-6 所示的加工原点坐标系。

图 2-1-5　加工原点的设置

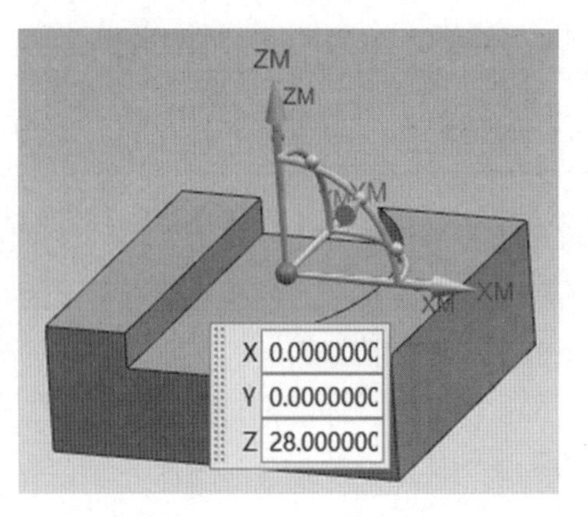

图 2-1-6　加工原点坐标系

在“MCS 铣削”对话框中的“安全设置”模块中选择“平面”选项。单击图标，弹出“平面”对话框，选择如图 2-1-7 所示的平面。在“距离”文本框中输入“5”，单击“确定”按钮完成安全平面的设置。

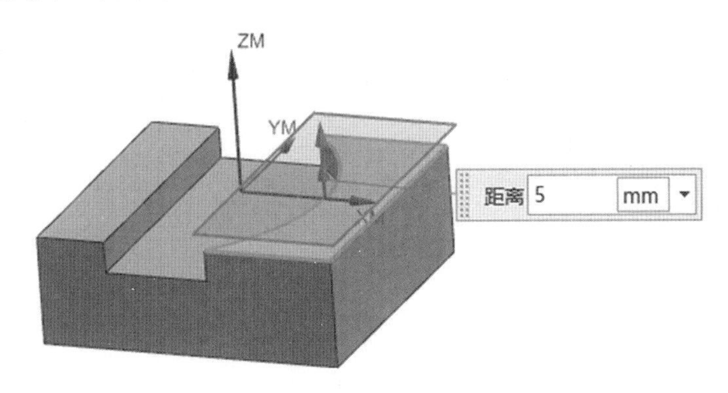

图 2-1-7　安全平面的设置

3. 创建毛坯几何体

（1）单击 MCS MILL 图标中的“+”，展开列表。双击 WORKPIECE 图标，弹出“工件”对话框。

（2）单击（指定部件）图标，弹出“部件几何体”对话框，选取加工零件作为加工最终部件，单击“确定”按钮返回“工件”对话框。

（3）单击（指定毛坯）图标，弹出“毛坯几何体”对话框，单击几何体对话框右侧的图标，选择包容块选项，单击“确定”按钮返回“工件”对话框。

（4）单击（显示）图标，观察设置的部件和毛坯是否符合要求，部件和毛坯几向体如图 2-1-8 所示。

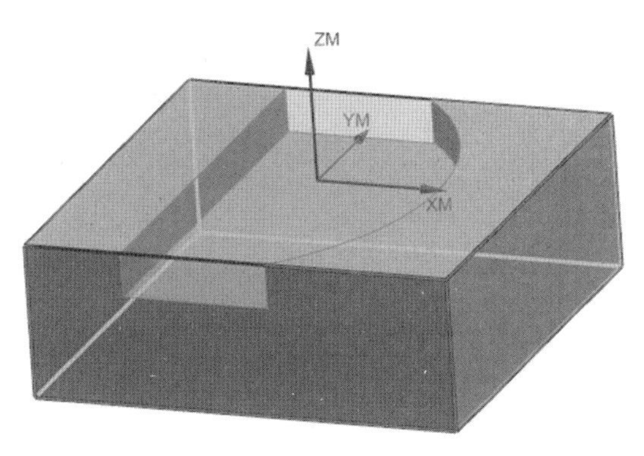

图 2-1-8　创建毛坯几何体

4. 创建刀具

（1）单击创建刀具图标，进入“创建刀具”界面，选择刀具子类型中的平底刀，在“名称”文本框中输入平底刀的直径大小“D10”作为刀具名称。单击“确定”按钮进入刀具参数设置对话框。

（2）在“尺寸”区域中的“直径”文本框中填入“10.0000”，在编号区域中的“刀具号”“补偿寄存器”“刀具补偿寄存器”三项文本框中填入“1”，如图 2-1-9 所示。单击“确定”按钮，完成刀具建立。

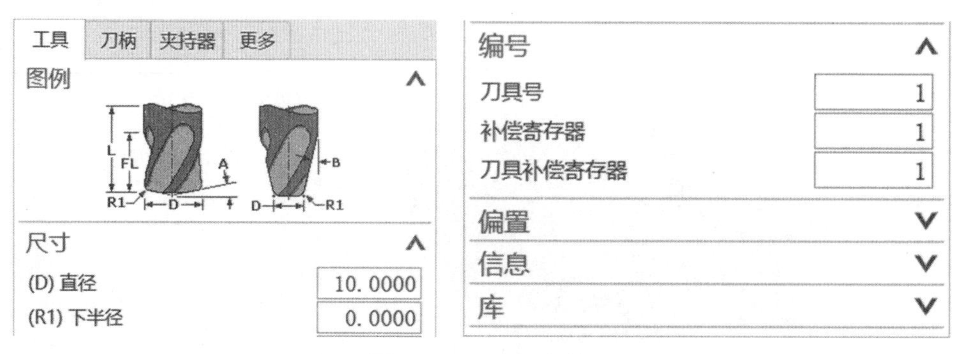

图 2-1-9　刀具参数

5. 创建底壁铣加工工序

（1）单击创建工序图标，弹出“创建工序”对话框，在工序子类型中选择（底壁铣）工序。

（2）如图 2-1-10 所示，在分开些“位置”区域中，“程序”下拉菜单选择“ PROGRAM”选项，“刀具”下拉菜单选择“D10（铣刀 –5 参数）”选项，“几何体”下拉菜单选择“ WORKPIECE”选项，“方法”下拉菜单选择“ MILL_FINISH”选项。单击“确定”按钮进入“底壁铣”对话框，如图 2-1-11 所示。

图 2-1-10　工序选择

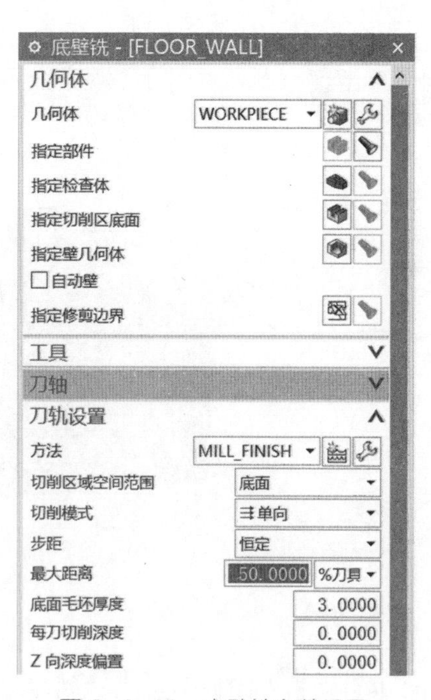

图 2-1-11　底壁铣参数设置

（3）在“几何体”→“指定切削区底面”区域中单击图标，进行切削区域选择。

在零件上选取如图 2-1-12 所示的平面作为切削区域，单击“确定”按钮返回“底壁铣”界面。

（4）在“几何体”→“指定壁几何体”区域中单击图标，进行侧壁选择。在零件上选取如图 2-1-13 所示的两个面作为侧壁，单击“确定”按钮返回“底壁铣”界面。

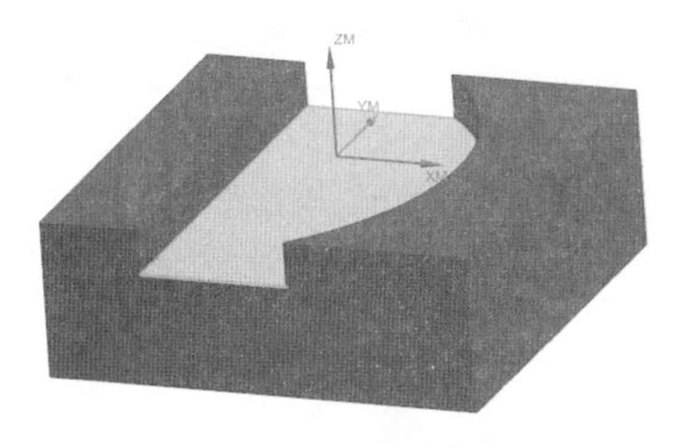

图 2-1-12　切削区域选择

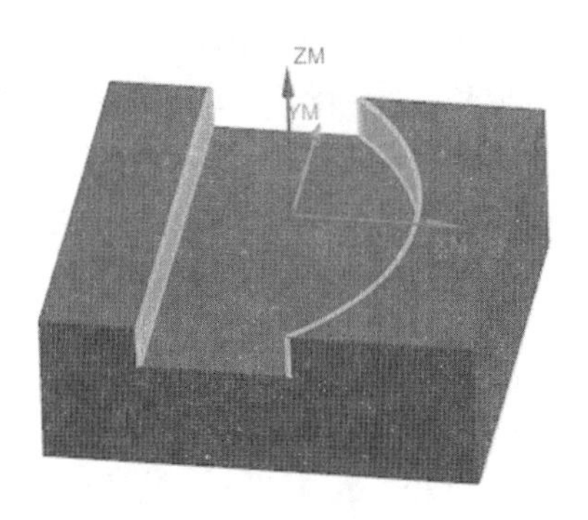

图 2-1-13　侧壁选择

（5）在“刀轨设置”→“切削模式”的下拉菜单中选择 跟随周边 切削模式选项。常用切削模式如图 2-1-14 所示，其中单向切削模式的提刀最多、加工时间最长，往复和跟随周边模式的提刀次数较少、加工时间较短，但往复模式的残留量较大，因此选择跟随周边切削模式较好。

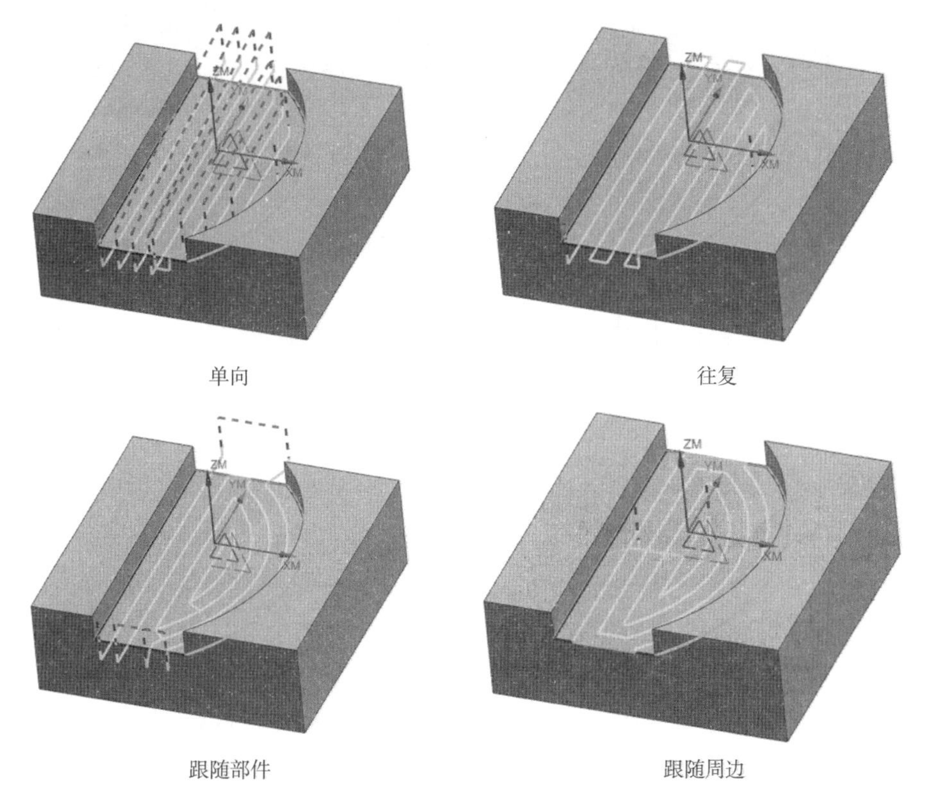

图 2-1-14　常用切削模式

（6）在“刀轨设置”区域中的“底面毛坯厚度”文本框中填入“8”（加工面到毛坯顶面的深度），“每刀切削深度”文本框中填入“1”（铣刀每一层的铣削深度），单击“操作”区域中的图标，预览刀具路径参数的设置效果，如图 2-1-15 所示。

（7）单击“刀轨设置”区域中的图标，进入“进给率和速度”对话框，在“主轴速度”区域中，勾选□图标，在文本框中填入“2500”，在“进给率”区域中的“切削”文本框中填入“2000”，单击图标进行计算，单击“确定”按钮返回“底壁铣”界面。

（8）单击“操作”区域中的图标进行计算，再单击图标，进入“刀轨可视化”对话框。单击“3D 动态”图标，进行 3D 仿真。把“动画速度”调整到“2”，便于观察。单击▶图标进行仿真，如图 2-1-16 所示。确认无误后，单击两次“确定”后完成工序的创建。

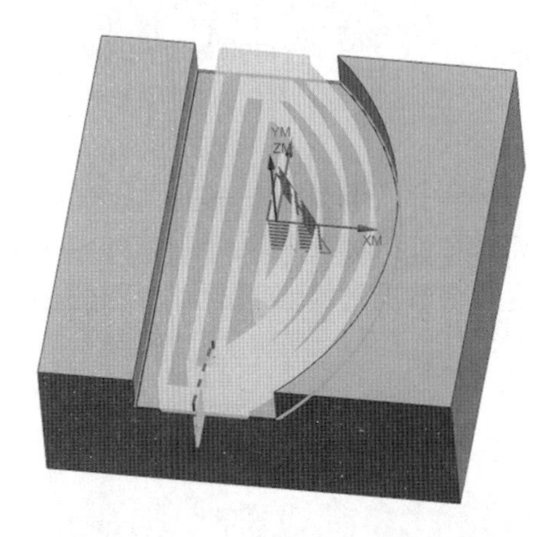

图 2-1-15　刀路预览

图 2-1-16　加工仿真

2.1.2　表面铣

表面铣

表面铣是平面铣加工中较为常用的铣削指令，用法也与底壁铣类似，主要区别是表面铣通过选取面边界来指定加工区域。一般可以利用面或者面上的曲线和点来得到开放或者封闭的面边界。

下面以如图 2-1-17 所示零件的加工为例进行介绍。

加工步骤如下。

1. 进入加工模块

（1）打开如图 2-1-17 所示的“加工零件”建模文件。

（2）单击“应用模块”功能选项卡中的图标，在弹出的“加工环境”对话框中的“要创建的 CAM 组装”模块选择“ mill_planar”选项，单击“确定”按钮，如图 2-1-18 所示。

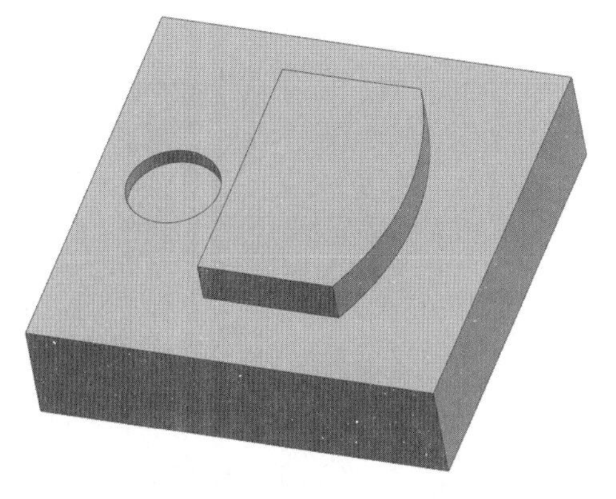

图 2-1-17　加工零件

图 2-1-18　模块选择

2. 创建几何体模块

（1）单击（几何视图）图标，进入几何视图界面。双击 MCS_MILL 图标，弹出“MCS 铣削”对话框。

（2）在“MCS 铣削”对话框单击图标，系统弹出“坐标系”对话框。单击图标，弹出如图 2-1-19 所示“点”对话框，在“Z”文本框中输入零件的高度 28。单击“确定”按钮返回，得到如图 2-1-20 所示的机床坐标系。

选择“MCS 铣削”对话框中的“安全设置”模块中的“平面”选项。单击图标，弹出“平面”对话框，选择如图 2-1-21 所示的平面，在距离文本框中输入“5”。单击“确定”按钮完成安全平面的设置。

图 2-1-19　加工原点的设置

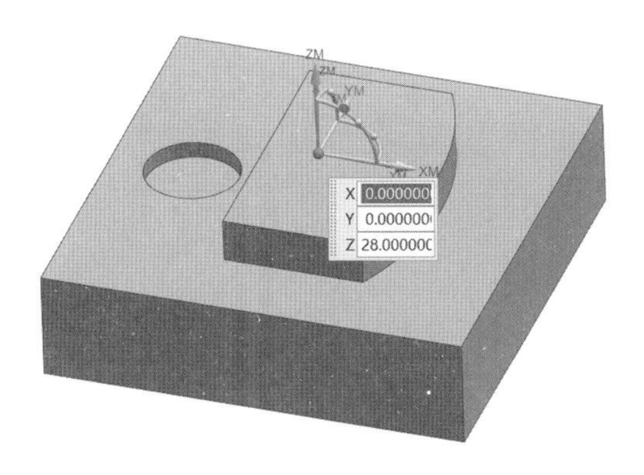

图 2-1-20　加工原点的坐标

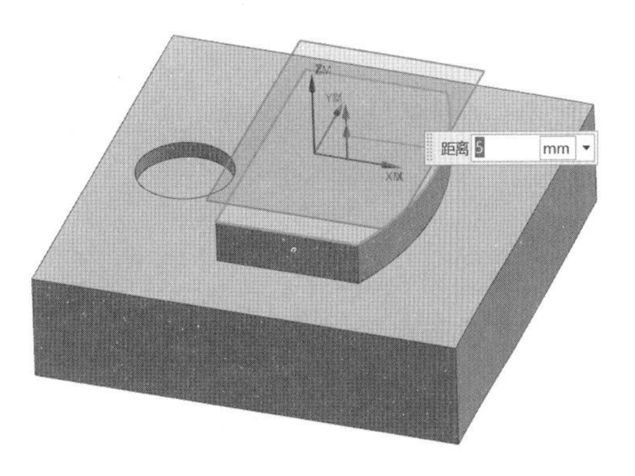

图 2-1-21　安全平面的设置

3. 创建毛坯几何体

（1）单击 MCS_MILL 图标中的“+”，展开列表。双击 WORKPIECE 图标，弹出“工件”对话框。

（2）单击（指定部件）图标，弹出“部件几何体”对话框，选取加工零件作为加工最终部件，单击“确定”按钮返回“工件”对话框。

（3）单击（指定毛坯）图标，弹出“毛坯几何体”对话框，单击 几何体 对话框右侧的图标，选择 包容块 选项，单击“确定”按钮返回“工件”对话框。

（4）单击（显示）图标，观察设置的部件和毛坯是否符合要求，如图 2-1-22 所示。

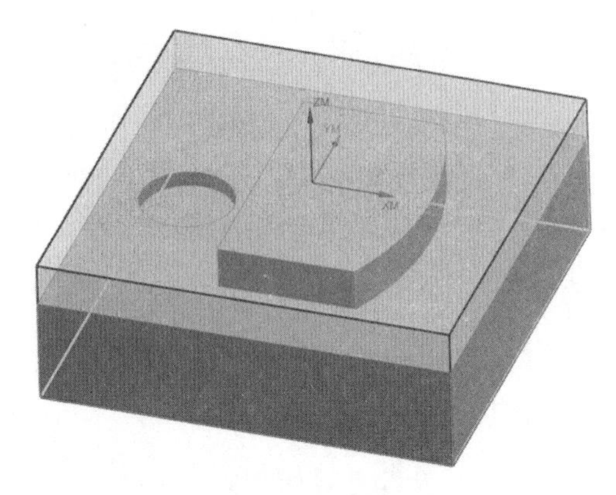

图 2-1-22　包容块

4. 创建刀具

（1）单击 创建刀具 图标，进入“创建刀具”界面，选择刀具子类型中的平底刀，在“名称”文本框中输入平底刀的直径大小“D10”作为刀具名称。单击“确定”按钮进入刀具参数设置对话框。

（2）在“尺寸”区域中的“直径”文本框中填入“10.0000”，在编号区域中“刀具号”“补偿寄存器”“刀具补偿寄存器”三项文本框中填入“1”，单击“确定”按钮，完成刀具建立，如图 2-1-23 所示。

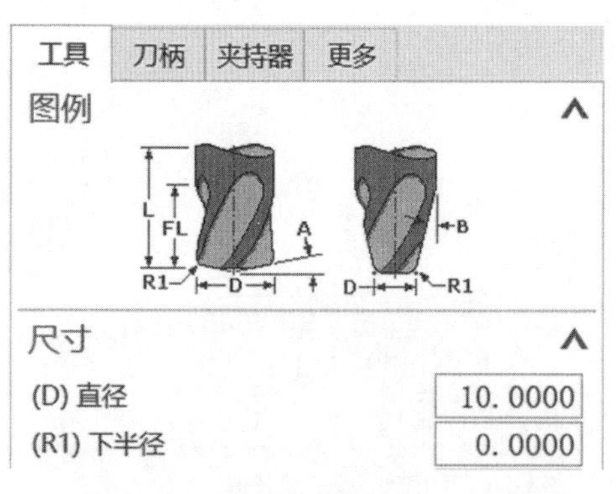

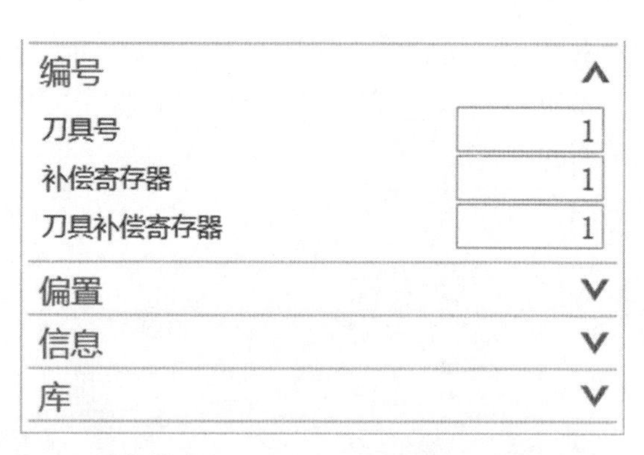

图 2-1-23　刀具参数

5. 创建表面铣加工工序

（1）单击 创建工序 图标，弹出“创建工序”对话框，在工序子类型中选择（表面铣）工序。

（2）在位置区域中，“程序”下拉菜单选择“PROGRAM”选项，“刀具”下拉菜单选择“D10（铣刀 -5 参数）”选项，“几何体”下拉菜单选择“WORKPIECE”选项，“方法”下拉菜单选择“MILL FINISH”选项，如图 2-1-24 所示。单击“确定”按钮进入“表面铣”对话框（注：软件界面为“面铣”，本书描述为“表面铣”），如图 2-1-25 所示。

图 2-1-24 工序选择

图 2-1-25 表面铣参数设置

（3）在“几何体”→“指定面边界”区域中单击图标，进入“毛坯边界”对话框。在零件上选取如图 2-1-26 所示的平面作为切削区域，在“列表”区域删除“面；封闭；Outside”选项（去除圆孔边界），在“刀具侧”下拉菜单选择“内侧”选项，如图 2-1-27 所示。单击“确定”按钮返回“表面铣”界面。

图 2-1-26 切削区域

图 2-1-27 指定面边界

（4）在刀轨设置区域中的“切削模式”对话框中选择 跟随周边 切削模式选项，如图 2-1-28 所示。

（5）在“刀轨设置”对话框中的“底面毛坯厚度”文本框中填入 8（加工面到毛坯顶面的深度），“每刀切削深度”文本框中填入 1（铣刀每层铣削深度），单击“操作”区域中的图标，预览刀具路径参数的设置效果，如图 2-1-29 所示。

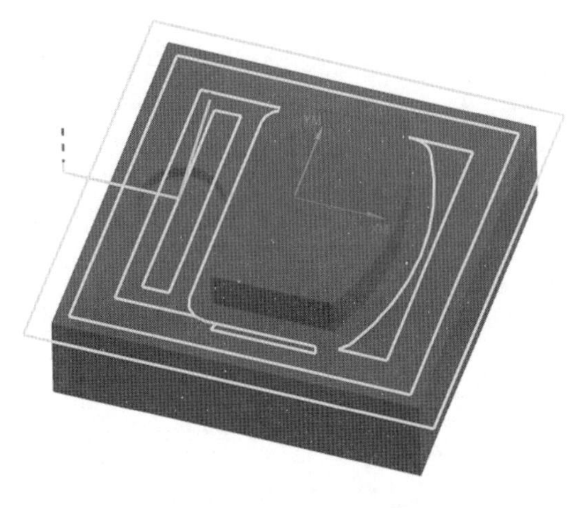

图 2-1-28　切削模式

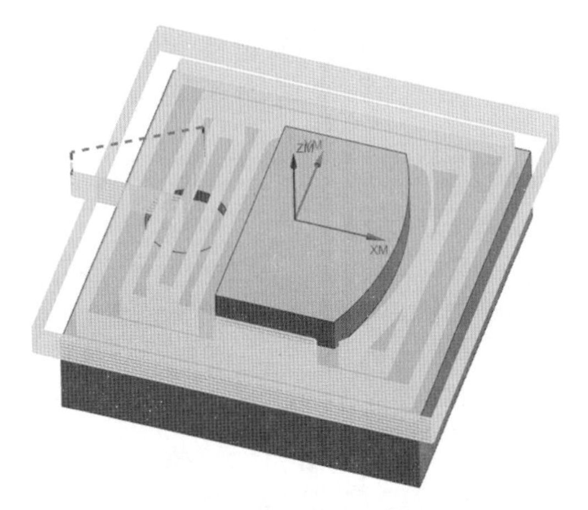

图 2-1-29　刀轨预览

（6）单击“刀轨设置”对话框中的（进给率和速度）图标，进入“进给率和速度”对话框，在“主轴速度”区域中，勾选□图标，在文本框中填入 2500，在“进给率”区域中的“切削”文本框中填入 2000，单击图标进行计算，单击“确定”按钮返回“表面铣”界面。

（7）单击“操作”区域中的图标进行计算，再单击图标，进入“刀轨可视化”对话框。单击“3D 动态”图标进行 3D 仿真操作，把“动画速度”调整到 2，便于观察。单击▶图标进行仿真，如图 2-1-30 所示。确认无误后，单击两次“确定”按钮后完成工序创建。

图 2-1-30　加工仿真

2.1.3　手工面铣

手工面铣是平面铣加工中较为常用的铣削指令，在创建该工序时，系统会自动指定加工模式为混合切削模式。我们需要对零件中选中的平面或者加工区域分别指定不同的切削模式和切削参数，以实现不同加工区域的多种切削模式的加工。

下面以如图 2-1-31 所示零件的加工为例进行介绍。

加工步骤如下。

手工面铣

1. 进入加工模块

（1）打开如图 2-1-31 所示的“加工零件”建模文件。

（2）在“应用模块”功能选项卡中单击 （加工）图标，在弹出的“加工环境”对话框中的“要创建的 CAM 组装”模块选择“ mill_planar”选项，再单击“确定”按钮，如图 2-1-32 所示。

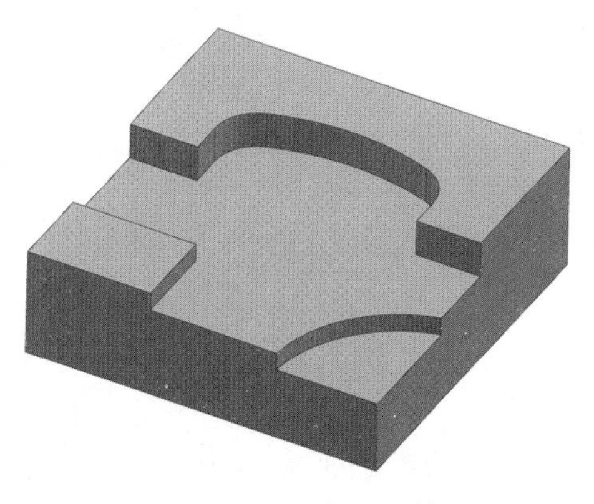

图 2-1-31　加工零件

图 2-1-32　模块选择

2. 创建几何体模块

（1）单击 （几何视图）图标，进入几何视图界面。双击 MCS_MILL 图标，弹出“ MCS 铣削”对话框。

（2）在“ MCS 铣削”对话框单击 图标，系统弹出“坐标系”对话框，单击 图标，弹出如图 2-1-33 所示“点”的对话框，在“ Z”文本框中输入零件的高度 28，单击“确定”按钮返回，得到如图 2-1-34 所示的机床坐标系。

图 2-1-33　加工原点的设置

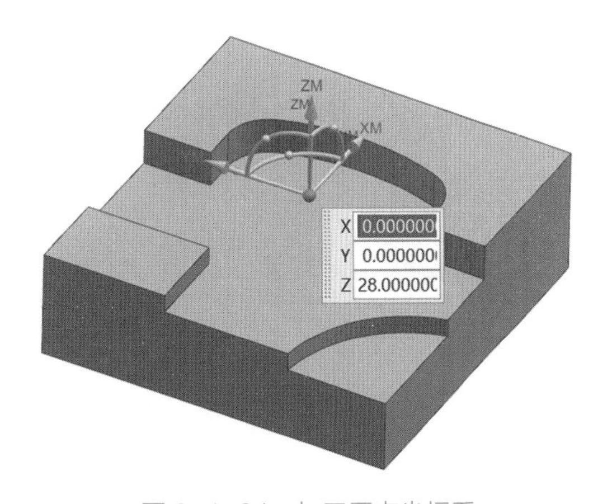

图 2-1-34　加工原点坐标系

在“MCS 铣削”对话框中的“安全设置”模块的“安全设置选项”对话框选择“平面”选项，单击图标，弹出“平面”对话框，选择如图 2-1-35 所示的平面，在距离文本框中输入“5”，单击“确定”按钮完成安全平面的设置。

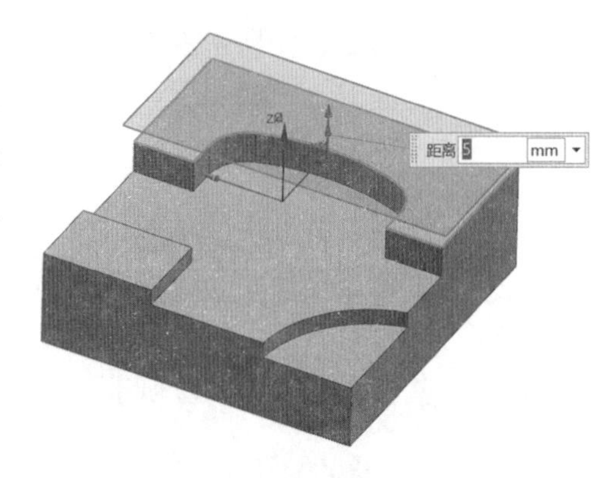

图 2-1-35　安全平面的设置

3. 创建毛坯几何体

（1）单击 MCS MILL 图标中的“+”，展开列表。双击 WORKPIECE 图标，弹出“工件”对话框。

（2）单击（指定部件）图标，弹出“部件几何体”对话框，选取加工零件作为加工最终部件，并单击“确定”按钮返回“工件”对话框。

（3）单击（指定毛坯）图标，弹出“毛坯几何体”对话框，单击 几何体 对话框右侧的图标，选择 部件的偏置 选项，在“偏置”文本框中填入“0.5”，单击“确定”按钮返回“工件”对话框。

（4）单击（显示）图标，观察设置的部件和毛坯是否符合要求，如图 2-1-36 所示。

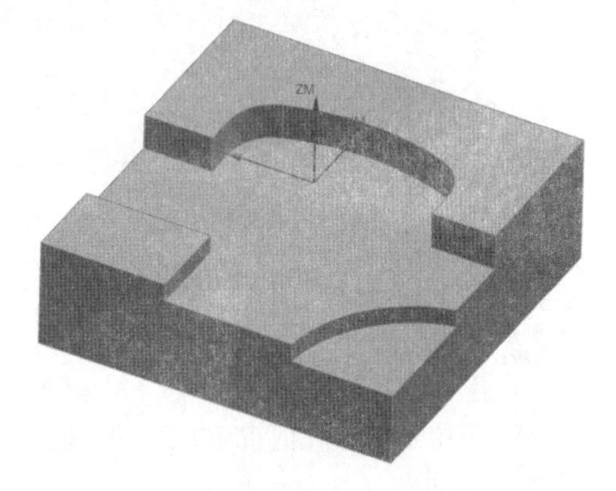

图 2-1-36　加工毛坯

4. 创建刀具

（1）单击 创建刀具 图标，进入“创建刀具”界面，选择刀具子类型中的平底刀，在“名称”文本框中输入平底刀的直径大小“D10”作为刀具名称，单击“确定”按钮进入刀具参数设置对话框。

（2）在尺寸区域中的“直径”文本框中填入“10.0000”，在编号区域中“刀具号”“补偿寄存器”“刀具补偿寄存器”三项文本框中填入“1”，如图 2-1-37 所示。单击“确定”按钮完成刀具建立。

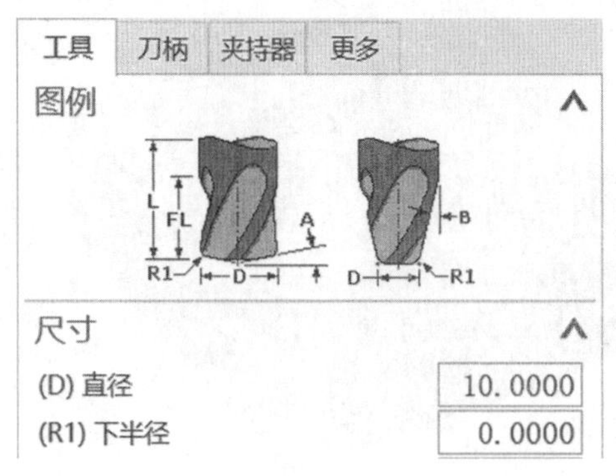

图 2-1-37　刀具参数

5. 创建手工面铣加工工序

（1）单击 创建工序 图标，弹出“创建工序”对话框，在工序子类型中选择（手工面铣）工序。

（2）在位置区域中，“程序”下拉菜单选择“PROGRAM”选项，“刀具”下拉菜单选择“D10（铣刀 -5 参数）”选项，“几何体”下拉菜单选择“WORKPIECE”选项，“方法”下拉菜单选择“MILL_FINISH”选项，如图 2-1-38 所示。单击“确定”按钮进入“手工面铣”对话框，如图 2-1-39 所示。

图 2-1-38　工序选择

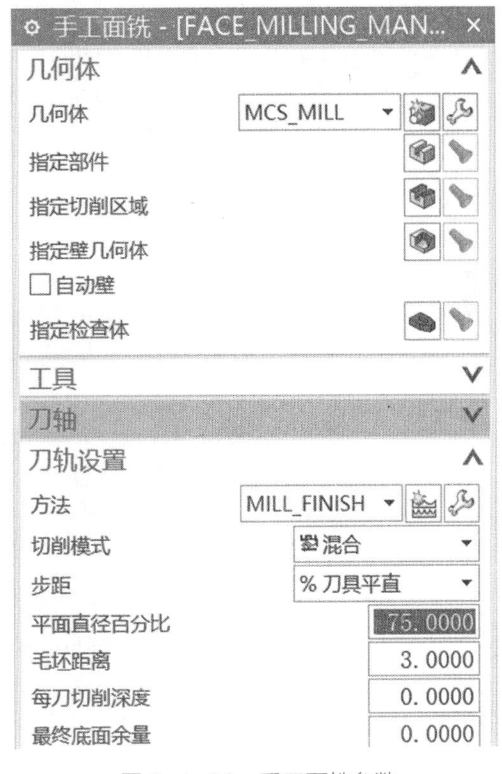

图 2-1-39　手工面铣参数

（3）在“几何体”→“指定切削区域”区域中单击图标，进入“切削区域”对话框。在零件上按序号顺序依次选取如图 2-1-40 所示的四个平面作为切削区域。单击“确定”按钮返回“手工面铣”界面。

（4）在操作区域中，单击图标进行计算，弹出“区域切削模式”对话框，我们单击区域内部的 1~4 选项，可以发现顺序与前面序号的顺序相同，如图 2-1-41 所示。选取区域 1，单击图标，选择（往复加工模式）选项；选取区域 2，单击图标，选择（跟随周边加工模式）选项；选取区域 3，单击图标，选择（单向加工模式）选项；选取区域 4，单击图标，选择（跟随部件加工模式）选项，刀轨预览如图 2-1-42 所示。单击“确定”按钮返回“手工面铣”界面。

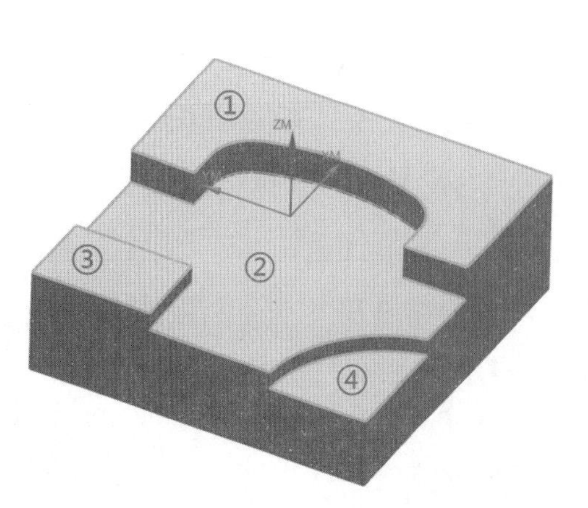

图 2-1-40　单击顺序

图 2-1-41　切削模式

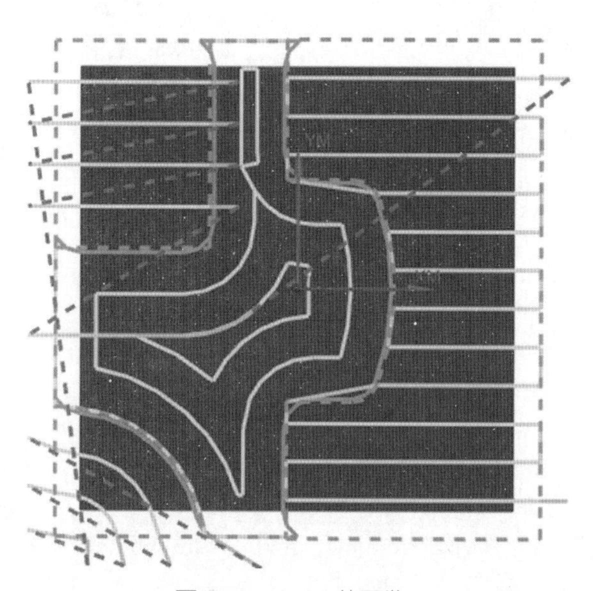

图 2-1-42　刀轨预览

（5）单击“刀轨设置”对话框中的 （进给率和速度）图标，进入“进给率和速度”对话框，在“主轴速度”区域中，勾选 图标，在文本框中填入 2500，在“进给率”区域中的“切削”文本框中填入 2000，单击 图标进行计算，单击“确定”按钮返回“手工面铣”界面。

（6）单击“操作”区域中的 图标进行计算，再单击 图标，进入“刀轨可视化”对话框。单击“3D 动态”图标进行 3D 仿真操作，把“动画速度”调整到 2，便于观察。单击 图标进行仿真，如图 2-1-43 所示。确认无误后，单击两次“确定”按钮后完成工序创建。

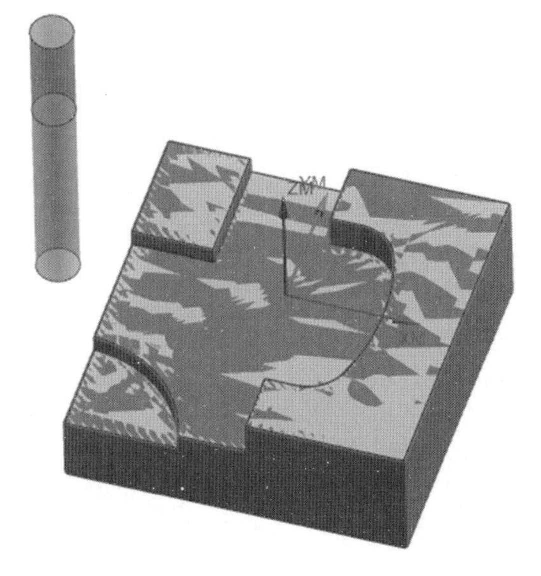

图 2-1-43　加工仿真

2.1.4　平面铣

平面铣是使用边界（二维的线或者三维的边）来创建几何体的平面铣削方式。平面铣常用于多层刀轨逐层切削余料的粗加工，也可以用于直壁类底面的精加工。因此，平面铣内置了切削层的设置，可设置切削层的切削参数。

平面铣

下面以如图 2-1-44 所示零件的加工为例进行介绍。

加工步骤如下。

1. 进入加工模块

（1）打开如图 2-1-44 所示的“加工零件”建模文件。

（2）在“应用模块”功能选项卡中选择（加工）图标，在弹出的“加工环境”对话框中的“要创建的 CAM 组装”模块选择“mill_planar”选项，再单击“确定”按钮，如图 2-1-45 所示。

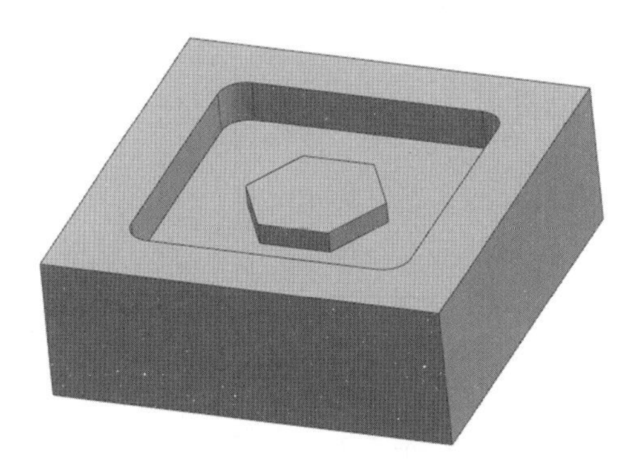

图 2-1-44　加工零件

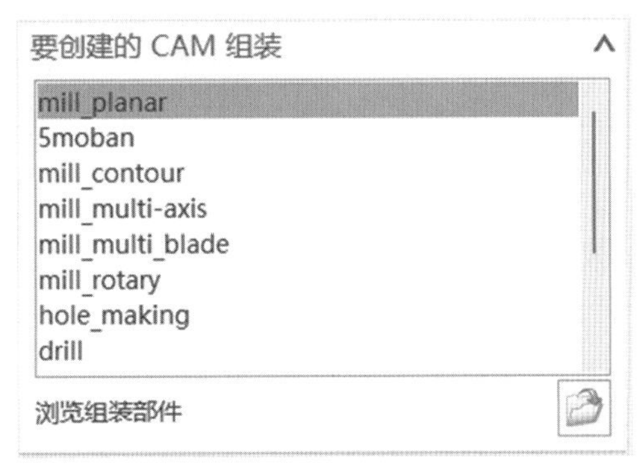

图 2-1-45　模块选择

2. 创建几何体模块

（1）单击（几何视图）图标，进入几何视图界面。双击 MCS_MILL 图标，弹出“MCS铣削”对话框。

（2）在“MCS 铣削”对话框单击图标，系统弹出“坐标系”对话框，单击图标，弹出如图 2-1-46 所示“点”的对话框，在“Z”文本框中填入零件的高度 28，单击“确定”按钮返回，得到如图 2-1-47 所示的机床坐标系。

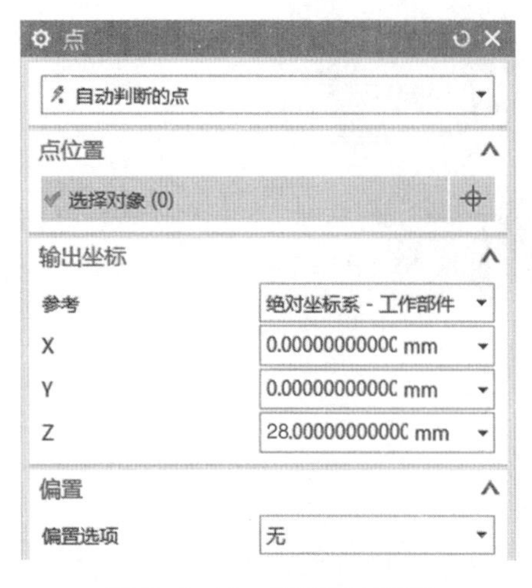

图 2-1-46　加工原点设置

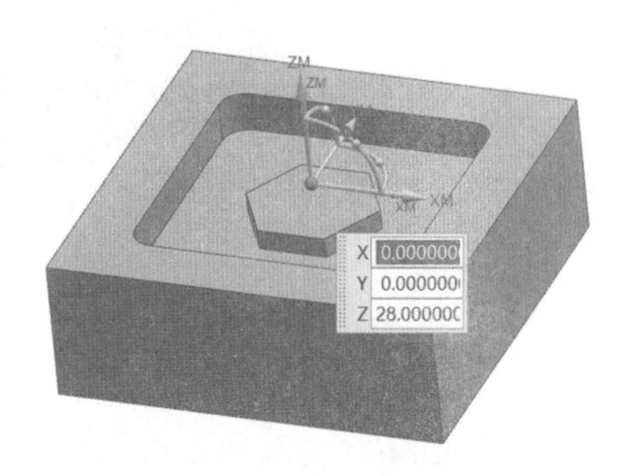

图 2-1-47　加工原点坐标系

在“MCS 铣削”对话框中的“安全设置”模块中选择“平面”选项。单击图标，弹出“平面”对话框，选择如图 2-1-48 所示的平面，在距离文本框中输入“5”，单击“确定”按钮完成安全平面的设置。

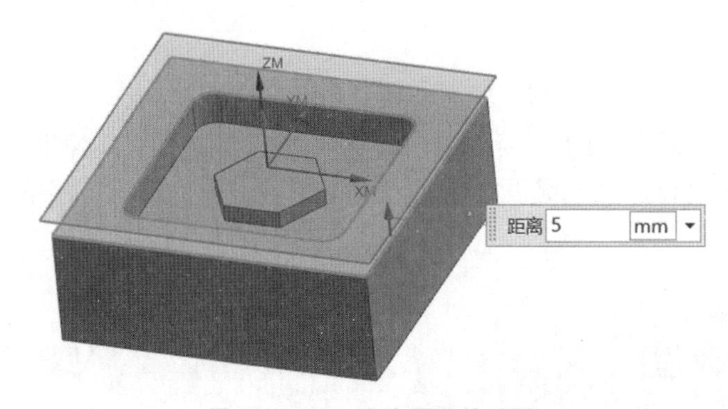

图 2-1-48　安全平面的设置

3. 创建毛坯几何体

（1）单击 MCS MILL 图标中的“+”，展开列表。双击 WORKPIECE 图标，弹出“工件”对话框。

（2）单击（指定部件）图标，弹出“部件几何体”对话框，选取加工零件作为加工最终部件，并单击“确定”按钮返回“工件”对话框。

（3）单击（指定毛坯）图标，弹出“毛坯几何体”对话框，单击几何体对话框右侧的图标，选择包容块选项，单击“确定”按钮返回“工件”对话框。

（4）单击（显示）图标，观察设置的部件和毛坯是否符合要求，如图 2-1-49 所示。

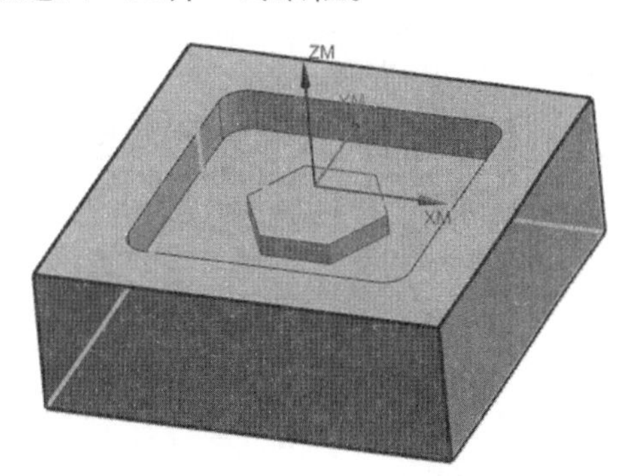

图 2-1-49　包容块

4. 创建刀具

（1）单击创建刀具图标，进入“创建刀具”界面，选择刀具子类型中的平底刀，在“名称”文本框中填入平底刀的直径大小“D10”作为刀具名称，单击“确定”按钮进入刀具参数设置对话框。

（2）在尺寸区域中的“直径”文本框中填入“10.0000”，在编号区域中“刀具号”“补偿寄存器”“刀具补偿寄存器”三项文本框中填入“1”，如图 2-1-50 所示添加。单击“确定”按钮完成刀具建立。

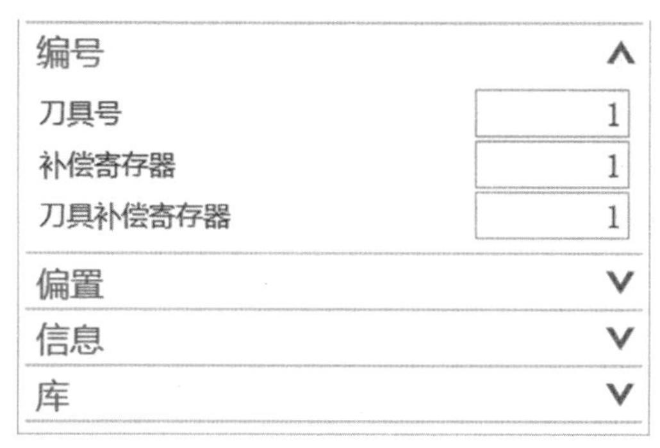

图 2-1-50　刀具参数

5. 创建平面铣加工工序

（1）单击创建工序图标，弹出“创建工序”对话框，在工序子类型中选择（平面铣）工序，如图 2-1-51 所示。

（2）在位置区域中，“程序”下拉菜单选择“PROGRAM”选项，“刀具”下拉菜单选择“D10（铣刀 -5 参数）”选项，“几何体”下拉菜单选择“WORKPIECE”选项，“方法”下拉菜单选择“MILL_FINISH”选项，如 2-1-51 所示，单击“确定”按钮进入“平面铣”对话框，如图 2-1-52 所示。

（3）在“几何体”→“指定部件边界”区域中单击图标，进入“部件边界”对话框。在“选择方法”下拉菜单选择曲线选项，“边界类型”下拉菜单选择“封闭”选项，“刀具侧”下拉菜单选择“内侧”选项，“平面”下拉菜单选择“自动”选项，如图 2-1-53 所示。单击（添加新集）图标，在“选择方法”下拉菜单选择曲线选项，“边界类型”下拉菜单选择“封闭”选项，“刀具侧”下拉菜单选择“外侧”选项，“平面”下拉菜单选择“自动”选项，如图 2-1-54 所示。单击“确定”按钮返回“平面铣”界面。

图 2-1-51　工序选择

图 2-1-52　平面铣参数

图 2-1-53　部件外边界

图 2-1-54　部件内边界

（4）在“指定修剪边界”区域中单击图标，进入“平面”界面中，单击如图 2-1-55 所示的底面。单击“确定”按钮返回“平面铣”界面。在刀轨设置区域中的“切削模式”对话框中选择跟随周边切削模式选项，如图 2-1-56 所示。

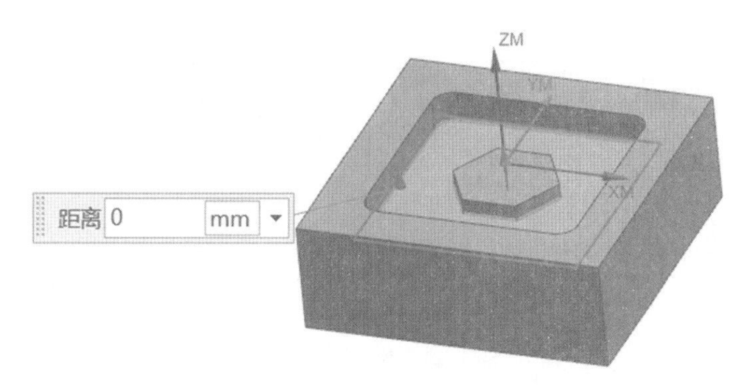

图 2-1-55　指定修剪边界

（5）在“刀轨设置”对话框中的“切削层”区域单击图标，进入“切削层”界面，在“公共”文本框中填入 1（铣刀每层铣削深度），单击“确定”按钮返回“平面铣”界面。单击“操作”区域中的图标，预览刀具路径参数的设置效果，如图 2-1-57 所示。

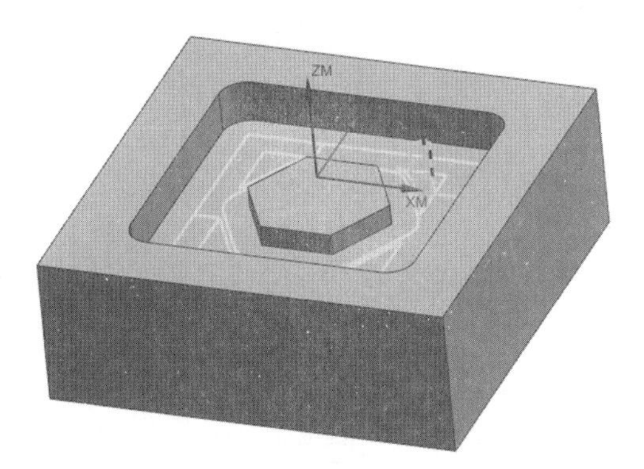

图 2-1-56　切削模式

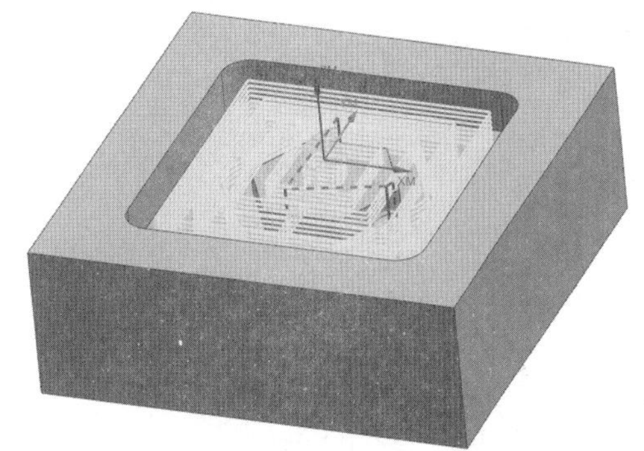

图 2-1-57　刀轨预览

（6）单击“刀轨设置”对话框中的（进给率和速度）图标，进入“进给率和速度”对话框，在“主轴速度”区域中，勾选□图标，在文本框中填入 2500，在“进给率”区域中的“切削”文本框填中入 2000，单击进行计算，单击“确定”按钮返回“平面铣”界面。

（7）单击“操作”区域中的图标进行计算，再单击图标，进入“刀轨可视化”对话框。单击“3D 动态”图标进行 3D 仿真操作，把“动画速度”调整到 2，便于观察。单击图标进行仿真，如图 2-1-58 所示。确认无误后，

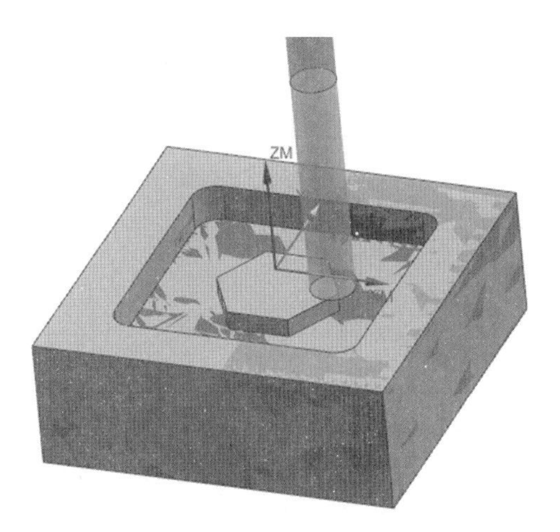

图 2-1-58　加工仿真

单击两次“确定”按钮后完成工序创建。

任务 2.2 “1+X”证书项目的平面铣加工编程

2.2.1 项目分析

“1+X”证书项目的平面铣削加工编程

图 2-2-1 所示的零件图是数控车铣加工职业技能等级（中级）实操练习题之一。由图可知，我们需要加工一个尺寸为 $78^{0}_{-0.03} \times 74^{0}_{-0.03} \times 23^{+0.052}_{0}$ 的轴承座，加工基准为 *A* 面，公差为 ⊥ 0.02 *A*。由装配图 2-2-2 可知，轴承座中有一个非常重要的尺寸 $\phi 42^{+0.007}_{-0.018}$，该尺寸直接关系到轴承能否正确安装到轴承座。综上所述，在兼顾加工效率的情况下，我们应该先加工基准面 *A* 所在的形状和尺寸（暂称为 *A* 面）。由于 *A* 面的轴承孔 $\phi 42^{+0.007}_{-0.018}$ 与反面 *B* 面孔 $\phi 37^{+0.039}_{0}$ 有同轴要求，因此反面 *B* 面的形状和尺寸加工的基准也按孔 $\phi 42^{+0.007}_{-0.018}$ 的圆心为基准。

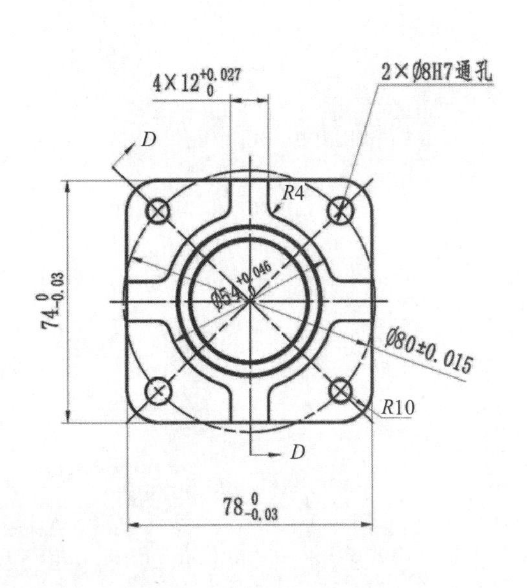

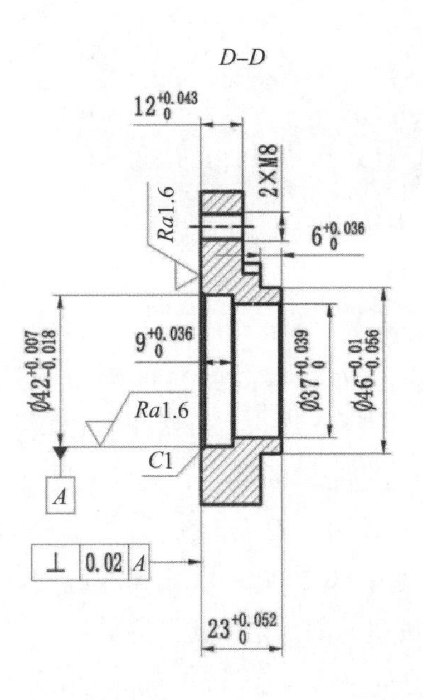

技术要求

1. 去毛刺，锐边倒钝；
2. 未注倒角 *C*0.5；
3. 未注公差尺寸的极限偏差按 GB/T 1804—2000—m。

*Ra*3.2（√）

图 2-2-1　轴承度零件图

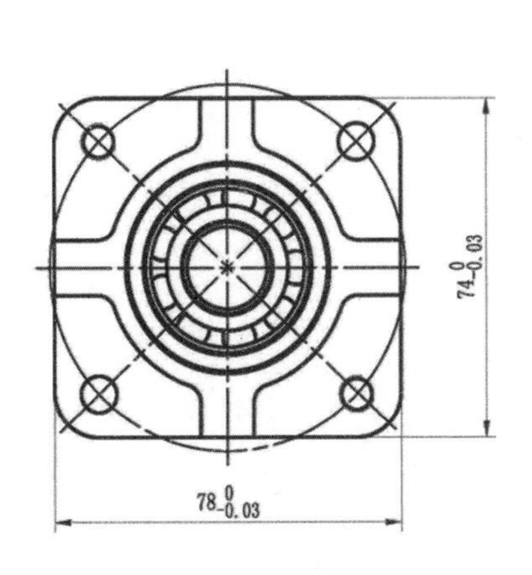

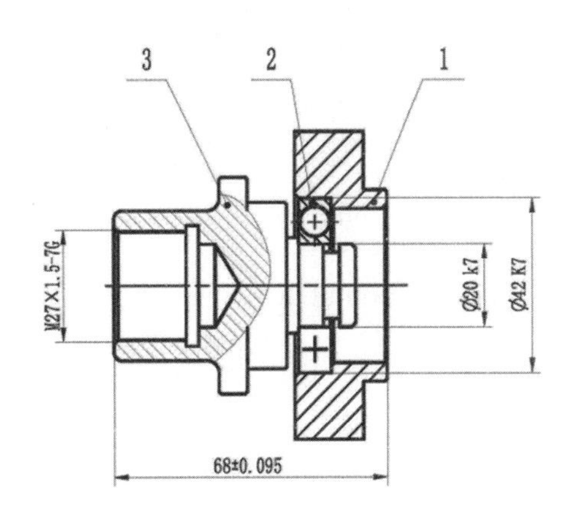

技术要求

1. 必须按照设计、工艺要求及本规定和有关标准进行装配；
2. 各零、部件装配后相对位置应准确；
3. 零件在装配前必须清理和清洗干净；
4. 装配过程中零件不得磕碰、划伤和锈蚀。

图 2-2-2　装配图

2.2.2　平面铣加工工艺选择

以加工 A 面为例，根据广州数控 990MA 数铣加工中心（不带刀库）的加工设备的具体情况，列举部分（可以平面铣编程部分）的铣削加工工艺，如表 2-2-1 所示。

表 2-2-1　铣削加工工艺表

加工工序	加工方式	加工刀具	主轴转速 /（$r \cdot min^{-1}$）	进给率 /（$mm \cdot min^{-1}$）	余量 /mm
顶面加工	精加工	$\phi12$ 平底刀	4500	1000	0
轴承孔 $\phi42^{+0.007}_{-0.018}$ 和孔 $\phi37^{+0.039}_{0}$	粗加工	$\phi12$ 平底刀	2500	2000	0.2
轴承孔 $\phi42^{+0.007}_{-0.018}$ 和孔 $\phi37^{+0.039}_{0}$	精加工	$\phi12$ 平底刀	4500	1000	0
外轮廓 $78^{0}_{-0.03} \times 74^{0}_{-0.03} \times 13$	粗加工	$\phi12$ 平底刀	2500	2000	0.2
外轮廓 $78^{0}_{-0.03} \times 74^{0}_{-0.03} \times 13$	精加工	$\phi12$ 平底刀	4500	1000	0
…					

2.2.3 编程工序的确定

下面以轴承孔 $\phi42_{-0.018}^{+0.007}$ 和孔 $\phi37_{0}^{+0.039}$ 的加工为例。根据图 2-2-1 所示的轴承座零件图，利用 NX UG 12.0 建立如图 2-2-3 所示的模型。

加工步骤如下。

1. 进入加工模块

（1）打开如图 2-2-3 所示的“轴承座零件”建模文件。

（2）在“应用模块”功能选项卡中单击（加工）图标，在弹出的“加工环境”对话框中的“要创建的 CAM 组装”模块选择“ mill_planar”选项，再单击“确定”按钮，如图 2-2-4 所示。

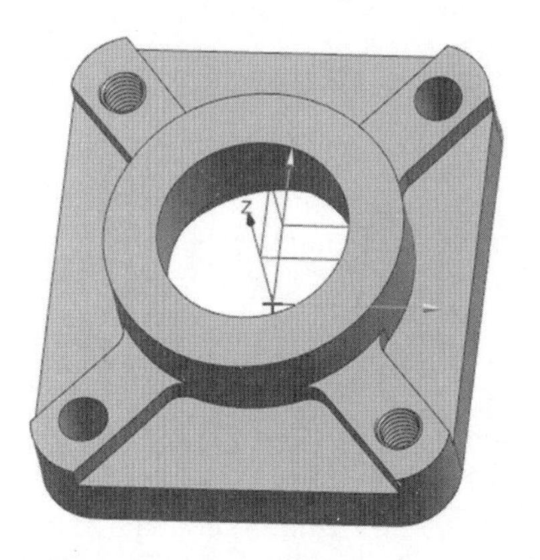

图 2-2-3　轴承座零件

图 2-2-4　模块选择

2. 创建几何体模块

（1）单击（几何视图）图标，进入几何视图界面。双击 MCS_MILL 图标，弹出“ MCS 铣削”对话框。

（2）机床坐标系的设置。单击如图 2-2-5 所示的点，在弹出的旋转“角度”文本框中填入 180，得到的坐标系如图 2-2-6 所示。单击“确定”按钮返回“MCS 铣削”界面。

图 2-2-5　坐标系旋转

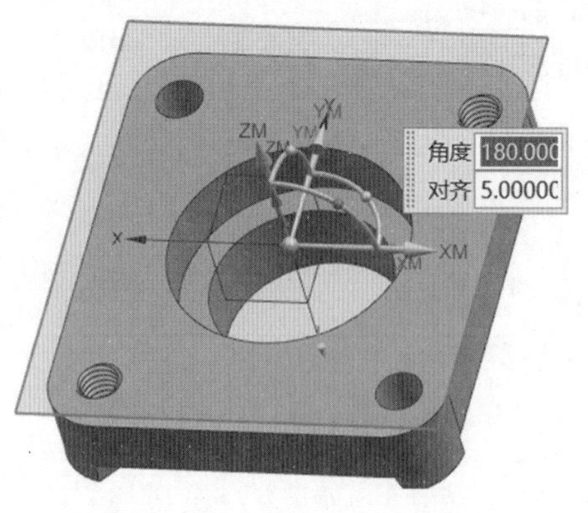

图 2-2-6　坐标系旋转角度

在“MCS 铣削”对话框中的“安全设置”模块的安全设置选项对话框中选择“平面”选项，单击图标，弹出“平面”对话框，选择如图 2-2-7 所示的平面，在“距离”文本框中输入“5”，单击“确定”按钮完成安全平面的设置。

图 2-2-7　安全平面设置

3. 创建毛坯几何体

（1）单击 MCS MILL 图标中的“+”，展开列表。双击 WORKPIECE 图标，弹出“工件”对话框。

（2）单击（指定部件）图标，弹出“部件几何体”对话框，选取加工零件作为加工最终部件，并单击“确定”按钮返回“工件”对话框。

（3）单击（指定毛坯）图标，弹出“毛坯几何体”对话框，单击几何体对话框右侧的图标，选择包容块选项，在“限制”区域按如图 2-2-8 所示的数值输入各文本框。单击“确定”按钮返回“工件”对话框。

（4）单击（显示）图标，观察设置的部件和毛坯是否符合要求，如图 2-2-9 所示。

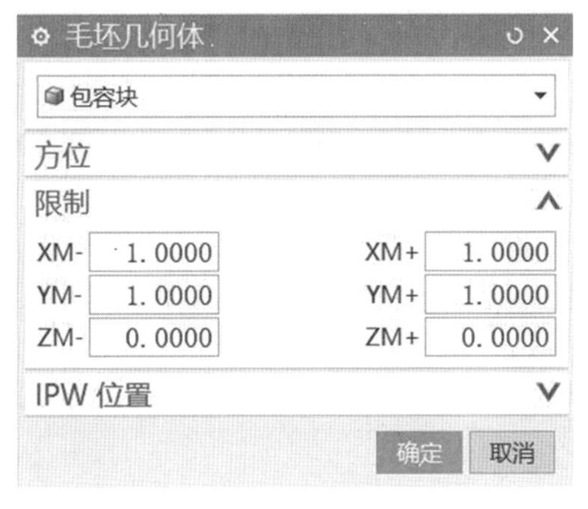

图 2-2-8　毛坯设置

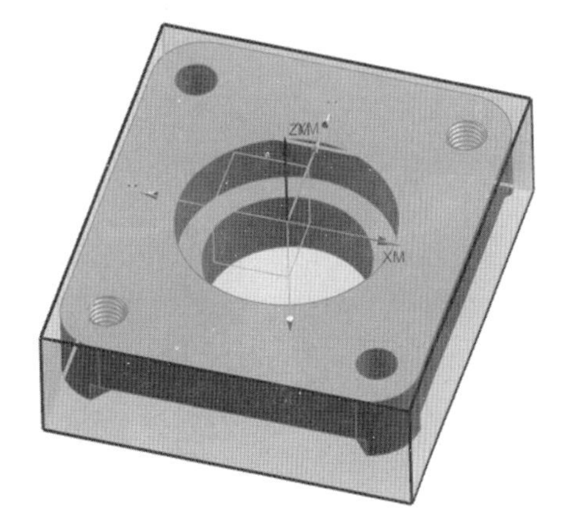

图 2-2-9　包容块

4. 创建刀具

（1）单击创建刀具图标，进入“创建刀具”界面，选择刀具子类型中的平底刀，在“名称”文本框中输入平底刀的直径大小“D12”作为刀具名称，单击“确定”按钮进入刀具参数设置对话框。

（2）在“尺寸”区域的“直径”文本框中填入“12.0000”，在“编号”区域的“刀具号”“补偿寄存器”“刀具补偿寄存器”三项文本框中填入“1”，如图 2-2-10 所示。单击“确定”按钮完成刀具建立。

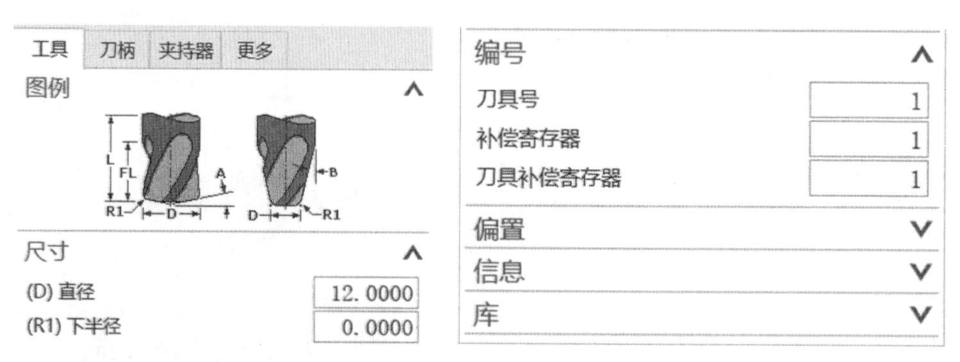

图 2-2-10　刀具参数

5. 创建表面铣粗加工工序

（1）单击创建工序图标，弹出“创建工序”对话框，在工序子类型中选择（平面铣）工序。

（2）在“位置”区域，“程序”下拉菜单选择“PROGRAM”选项，“刀具”下拉菜单选择“D12（铣刀 -5 参数）”选项，“几何体”下拉菜单选择“WORKPIECE”选项，“方法”下拉菜单选择“MILL_FINISH”选项，如图 2-2-11 所示。单击“确定”按钮进入“表面铣”对话框，如图 2-2-12 所示。

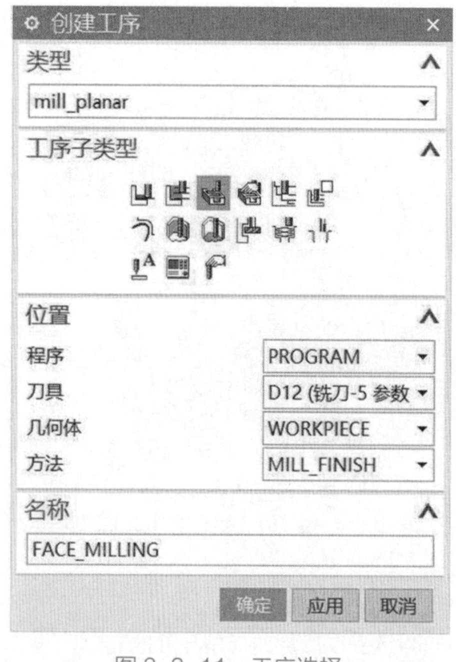

图 2-2-11　工序选择

图 2-2-12　表面铣参数

（3）在“几何体”→“指定面边界”区域单击图标，进入“毛坯边界”对话框。在“边界”区域中，“选择方法”下拉菜单选择曲线选项，“刀具侧”下拉菜单选择“内侧”选项，“平面”下拉菜单选择“自动”选项，如图 2-2-13 所示。在部件上选取如图 2-2-14 所示的顶面四条直线边作为切削区域的边界。单击“确定”按钮返回“表面铣”界面。

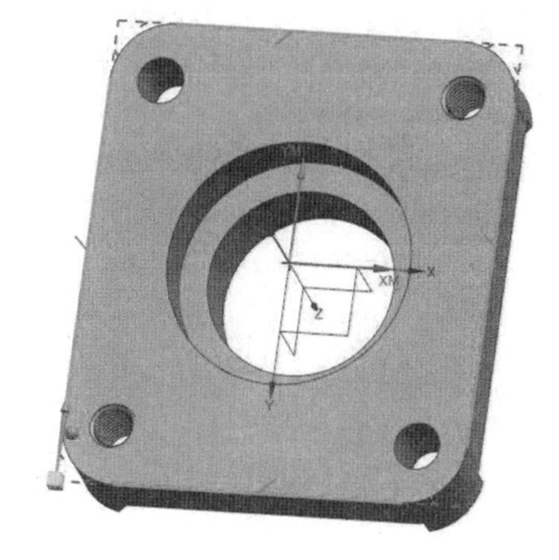

图 2-2-13　毛坯边界

图 2-2-14　指定面边界

（4）在“刀轴”区域中，“轴”下拉菜单选择“ +ZM 轴”选项。在“刀轨设置”区域中，“切削模式”下拉菜单选择往复切削模式选项，在“平面直径百分比”文本框中填入“50.0000”，如图 2-2-15 所示。

（5）单击“操作”区域中的图标，预览刀具路径参数的设置效果，如图 2-2-16 所示。

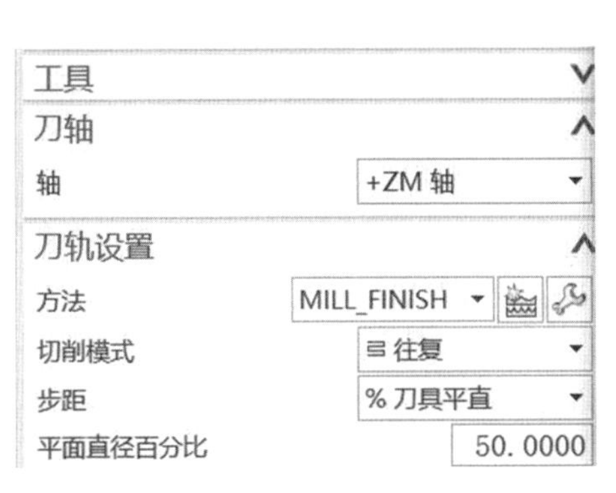

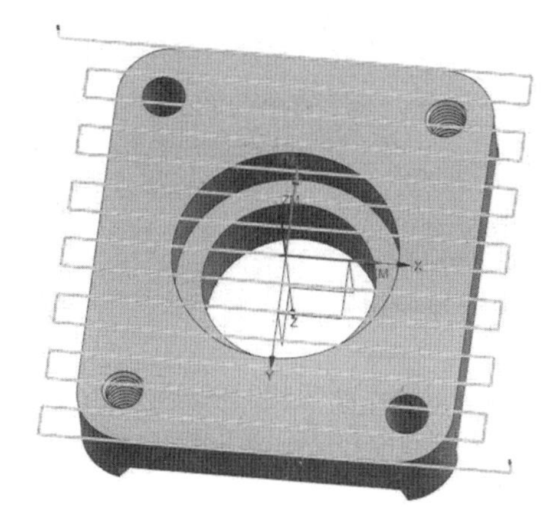

图 2-2-15　切削模式

图 2-2-16　刀轨预览

（6）单击“刀轨设置”对话框中的（进给率和速度）图标，进入“进给率和速度”对话框，在“主轴速度”区域中，勾选☐图标，在文本框中填入 2500，在“进给率”区域中的“切削”文本框中填入 2000，单击图标进行计算，单击“确定”按钮返回“表面铣”界面。

（7）单击“操作”区域中的图标进行计算，再单击图标，进入“刀轨可视化”

对话框。单击“3D 动态”图标进行 3D 仿真操作，把“动画速度”调整到 2，便于观察。单击图标进行仿真，如图 2-2-17 所示。确认无误后，单击两次“确定”按钮后完成工序创建。

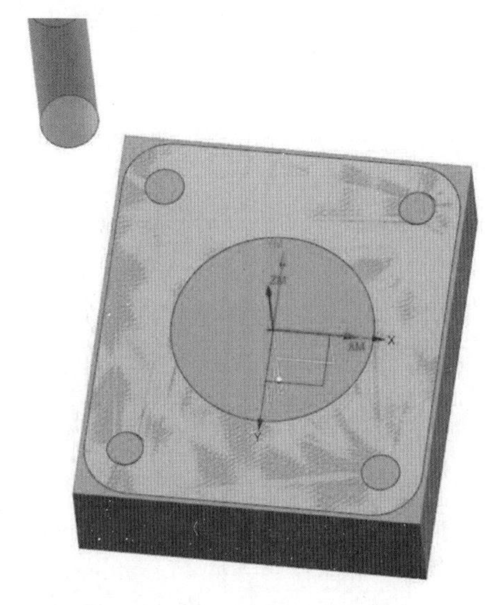
图 2-2-17 加工仿真

6. 创建平面铣粗加工工序

（1）单击 创建工序 图标，弹出“创建工序”对话框，在工序子类型中选择（平面铣）工序。

（2）在“位置”区域中，“程序”下拉菜单选择“PROGRAM”选项，“刀具”下拉菜单选择“D12（铣刀 -5 参数）”选项，“几何体”下拉菜单选择“WORKPIECE”选项，“方法”下拉菜单选择“MILL_SEMI_FINISH”选项，如图 2-2-18 所示。单击“确定”按钮进入“平面铣”对话框，如图 2-2-19 所示。

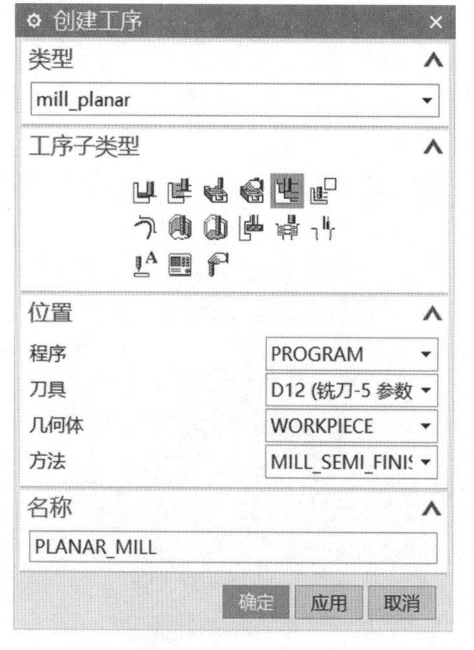

图 2-2-18 工序选择

图 2-2-19 平面铣参数

（3）在“几何体”→“指定部件边界”区域单击图标，进入“部件边界”对话框。“选择方法”下拉菜单选择 **曲线** 选项，“边界类型”下拉菜单选择“封闭”选项，“刀具侧”下拉菜单选择“内侧”选项，“平面”下拉菜单选择“自动”选项，如图 2-2-20 所示。单击（添加新集）图标，“选择方法”下拉菜单选择 **曲线** 选项，“边界类型”下拉菜单选择“封闭”选项，“刀具侧”下拉菜单选择“内侧”选项，“平面”下拉菜单中选择“自动”选项，如图 2-2-21 所示。单击“确定”按钮返回“平面铣”界面。

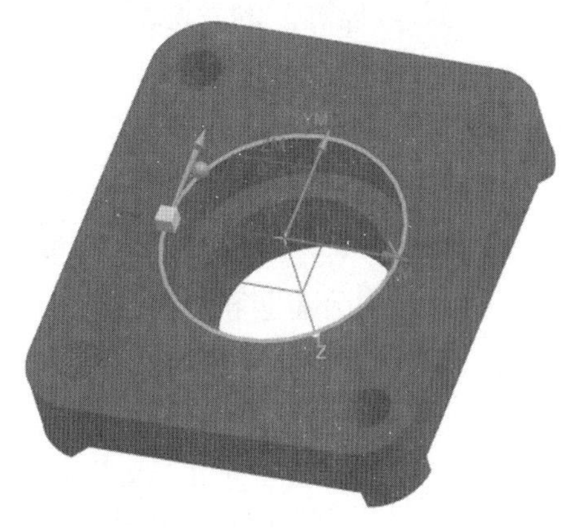

图 2-2-20 部件外边界设置

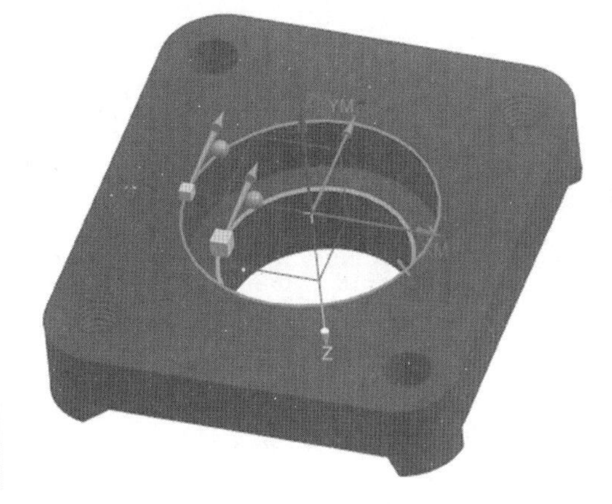

图 2-2-21 部件内边界设置

（4）在“指定底面”对话框中单击图标，进入“平面”界面中，单击如图 2-2-22 所示的底面，在“距离”文本框中填入“1”（确保铣削孔后，把孔打穿，减少毛刺）。单击“确定”按钮返回“平面铣”界面。在刀轨设置区域中的“切削模式”对话框中选择 跟随周边 选项。

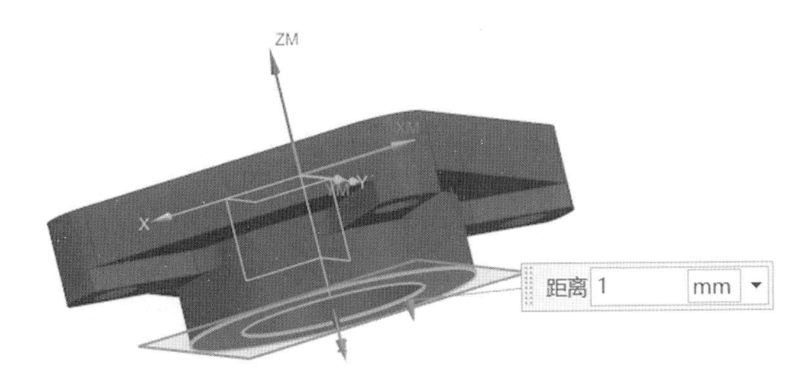

图 2-2-22 指定修剪边界

（5）在“刀轨设置”的“切削层”对话框中单击图标，进入“切削层”界面，在“类型”区域中，选择“用户定义”选项，在“公共”文本框中填入“1.0000”（铣刀每层铣削深度），如图 2-2-23 所示，单击“确定”按钮返回“平面铣”界面。

在“切削参数”区域，单击图标，弹出“切削参数”对话框，如图 2-2-24 所示，在“余量”设置区域，“部件余量”文本框中填入“0.2000”，“最终底面余量”文本框中填入“0.2000”，“内公差”和“外公差”文本框中都填入“0.0100”。单击“确定”按钮返回“平面铣”界面。

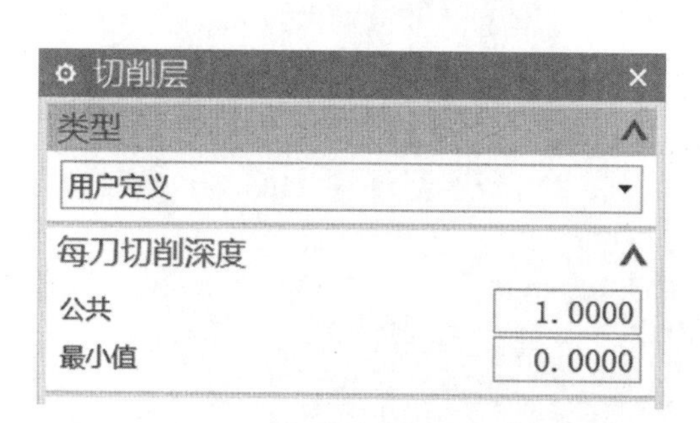

图 2-2-23　切削层定义

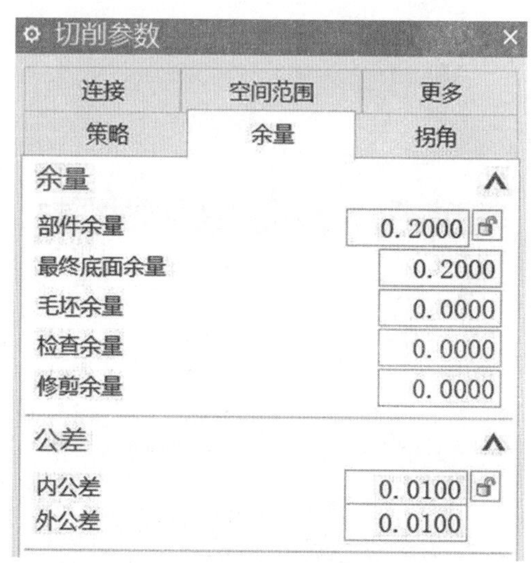

图 2-2-24　余量设置

在“非切削移动”区域，单击图标，弹出“非切削移动”对话框，在“封闭区域”区域，填入图 2-2-25 所示的参数，单击“确定”按钮返回“平面铣”界面。单击“操作”区域中的图标，预览刀具路径参数的设置效果，如图 2-2-26 所示。

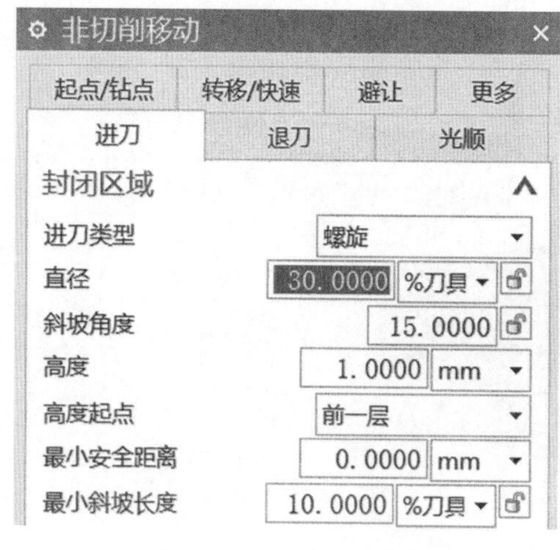

图 2-2-25　进刀设置

图 2-2-26　刀轨预览

（6）单击“刀轨设置”对话框中的“进给率和速度”图标，进入“进给率和速度”对话框，在“主轴速度”区域中，勾选☐图标，在文本框中填入 2500，在“进给率”区域中的“切削”文本框中填入 2000，单击图标进行计算，单击“确定”按钮返回“平面铣”界面。

（7）单击“操作”区域中的图标进行计算，再单击图标，进入“刀轨可视化”对话框。单击“3D 动态”图标进行 3D 仿真操作，把“动画速度”调整到 2，便于观察。单击图标进行仿真，如图 2-2-27 所示。确认无误后，单击两次“确定”按钮后完成工序创建。

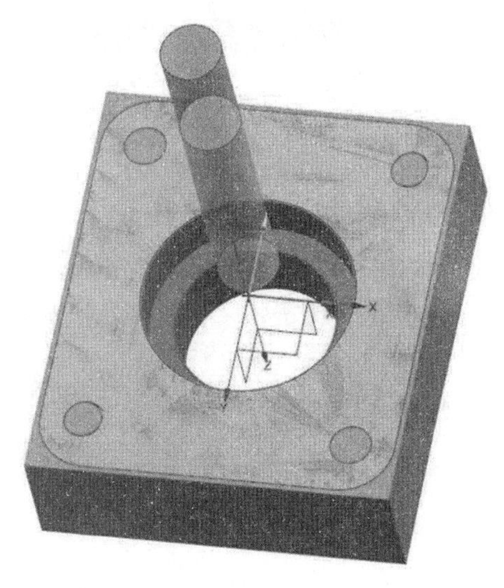

图 2-2-27　加工仿真

7. 创建平面铣精加工工序

（1）右击 PLANAR_MILL 图标，弹出快捷菜单，执行“复制”命令，如图 2-2-28 所示，再次右击弹出快捷菜单，执行“粘贴”命令，如图 2-2-29 所示。

编辑...
剪切
复制
删除
重命名
生成
并行生成
重播

图 2-2-28　复制工序

名称	刀.	刀具
GEOMETRY		
未用项		
MCS_MILL		
WORKPIECE		
FACE_MILLING	✓	D12
PLANAR_MILL	✓	D12
PLANAR_MILL_COPY	✕	D12

图 2-2-29　粘贴工序

（2）双击 PLANAR_MILL_COPY 图标，进入“平面铣”界面。“方法”下拉菜单选择“MILL_FINISH”选项，“切削模式”下拉菜单选择轮廓选项，如图 2-2-30 所示。在“切削层”区域，单击图标，进入“切削层”对话框，“类型”下拉菜单选择“临界深度”选项，如图 2-2-31 所示。

刀轨设置

方法	MILL_FINISH
切削模式	轮廓
步距	% 刀具平直
平面直径百分比	50. 0000
附加刀路	0

图 2-2-30　刀轨参数设置

（3）在“切削参数”区域中，单击图标，进入“切削参数”对话框，把“余量”区域中的“部件余量”及“最终底面余量”文本框中填入“0.0000”，公差中的“内公差”“外公差”文本框中全部填入“0.0050”，如图 2-2-32 所示。

图 2-2-31 切削层设置

图 2-2-32 切削参数设置

（4）单击“刀轨设置”对话框中的（进给率和速度）图标，进入“进给率和速度”对话框，在“主轴速度”区域中，勾选□图标，在文本框中填入4500，在“进给率”区域中的“切削”文本框中填入1000，单击图标进行计算，单击“确定”按钮返回“平面铣”界面。

（5）单击“操作”区域中的图标进行计算，再单击图标，进入“刀轨可视化”对话框。单击“3D 动态”图标进行3D 仿真操作，把“动画速度”调整到2，便于观察。单击图标进行仿真，如图 2-2-33 所示。确认无误后，单击两次“确定”按钮后完成工序创建。

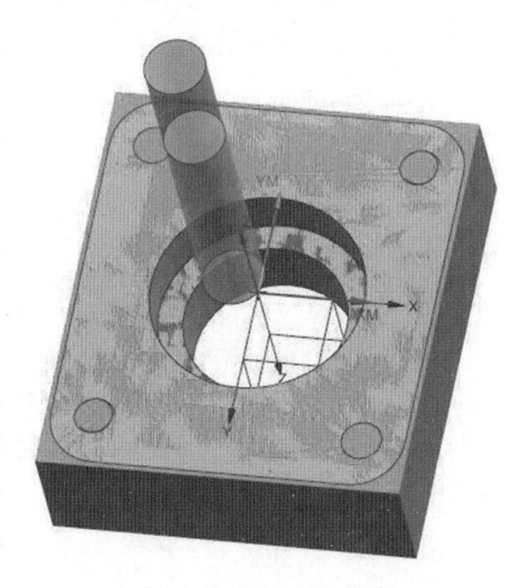

图 2-2-33 加工仿真

2.2.4 工件的检测与改进

数控车铣加工职业技能等级（中级）实操考核试题附带考核评分表，如图 2-2-34 所

数控车铣加工职业技能等级标准（中级）评分表-座承座零件										
试题编号				考生代码				配分	40	
场 次			工位编			工件编		成绩小计		
序号	配分	尺寸类型	公称尺寸	上偏差	下偏差	上极限尺寸	下极限尺寸	实际尺寸	得分	备注
A-主要尺寸										
1	2	Ø	46	-0.01	-0.056	45.99	45.944			
2	2.5	Ø	37	0.039	0	37.039	37			
3	4	Ø	42	0.007	-0.018	42.007	41.982			
4	2	L	78	0	-0.03	78	77.97			
5	2	L	74	0	-0.03	74	73.97			
6	2.5	L	23	0.052	0	23.052	23			

图 2-2-34 考核评分表

示。我们可以通过常用内径千分尺（量程 25~50 mm）进行测量，如图 2-2-35 所示，把测量的实际值填入评分表中，计算出得分。如果无得分，认真分析原因。

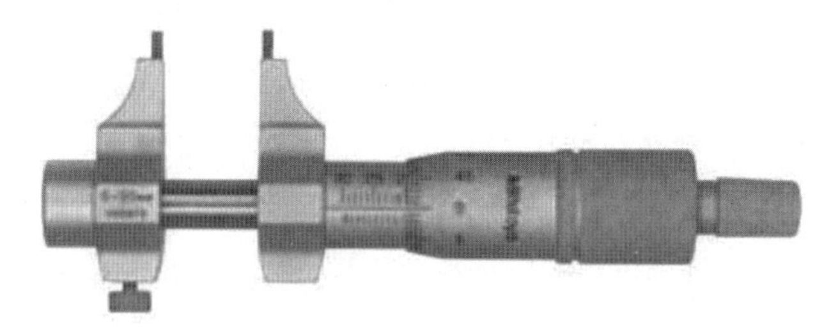

图 2-2-35　内径千分尺

2.2.5 “1+X”证书项目习题

在 2.2.3 中，学习了零件轴承座中的轴承孔 $\phi42_{-0.018}^{+0.007}$ 和孔 $\phi37_{0}^{+0.039}$ 的粗加工以及精加工的工艺与编程，请根据零件轴承座图 2-2-1 以及表 2-2-2 的加工工艺表，利用“平面铣”命令完成 A 面的外轮廓 $78_{-0.03}^{0}\times74_{-0.03}^{0}\times13$ 的轮廓加工编程，效果如图 2-2-36 所示。

表 2-2-2　加工工艺表

加工工序	加工方式	加工刀具	主轴转速 /（r · min^{-1}）	进给率 /（mm · min^{-1}）	余量 / mm
外轮廓 $78_{-0.03}^{0}\times74_{-0.03}^{0}\times13$	粗加工	$\phi12$ 平底刀	2500	2000	0.2
外轮廓 $78_{-0.03}^{0}\times74_{-0.03}^{0}\times13$	精加工	$\phi12$ 平底刀	4500	1000	0

图 2-2-36　效果图

学思践悟

焊接火箭“心脏”的大国工匠——高凤林

高凤林，男，1962 年生，汉族，中共党员，中国航天科技集团有限公司第一研究院首都航天机械有限公司特种熔融焊接工，高级技师。30 多年来，他几乎都在做着同样一件事，即为火箭焊“心脏”——发动机喷管，他先后为 90 多发火箭焊接过“心脏”，占我国火箭发射总数近四成。高凤林先后参与北斗导航、嫦娥探月、载人航天等国家重点工程以及长征五号新一代运载火箭的研制工作，一次次攻克发动机喷管焊接技术世界级难关，出色完成亚洲最大的全箭振动试验塔的焊接攻关、修复苏制图 -154 飞机发动机，还被丁肇中教授亲点，成功解决反物质探测器项目难题。

航天产品的特殊性和风险性，决定了许多问题的解决都要在十分艰苦和危险的条件下进行。为了满足大容量、大吨位卫星的发射，我国建造了亚洲最大的全箭振动试验塔，其中振动大梁的焊接是关键，属于一级焊缝，而制作振动大梁的材料很特殊，焊接难度很大。为了满足振动大梁的焊接要求，高凤林要在高温下连续不断地操作。焊件表面温度达几百度，高凤林的双手被烤得发干，鼓起了一串串的水泡。为了按时保质完成任务，他咬牙坚持下来，最终焊接出了合格的振动大梁。在后来的载人航天工程实施期间，对振动大梁进行升级测试，结果表明大梁焊接质量良好，承载能力可由原来的 360 吨提高到 420 吨，能为我国运载火箭的研制继续服役。而他的双手至今还留有被严重烫伤的疤痕。为了攻克国家某重点攻关项目，近半年的时间，他天天趴在冰冷的产品上，关节麻木了、皮肤青紫了，他甚至被戏称为“和产品结婚的人”。

因为技艺高超，曾有人开出“高薪加两套北京住房”的诱人条件聘请他，高凤林却说，我们的目标是把火箭、卫星送入太空，这不是钱能衡量的。他用 30 多年的坚守，诠释了一个航天匠人对理想信念的执着追求。

（来源：中工网，2022 年 12 月 21 日）

项目 3

轮廓铣加工

学习目标

知识目标

1. 了解零件轮廓铣加工工序制订的思路。
2. 熟悉轮廓铣加工类型及操作方法、技巧。
3. 熟悉复杂零件曲面加工参数的设置。

技能目标

1. 掌握 UG NX 12.0 软件轮廓铣加工编程步骤。
2. 能握根据零件的特点选用适合的轮廓铣工序和加工参数。
3. 掌握“1+X”证书（中级）训练题的编程技巧及流程。
4. 能独立对加工零件进行轮廓铣加工编程，且加工零件精度达到“1+X”证书（中级）的评分标准。

素质目标

1. 深刻理解精益求精精神在数控编程中的重要性。
2. 培养良好的编程思路，具备“1+X”证书（中级）所需的职业素养和规范意识。
3. 提升创新设计的意识和能力。

项目概述

中国国旗中的大五角星代表中国共产党，四颗小五角星代表工人、农民、小资产阶级和民族资产阶级四个阶级。旗面为红色，象征革命，星呈黄色，表示中华民族为黄色人种。五颗五角星互相联缀、疏密相间，象征中国人民大团结。下面我们以五角星零件的加工为例，详细介绍轮廓铣加工的方法。

轮廓铣加工模块包含了型腔铣、自适应铣削、插铣、剩余铣、深度轮廓铣、固定轮廓铣等工序，常用于三轴零件内外平面和曲面、内型腔的壁和底面等的加工，也可以用于四、五轴零件的部分加工，是加工带有简单曲面的零件的主要方法。

任务 3.1 轮廓铣类型及操作

在“应用模块”中单击 加工 图标后，选择“mill_contour”工序选项，如图 3-1-1 所示。当我们单击 创建工序 图标后，系统会弹出如图 3-1-2 所示的“创建工序”对话框。它提供了所有轮廓铣加工工序的类型，下面对各个工序类型进行简单介绍。

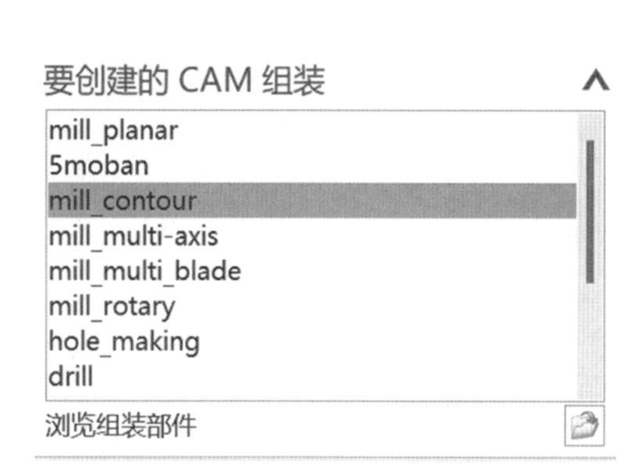

图 3-1-1　CAM 模块选择

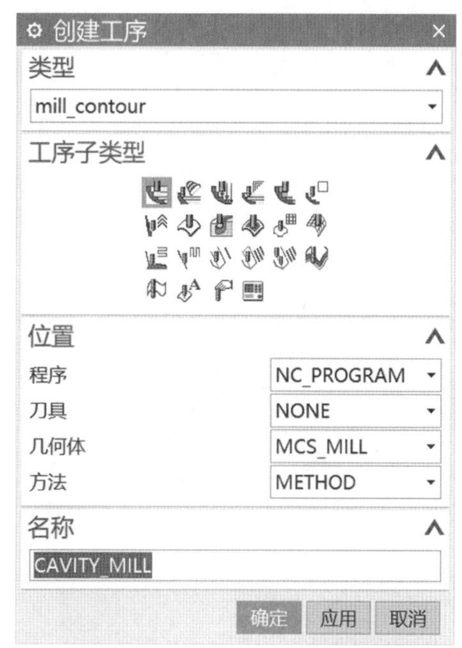

图 3-1-2　“创建工序”对话框

轮廓铣工序子类型如下。

（CAVITY_MILL）：型腔铣。

（ADAPTIVE_MILLING）：自适应铣削。

（PLUNGE_MILLING）：插铣。

（REST_MILLING）：剩余铣。

（ZLEVEL_PROFILE）：深度轮廓铣。

（FIXED_CONTOUR）：固定轮廓铣。

（FLOWCUT_SINGLE）：单刀路清根。

（SOLID_PROFILE_3D）：实体轮廓 3D。

3.1.1　型腔铣

型腔铣在数控加工应用上较为广泛，可用于大部分的粗加工，以及直壁型零件的精加工。型腔轮廓铣加工的特点是刀具路径在同一高度内完成一层切削，遇到曲面时将其绕过，下降一个高度进行下一层的切削。型腔铣在每一个切削层上，按照零件的截面形状来计算该层的刀路轨迹，根据切削层平面与毛坯和零件几何体的交线来定义切削范围。

型腔铣

下面以如图 3-1-3 所示零件的加工为例进行介绍。

加工步骤如下。

1. 粗加工

（1）进入加工模块。

①打开如图 3-1-3 所示的“加工零件”建模文件。

②在“应用模块”功能选项卡中单击（加工）图标，在弹出的“加工环境”对话框中的“要创建的 CAM 组装”模块选择“mill_contour”选项，再单击“确定”按钮，如图 3-1-4 所示。

图 3-1-3　加工零件

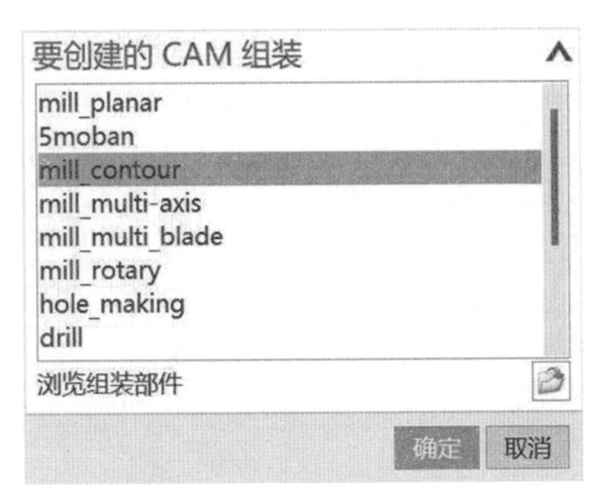

图 3-1-4　CAM 模块选择

（2）创建几何体模块。

①单击（几何视图）图标，进入几何视图界面。双击MCS_MILL图标，弹出“MCS 铣削”对话框。

②如图 3-1-5 所示“点”的坐标对话框，在“Z”文本框中输入零件的高度 25，单击“确定”按钮返回，得到如图 3-1-6 所示的加工坐标系。

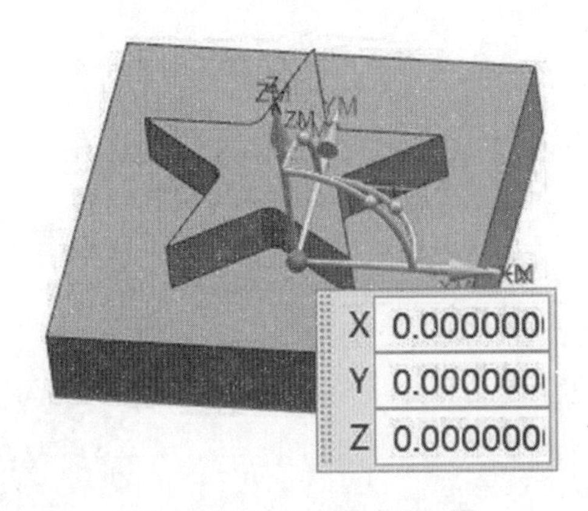

图 3-1-5　加工原点的设置

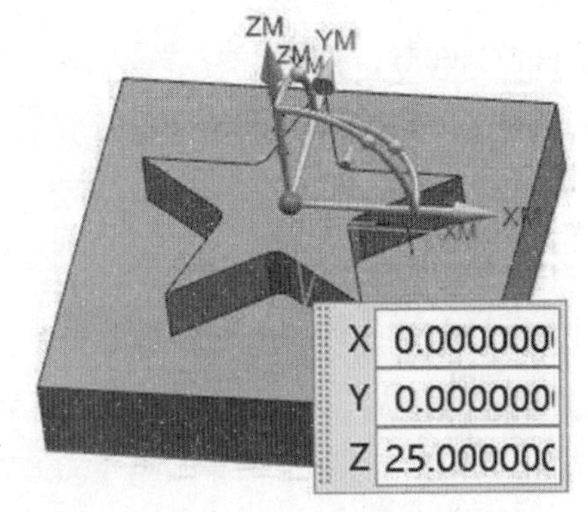

图 3-1-6　加工原点坐标系

在“MCS 铣削”对话框中的“安全设置”模块选择“平面”选项。单击图标，弹出“平面”对话框，选择如图 3-1-7 所示的零件顶面，在“距离”文本框中填入“5”。单击“确定”按钮完成安全平面的设置。

（3）创建毛坯几何体。

①单击 MCS_MILL 图标中的“+”，展开列表。双击 WORKPIECE 图标，弹出“工件”对话框。

②单击（指定部件）图标，弹出“部件几何体”对话框，选取加工零件作为加工最终部件，单击“确定”按钮返回“工件”对话框。

③单击（指定毛坯）图标，弹出“毛坯几何体”对话框，单击 几何体 对话框右侧的图标，选择 包容块 选项，单击“确定”按钮返回“工件”对话框。

④单击（显示）图标，观察设置的部件和毛坯是否符合要求，如图 3-1-8 所示。

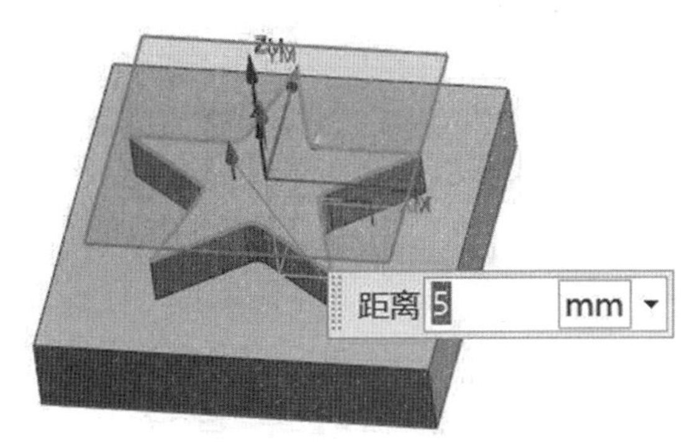

图 3-1-7　安全平面的设置

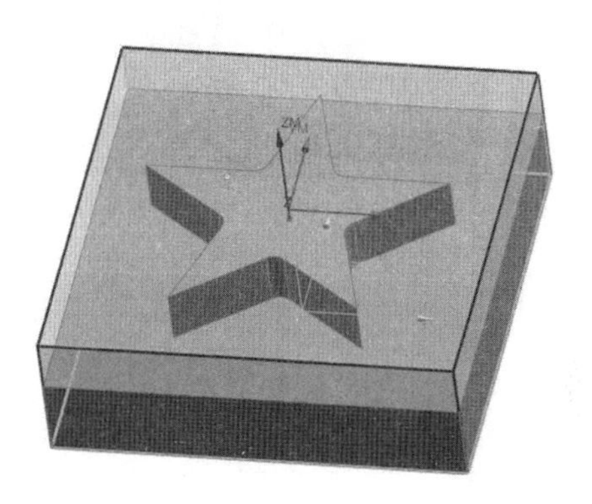
图 3-1-8　毛坯几何体

（4）创建刀具。

①单击 创建刀具 图标，进入“创建刀具”界面，选择刀具子类型中的平底刀，在“名称”文本框中输入平底刀的直径大小“D10”作为刀具名称，单击“确定”按钮进入刀具参数设置对话框。

②在“尺寸”区域中的“直径”文本框中填入“10.0000”，在“编号”区域中“刀具号”“补偿寄存器”“刀具补偿寄存器”三项文本框中填入“1”，如图 3-1-9 所示。单击“确定”按钮完成刀具建立。

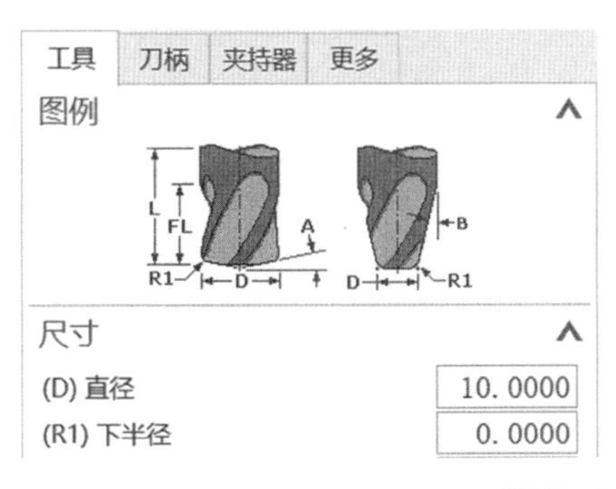

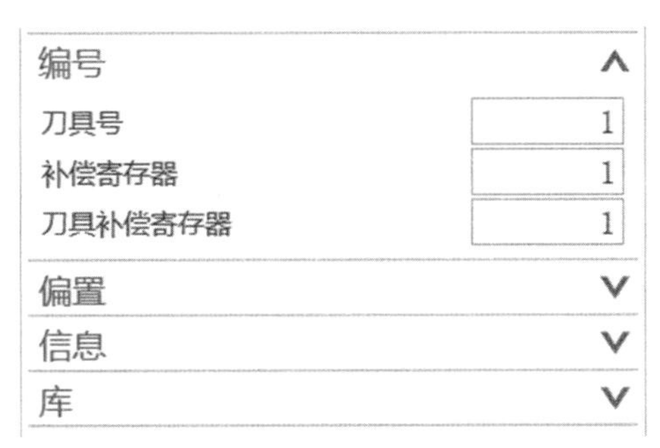

图 3-1-9　刀具参数

（5）创建型腔铣加工工序。

①单击 创建工序 图标，弹出“创建工序”对话框，在工序子类型中选择（型腔铣）工序。

②在“位置”区域中，“程序”下拉菜单选择“PROGRAM”选项，“刀具”下拉菜单为“D10（铣刀-5参数）”选项，“几何体”下拉菜单选择“WORKPIECE”选项，“方法”下拉菜单选择“MILL_ROUGH”选项，如图3-1-10所示。单击“确定”按钮进入“型腔铣”对话框，如图3-1-11所示。

图 3-1-10　工序选择

图 3-1-11　型腔铣参数设置

③在“刀轨设置”→“切削模式”下拉菜单中选取跟随周边 切削模式选项。将切削步距的“平面直径百分比”中默认的“30.0000”改为“50.0000”，提高加工效率。将切削深度的“最大距离”由“2.0000”改为“1.0000”，如图3-1-12所示。单击“操作”区域中的图标，预览刀具路径参数的设置效果，如图3-1-13所示。

图 3-1-12　刀轨参数设置

图 3-1-13　刀轨预览

④单击“刀轨设置”对话框中的（进给率和速度）图标，进入“进给率和速度”对话框，在“主轴速度”区域中，勾选□图标，在文本框中填入2500，在“进给率”区域中的“切削”文本框中填入2000，单击图标进行计算，单击“确定”按钮返回“型腔铣”界面。

⑤单击“操作”区域中的图标进行计算，再单击图标，进入“刀轨可视化”对话框。单击“3D动态”图标进行3D仿真操作，把“动画速度”调整到2，便于观察。单击图标进行仿真，如图3-1-14所示。确认无误后，单击两次“确定”按钮后完成工序创建。

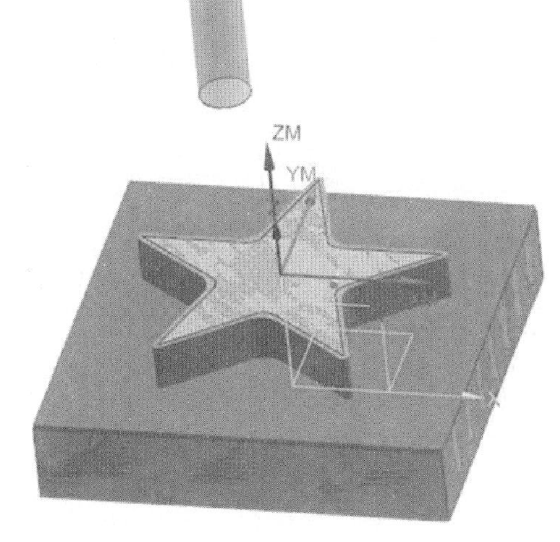

图3-1-14 加工仿真

2. 精加工

创建型腔铣加工工序。

①右击CAVITY_MILL图标，弹出“工具”菜单，选择“插入”选项卡中的“工序”选项，如图3-1-15所示。

②弹出“创建工序”对话框，如图3-1-16所示，在“位置”区域中，“方法”下拉菜单选择“MILL_FINISH”选项，单击“确定”按钮进入“型腔铣”界面。

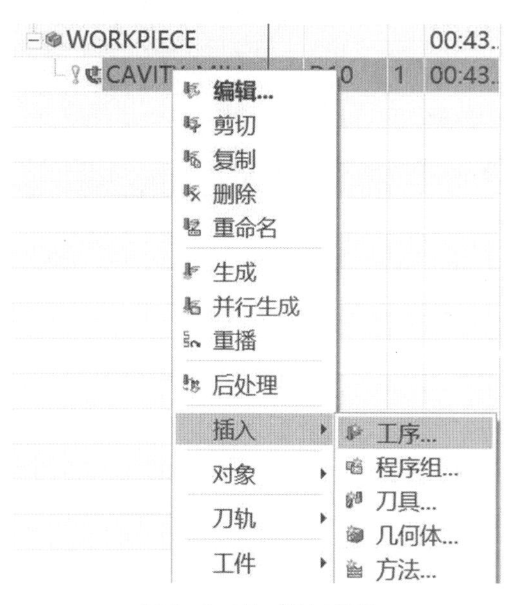

图3-1-15 插入工序

图3-1-16 “创建工序”对话框

③在“刀轨设置”→“切削模式”下拉菜单中选择跟随周边切削模式选项。将切削步距的“平面直径百分比”由默认的“30.0000”改为“50.0000”，提高加工效率。将切削深度的“最大距离”由“2.0000”改为“10.0000”，如图3-1-17所示。单击“操作”区域

中的图标，预览刀具路径参数的设置效果，如图 3-1-18 所示。

图 3-1-17　刀轨参数设置

图 3-1-18　刀轨预览

④单击“刀轨设置”对话框中的（进给率和速度）图标，进入“进给率和速度”对话框，在“主轴速度”区域中，勾选☐图标，在文本框中填入 5000，在“进给率”区域中的“切削”文本框中填入 1000，单击图标进行计算，单击“确定”按钮返回“型腔铣”界面。

⑤单击“操作”区域中的图标进行计算，再单击图标，进入“刀轨可视化”对话框。单击“3D 动态”图标进行 3D 仿真操作，把“动画速度”调整到 2，便于观察。单击图标进行仿真，如图 3-1-19 所示。确认无误后，单击两次“确定”按钮后完成工序创建。

图 3-1-19　加工仿真

3.1.2　自适应铣削

自适应铣削

零件的粗加工一般采用型腔铣进行开粗，在 UG NX 12.0 版本中新增了加工方式——自适应铣削（ADAPTIVE_MILLING），以刀具的侧刀刃铣削侧壁为层，生成刀路进行加工，其加工特点是大切削深度、小步距进给。一般自适应铣削加工常用于铝合金、塑料、木头、铜合金等软质金属的开粗，去除余料效率相比型腔铣大大提高。

下面依然以如图 3-1-3 所示零件的加工为例进行介绍。

加工步骤如下。

步骤 1~4 与型腔铣中的 1. 粗加工的步骤（1）~（4）相同，下面从第 5 步创建自适应铣削加工工序开始介绍。

（1）单击 创建工序 图标，弹出“创建工序”对话框，在工序子类型中选择“自适应铣削”工序。

（2）在“位置”区域中，“程序”下拉菜单选择“PROGRAM”选项，“刀具”下拉菜单选择“D10（铣刀 -5 参数）”选项，“几何体”下拉菜单选择“WORKPIECE”选项，“方法”下拉菜单选择“MILL_ROUGH”选项，如图 3-1-20 所示。单击“确定”按钮进入“自适应铣削”对话框，如图 3-1-21 所示。

图 3-1-20　工序选择

图 3-1-21 参数设置界面

（3）在“刀轨设置”→“最大距离”文本框中把每刀切削最大深度从“95.0000% 刀刃长度”改为“10.0000 mm”（五角星凸台的高度为 10 mm），如图 3-1-22 所示。单击“操作”区域中的图标，预览刀具路径参数的设置效果，如图 3-1-23 所示。

图 3-1-22　刀轨参数设置

图 3-1-23　刀路预览

（4）单击“刀轨设置”对话框中的图标（进给率和速度）图标，进入“进给率和速度”对话框，在“主轴速度”区域中，勾选☐图标，在文本框中填入4000，在“进给率”区域中的“切削”文本框中填入2000，单击图标进行计算，单击“确定”按钮返回“自适应铣削”界面。

（5）单击“操作”区域中的图标进行计算，再单击图标，进入“刀轨可视化”对话框。单击“3D 动态”图标进行3D仿真操作，把“动画速度”调整到2，便于观察。单击▶图标进行仿真，如图3-1-24所示。确认无误后，单击两次“确定”按钮后完成工序创建。

（6）在进给率同为2000的情况下，自适应铣削用时4分1秒，而型腔铣用时6分29秒，如图3-1-25所示。可见，自适应铣削工序相对于型腔铣工序，大大提升了零件的加工效率，特别是在加工直壁类的零件的时候。

图3-1-24　仿真加工

名称	换	工	刀具	刀	时间
NC_PROGRAM					00:12:13
未用项					00:00:00
PROGRA...					00:12:13
ADAPT...		✓	D10	1	00:04:01
CAVIT...		✓	D10	1	00:06:29

图3-1-25　加工时间对比

3.1.3　剩余铣

剩余铣

型腔铣工序适用于加工带有倾角的侧壁，由于型腔铣的切削原理是逐层切削，在倾斜的侧壁难免会留有余量。当我们使用型腔铣方法进行半精加工或者精加工时，原来已开粗的部分依然会产生刀路。剩余铣加工方法是通过铣侧壁来移除之前的余量材料，已开粗的部分不再产生刀路。部件和毛坯几何体都必须用之前的父级几何体WORKPIECE定义。切削区域由上一道工序的IPW定义。我们需要对零件中选中的平面或者加工区域分别指定不同的切削模式和切削参数，以实现不同加工区域的多种切削模式的加工。

下面以如图3-1-26所示零件的加工为例进行介绍。

加工步骤如下。

步骤1~3与型腔铣中的1. 粗加工中的（1）~（3）相同，下面从第4步开始介绍。利用型腔铣得到如图 3-1-27 所示的粗加工效果。

图 3-1-26　加工零件

图 3-1-27　粗加工效果

半精加工步骤如下。

1. 创建刀具

（1）单击创建刀具图标，进入“创建刀具”界面，选择刀具子类型中的球刀，在“名称”文本框输入球刀的直径大小“B4”作为刀具名称，单击“确定”按钮进入刀具参数设置对话框。

（2）。在“尺寸”区域中的“球直径”文本框中填入“4.0000”，在“编号”区域中“刀具号”“补偿寄存器”“刀具补偿寄存器”三项文本框中填入“2”，如图 3-1-28 所示。单击“确定”按钮完成刀具建立。

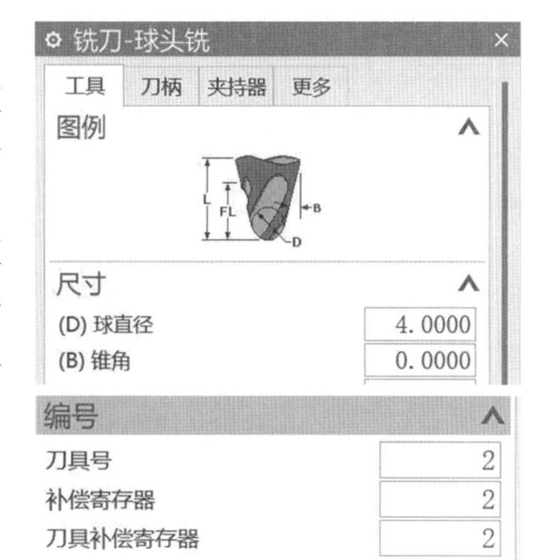

图 3-1-28　刀具参数

2. 创建剩余铣加工工序

（1）右击 CAVITY_MILL 图标，弹出工具对话框，选择“插入”选项卡中的“工序”选项。

（2）弹出“创建工序”对话框，如图 3-1-29 所示，在“位置”区域中，“刀具”下拉菜单选择“B4（铣刀 -5 参数）”选项，“方法”下拉菜单选择“MILL_SEMI_FINISH”选项。单击“确定”按钮进入“剩余铣”对话框。

（3）在“几何体”→“指定切削区域”中单击图标进入“切削区域”对话框，如图 3-1-30 所示。单击五角星凸台的侧壁作为切削面（也可以左键按住不放框选整个五角星，再按住 Shift 键，单击中间的五角星顶面，取消顶面的选取），如图 3-1-31 所示。

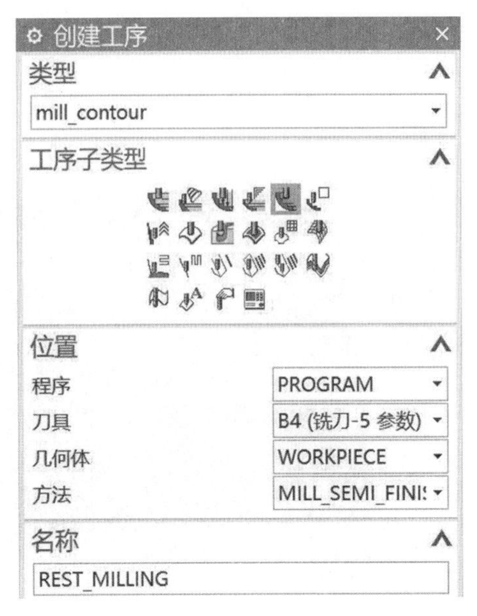

图 3-1-29　工序选择

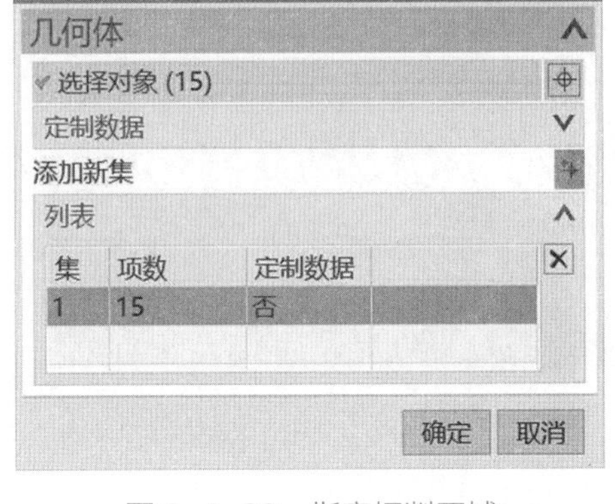

图 3-1-30　指定切削区域

（4）在“刀轨设置”→“切削模式”区域中选择跟随周边切削模式选项。将切削深度的最大距离由“2.0000”改为“0.5000”，如图 3-1-32 所示。单击“操作”区域中的图标，预览刀具路径参数的设置效果，如图 3-1-33 所示。

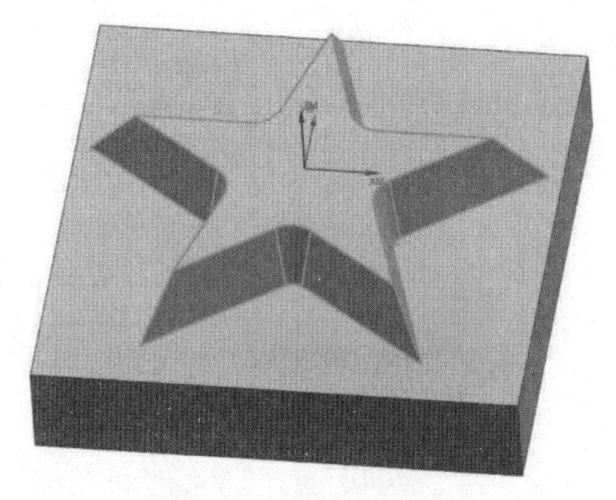

图 3-1-31　选择切削面

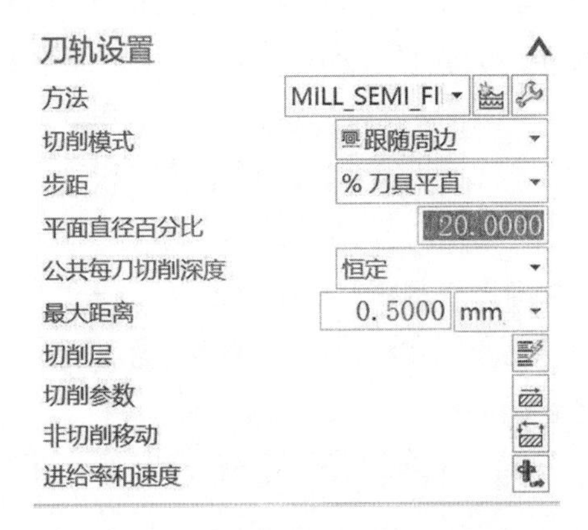

图 3-1-32　刀轨参数设置

（5）单击“刀轨设置”区域中的（进给率和速度）图标，进入“进给率和速度”对话框，在“主轴速度”区域中，勾选☐图标，在文本框中填入 3500，在“进给率”区域中的“切削”文本框中填入 1000，单击图标进行计算，单击“确定”按钮返回“剩余铣”界面。

（6）单击“操作”区域中的图标进行计算，再单击图标，进入“刀轨可视化”对话框。单击“3D 动态”图标进行 3D 仿真操作，把“动画速度”调整到 2，便于观察。单击图标进行仿真，如图 3-1-34 所示。确认无误后，单击两次“确定”按钮后完成工序创建。

图 3-1-33　刀轨预览

图 3-1-34　加工仿真

3.1.4　深度轮廓铣

深度轮廓铣

深度轮廓铣通过多个切削层来加工零件表面轮廓。在深度轮廓铣操作中，除了可以指定部件几何体外，还可以指定部件的某些加工曲面，方便限制切削区域。如果没有指定切削区域，则将对整个零件进行切削。

下面依然以如图 3-1-26 所示零件的加工为例进行介绍。之前已经介绍了对零件进行粗加工和半精加工，下面介绍利用深度轮廓铣对零件进行精加工。

加工步骤如下。

1. 创建深度轮廓铣加工工序

（1）右击 REST_MILLING 图标，弹出工具菜单，选择“插入”选项卡中的“工序”选项，如图 3-1-35 所示。

（2）弹出“创建工序”对话框，选择 （深度轮廓铣）工序，如图 3-1-36 所示，在

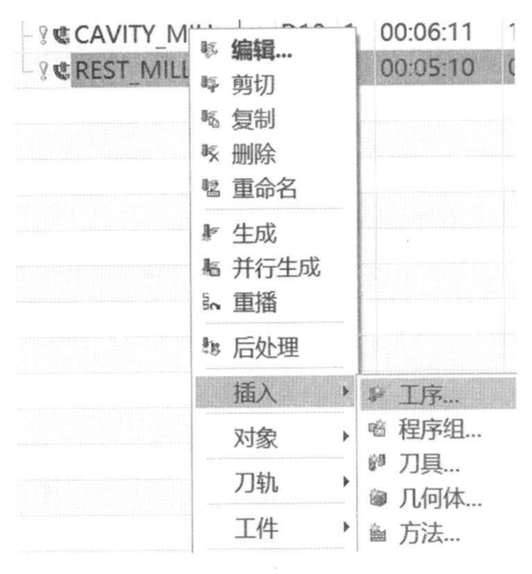

图 3-1-35　插入工序

图 3-1-36　工序选择

“位置”区域中，“刀具”下拉菜单选择“B4（铣刀 - 球头铣）”选项，“方法”下拉菜单选择“MILL_FINISH”选项，单击“确定”按钮进入“深度轮廓铣”对话框。

（3）在“几何体”→“指定切削区域”区域中单击图标进入“切削区域”对话框，如图 3-1-37 所示。单击五角星凸台的侧壁作为切削面（也可以按住左键拖动框选整个五角星，再按住 Shift 键，单击中间的五角星顶面，取消对顶面的选取），如图 3-1-38 所示。

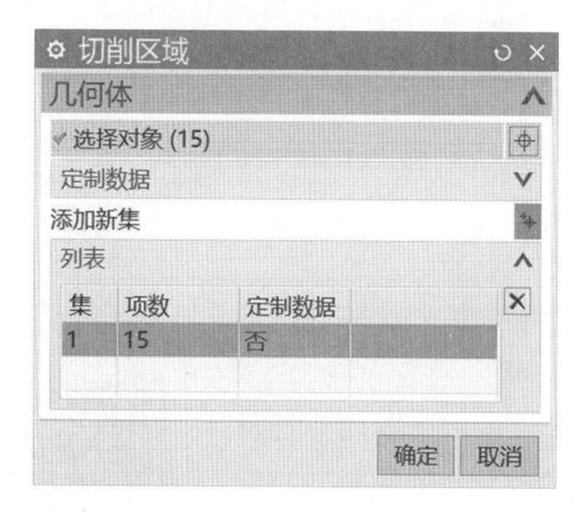

图 3-1-37　指定切削区域

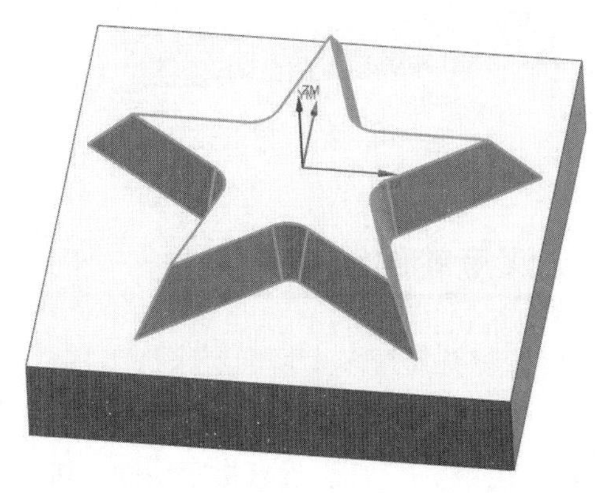
图 3-1-38　选择切削面

（4）在“刀轨设置”对话框中，将切削深度的“最大距离”由“2.0000”改为“0.2000”，如图 3-1-39 所示。单击“操作”区域中的图标，预览刀具路径参数的设置效果，如图 3-1-40 所示。

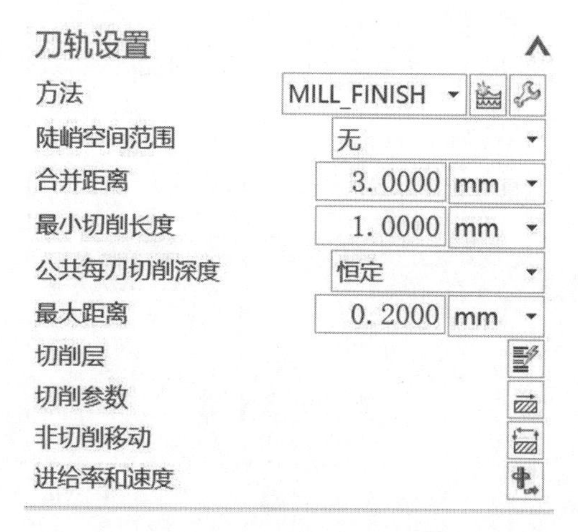

图 3-1-39　刀轨参数设置

图 3-1-40　刀轨预览

（5）单击“刀轨设置”对话框中的（进给率和速度）图标，进入“进给率和速度”对话框，如图 3-1-41 所示。在“主轴速度”区域中，勾选□图标，在文本框中填入“5000.000”，在“进给率”区域中的“切削”文本框中填入“800.0000”，单击图标进行计算，单击“确定”按钮返回“深度轮廓铣”界面。

（6）单击“操作”区域中的图标进行计算，再单击图标，进入“刀轨可视化”对话框。单击“3D 动态”图标进行 3D 仿真操作，把“动画速度”调整到 2，便于观察。单击图标进行仿真，如图 3-1-42 所示。确认无误后，单击两次“确定”按钮后完成工序创建。

（7）可以用平面铣或者型腔铣进行底面精加工，如图 3-1-43 所示。

主轴速度
主轴速度 (rpm)　5000.000
更多
进给率
切削　800.0000　mmpm
快速
更多
单位

图 3-1-41　切削参数

图 3-1-42　加工仿真

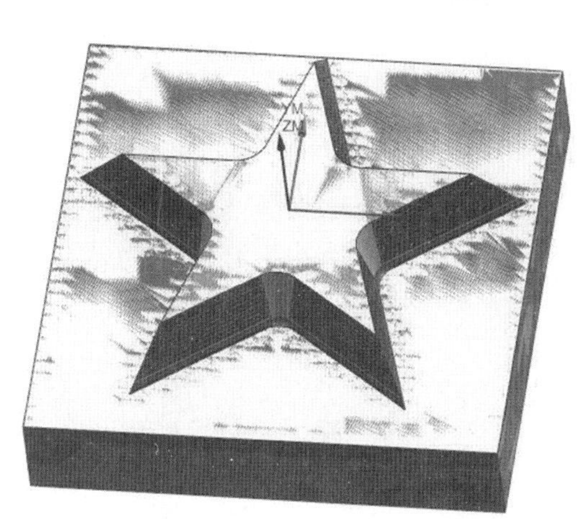

图 3-1-43　底面精加工

3.1.5　单刀路清根

单刀路清根一般用于零件的边角和凹槽处的加工，清除在上一道工序中由于刀具直径过大导致的未能切除的余量材料，因此采用直径较小的刀具。单刀路清根经常用于切除零件或岛屿的直壁与底面之间的边缘材料。

单刀路清根

下面以如图 3-1-44 所示零件的加工为例进行介绍。

参考之前的内容，对如图 3-1-44 所示的零件进行粗加工、半精加工和精加工，效果如图 3-1-45 所示。我们可以在仿真效果图中发现，精加工后底部的圆角处有大量的余料，这是因为精加工时采用了半径为 2 的 B4 球刀，而零件的底部圆角半径为 1，所以球刀无法切入，残留大量的余料。下面用单刀路清根工序进行清角加工。

图 3-1-44　零件图

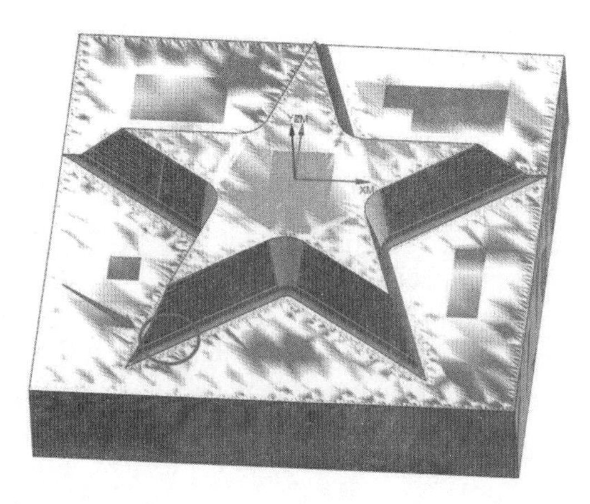

图 3-1-45　加工效果图

清角加工步骤如下。

1. 创建刀具

（1）单击 创建刀具 图标，进入“创建刀具”界面，选择刀具子类型中的球刀，在“名称”文本框中输入球刀的直径大小“B2”作为刀具名称，单击“确定”按钮进入刀具参数设置对话框。

（2）在“尺寸”区域中的“球直径”文本框中填入“2.0000”，在“编号”区域中“刀具号”“补偿寄存器”“刀具补偿寄存器”三项文本框中填入“3”，如图 3-1-46 所示。单击“确定”按钮完成刀具建立。

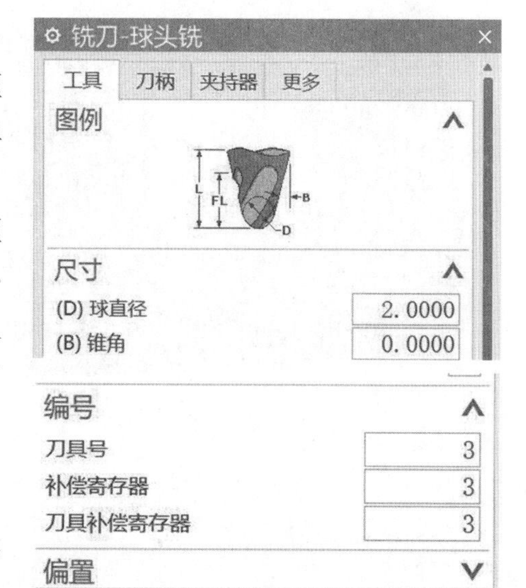

图 3-1-46　刀具参数

2. 创建单刀路清根加工工序

（1）单击 创建工序 图标，弹出“创建工序”对话框，在工序子类型中选择（单刀路清根）工序。

（2）在位置区域中，“程序”下拉菜单选择“PROGRAM”选项，“刀具”下拉菜单选择“B2（铣刀 - 球头铣）”选项，“几何体”下拉菜单选择“WORKPIECE”选项，“方法”下拉菜单选择“MILL_FINISH”选项，如图 3-1-47 所示。单击“确定”按钮进入“单刀路清根”对话框，如图 3-1-48 所示。

（3）单击“操作”区域中的图标，预览刀具路径参数的设置效果，如图 3-1-49 所示。

（4）单击“刀轨设置”对话框中的（进给率和速度）图标，进入“进给率和速度”对话框，在“主轴速度”区域中，勾选□图标，在文本框中填入 5000，在“进给率”区域中的“切削”文本框中填入 800，单击图标进行计算，单击“确定”按钮返回“单刀路清根”界面。

创建工序
类型
mill_contour
工序子类型
位置
程序
PROGRAM
刀具
B2 (铣刀-球头铣)
几何体
WORKPIECE
方法
MILL_FINISH
名称
FLOWCUT_SINGLE_1
确定
应用
取消

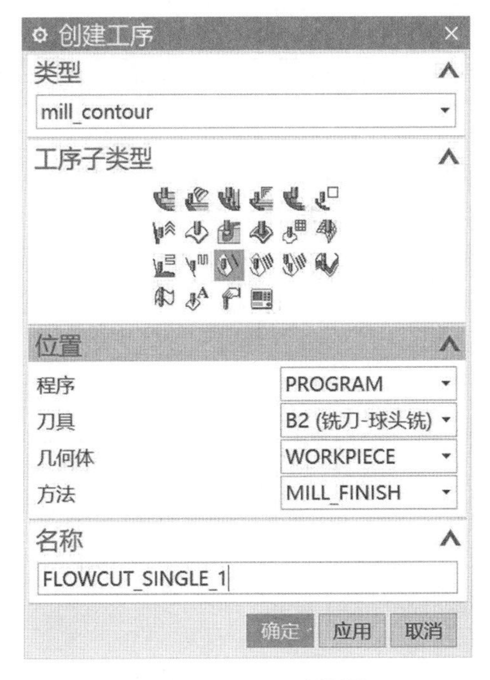

图 3-1-47　工序选择

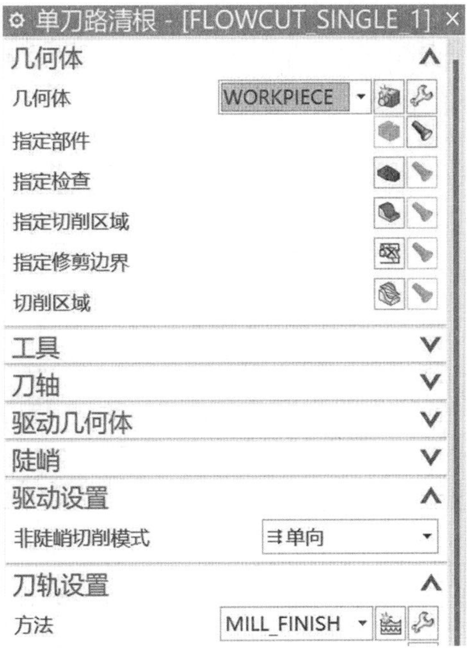

单刀路清根 - [FLOWCUT_SINGLE_1]
几何体
几何体
WORKPIECE
指定部件
指定检查
指定切削区域
指定修剪边界
切削区域
工具
刀轴
驱动几何体
陡峭
驱动设置
非陡峭切削模式
单向
刀轨设置
方法
MILL_FINISH

图 3-1-48　单刀路清根参数

（5）单击“操作”区域中的图标进行计算，再单击图标，进入“刀轨可视化”对话框。单击“3D 动态”图标进行 3D 仿真操作，把“动画速度”调整到 2，便于观察。单击图标进行仿真，如图 3-1-50 所示。确认无误后，单击两次“确定”按钮后完成工序创建。

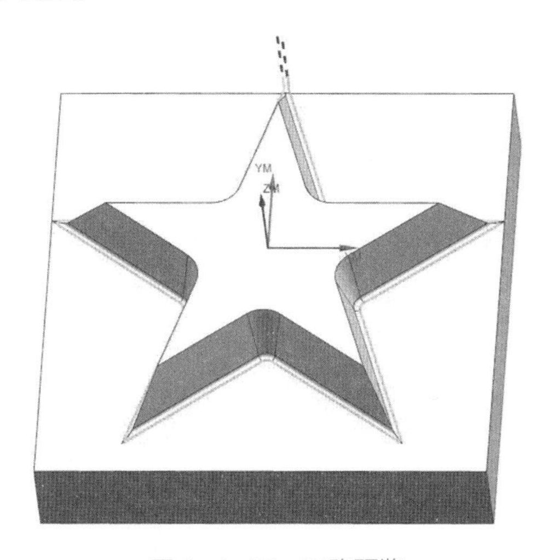

图 3-1-49　刀路预览

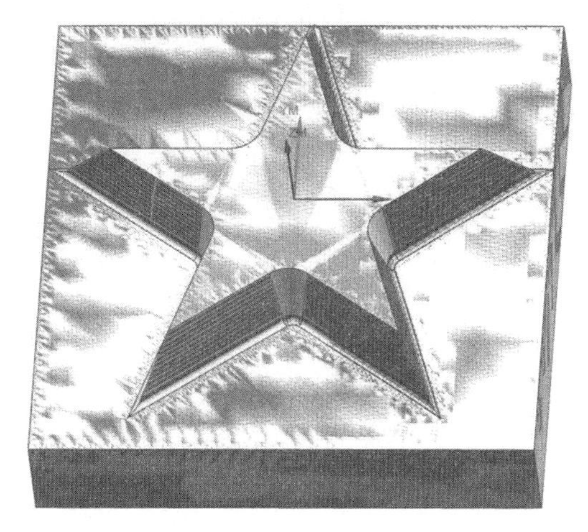

图 3-1-50　加工仿真

3.1.6　固定轮廓铣

固定轮廓铣是一种刀具沿曲面外形运行的加工方式，常用于曲面的半精加工和精加

固定轮廓铣

工。它可在复杂曲面上产生精密的刀具路径，其刀具路径是经由投影导向点到零件表面产生，其中导向点可由曲线、边界、表面或曲面等驱动图形产生。

固定轮廓铣通过不同的驱动方法来加工不同类型的部件，常用的驱动方法有曲线 / 点、边界、区域铣削、区域曲面、流线等。

以如图 3-1-51 所示零件的加工为例进行介绍。

加工步骤如下。

1. 进入加工模块

（1）打开如图 3-1-51 所示的“加工零件”建模文件。

（2）在“应用模块”功能选项卡中单击 （加工）按钮，在弹出的“加工环境”对话框中的“要创建的 CAM 组装”模块选择“ mill_contour”选项，再单击“确定”按钮，如图 3-1-52 所示。

图 3-1-51　加工零件

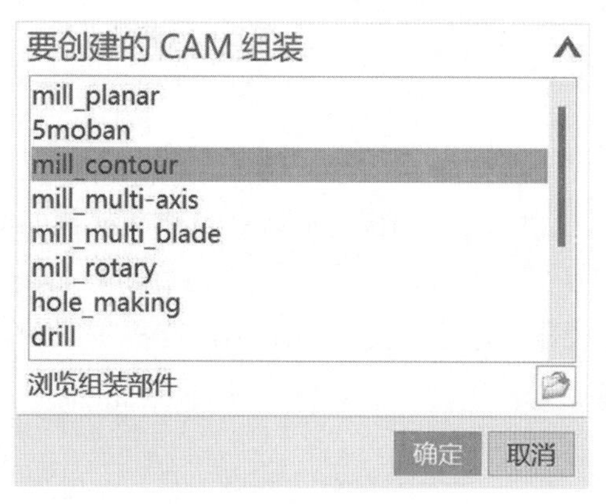

图 3-1-52　模块选择

2. 创建几何体模块

（1）单击 （几何视图）图标，进入几何视图界面。双击 MCS_MILL 图标，弹出“ MCS 铣削”对话框。

（2）在“ MCS 铣削”对话框单击 图标，系统弹出“坐标系”对话框。单击 图标，弹出如图 3-1-53 所示“点”的对话框，在“ Z”文本框中输入零件的高度 25。单击“确定”按钮返回，得到如图 3-1-54 所示的加工原点坐标系。

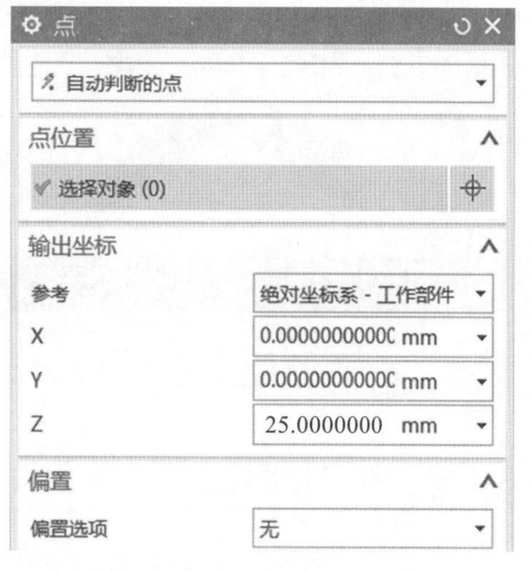

图 3-1-53　加工原点的设置

在“ MCS 铣削”对话框中的“安全设置”模块选择“平面”选项。单击 图标，弹出“平面”对话框，选择如图 3-1-55 所示的平面，在距离文本框中输入“15”。单击“确定”按钮完成安全平面的设置。

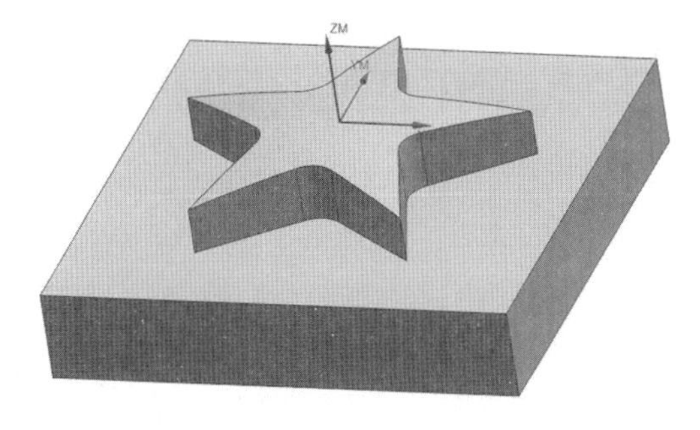

图 3-1-54　加工原点坐标系

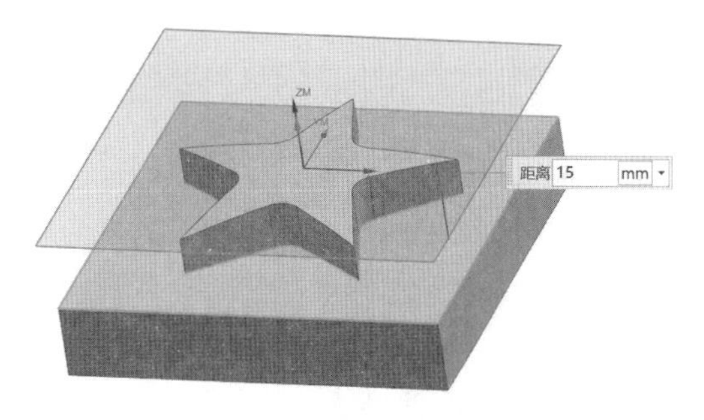

图 3-1-55　安全平面的设置

3. 创建毛坯几何体

（1）单击 MCS MILL图标中的“+”，展开列表。双击 WORKPIECE 图标，弹出“工件”对话框。

（2）单击（指定部件）图标，弹出“部件几何体”对话框，选取加载零件作为加工最终部件，单击“确定”按钮返回“工件”对话框。

（3）单击（指定毛坯）图标，弹出“毛坯几何体”对话框，单击 几何体 对话框右侧的图标，选择 部件的偏置 选项，在“偏置”文本框中填入 0.5，单击“确定”按钮返回“工件”对话框。

（4）单击（显示）图标，观察设置的部件和毛坯是否符合要求，如图 3-1-56 所示。

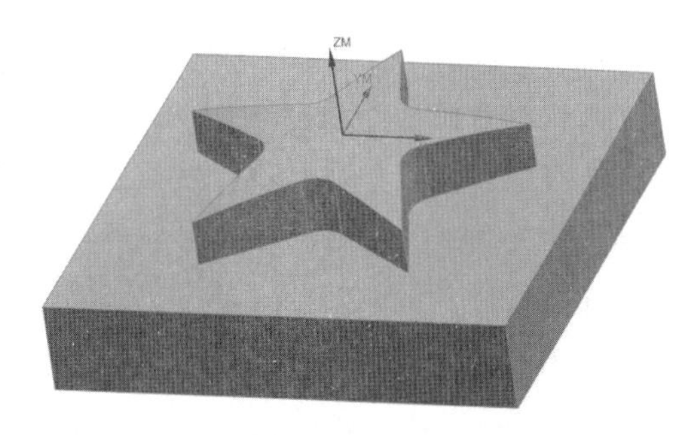

图 3-1-56　加工毛坯

4. 刀具创建

（1）单击 创建刀具 图标，进入“创建刀具”界面，选择刀具子类型中的球刀，在“名称”文本框中输入球刀的直径大小“B4”作为刀具名称，单击“确定”按钮进入刀具参数设置对话框。

（2）在“尺寸”区域中的“球直径”文本框中填入 4，在“编号”区域中“刀具号”“补偿寄存器”“刀具补偿寄存器”三项文本框中填入 1，单击“确定”按钮完成刀具建立。

5. 创建固定轮廓铣加工工序

（1）单击 创建工序 图标，弹出“创建工序”对话框，在工序子类型中选择（固定轮廓铣）加工工序。

（2）在位置区域中，“程序”下拉菜单选择“PROGRAM”选项，“刀具”下拉菜单选择“B4（铣刀 - 球头铣）”选项，“几何体”下拉菜单选择“WORKPIECE”选项，“方法”

下拉菜单选择“MILL_FINISH”选项，如图 3-1-57 所示。单击“确定”按钮进入“固定轮廓铣”对话框，如图 3-1-58 所示。

图 3-1-57　工序选择

图 3-1-58　参数设置

（3）设置驱动方式。

①在驱动方式对话框中，驱动方法选择“边界”选项。单击图标，进入“边界驱动方法”设置界面，如图 3-1-59 所示。在驱动设置区域，将“步距”设置为“恒定”，“最大距离”设置为“0.2000”。单击驱动几何体区域中的图标，进入边界几何体界面，如图 3-1-60 所示。把模式下拉菜单由“边界”改为“曲线 / 边”选项，进入“创建边界”界

图 3-1-59　边界驱动方法设置

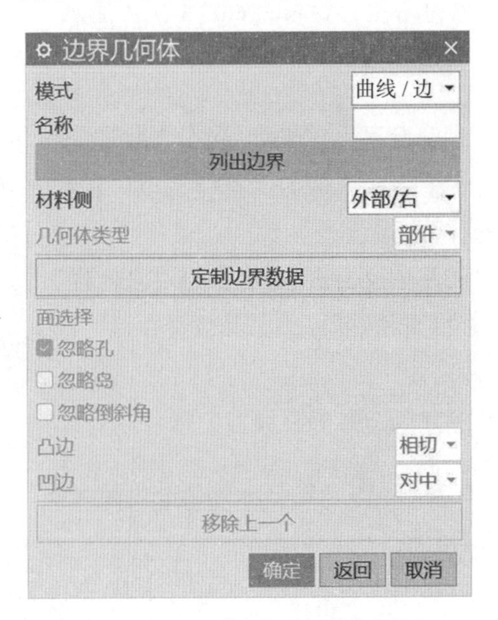

图 3-1-60　“边界几何体”界面

面，如图 3-1-61 所示。把平面的“自动”下拉菜单改为“用户定义”选项，选择顶面作为投影面，如图 3-1-62 所示。依次选择五角星顶面的边角线作为驱动边界，如图 3-1-63 所示。连续单击“确定”按钮返回“固定轮廓铣”界面，单击图标计算刀轨，如图 3-1-64 所示。

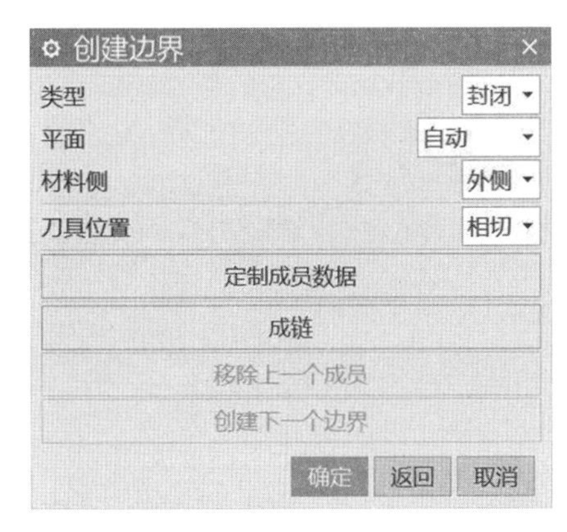

图 3-1-61　创建边界

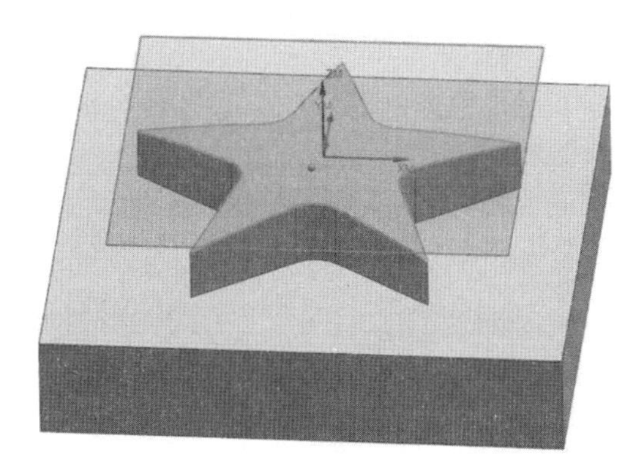

图 3-1-62　投影面的设置

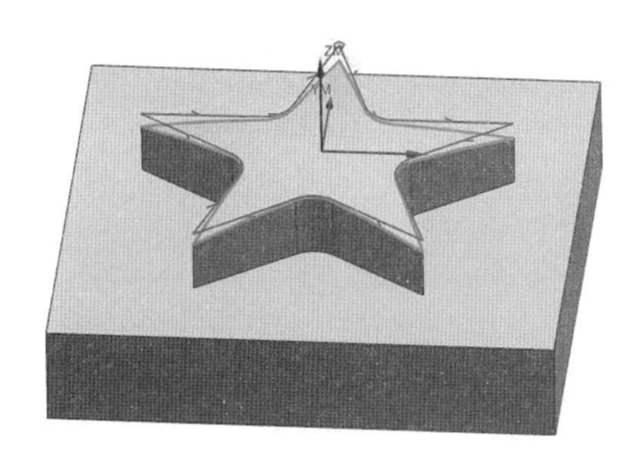

图 3-1-63　边界的指定

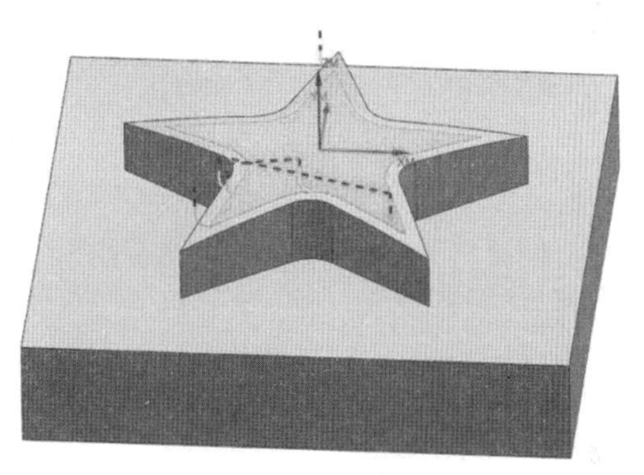

图 3-1-64　刀轨预览

边界驱动方法是通过指定边界定义切削区域的。边界驱动方法产生的刀轨，控制铣削刀具不能超过边界划定的范围，导致刀轨与边界之间相隔一个刀具半径的距离没办法产生刀轨，曲面没有全部加工完成，如图 3-1-65 所示。

图 3-1-65　加工仿真图

②在驱动方式对话框中，驱动方法选择“区域铣削”选项，进入“区域铣削驱动方法”设置界面，如图 3-1-66 所示。在驱动设置区域，“步距”选择“恒定”选项，“最大距离”设置为“0.2000”，“步距已应用”选择“在部件上”选项（在平面模式，“刀轨间隔”为投影平

面间隔；在部件模式，“刀轨间隔”为曲面上投影的间隔)，如图 3-1-67 所示。单击“确定”按钮返回“固定轮廓铣”界面，单击图标，选取顶面作为切削区域，如图 3-1-68 所示。单击“确定”按钮返回“固定轮廓铣”界面，单击图标计算刀轨，如图 3-1-69 所示。

图 3-1-66　区域铣削驱动方法设置

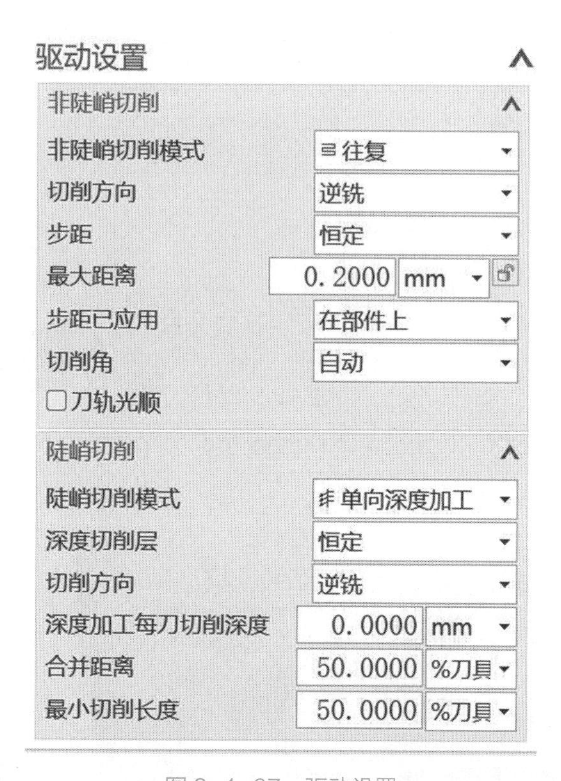

图 3-1-67　驱动设置

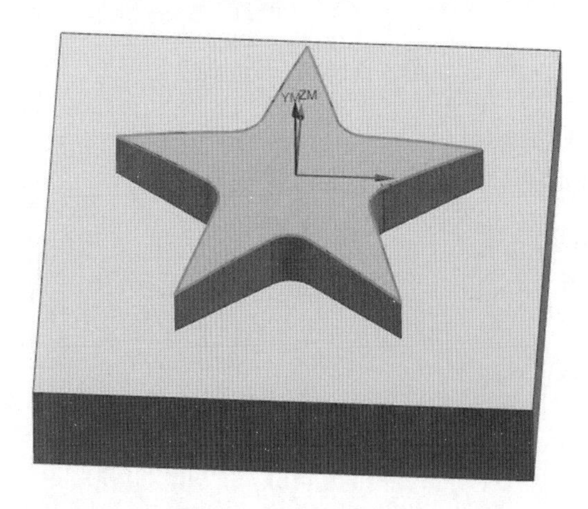

图 3-1-68　切削区域

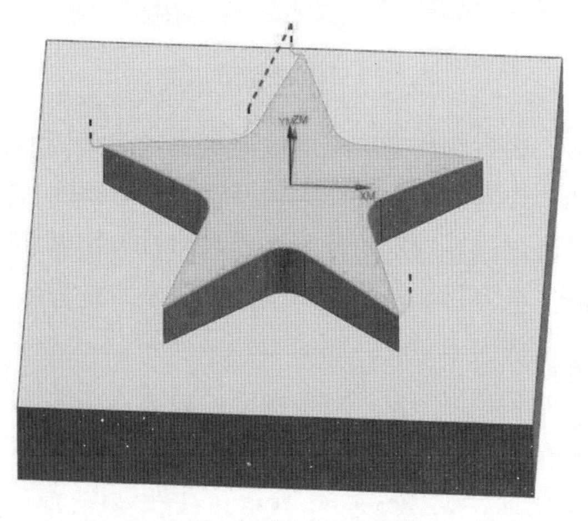

图 3-1-69　刀轨预览

区域铣削驱动方法允许指定一个切削区域来产生刀位轨迹。仿真加工后，我们可以看到区域铣削驱动方法可以把曲面很好地加工出来，如图 3-1-70 所示。

③驱动方式“曲面区域”。在驱动方式对话框中选择驱动方法为“曲面区域”选项，进入“曲面区域驱动方法”设置界面，如图 3-1-71 所示。在驱动设置区域，选择“步距”为“残余高度”选项，“最大残余高度”设置为“0.0100”，如图 3-1-72 所示。

图 3-1-70　加工仿真图

图 3-1-71　曲面区域驱动方法设置

在驱动几何体区域，单击图标，进入“驱动几何体”界面，单击五角星顶面，选取顶面作为曲面驱动体，如图 3-1-73 所示。单击（切削方向）图标，选择向内的切削方向，如图 3-1-74 所示。单击（材料反向）图标，使加工方向与图 3-1-75 一致。

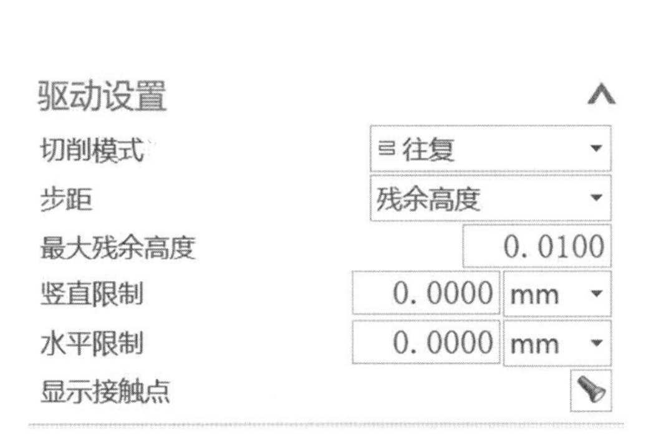

图 3-1-72　驱动设置

图 3-1-73　切削区域

单击“确定”按钮返回“固定轮廓铣”界面，单击刀轨设置区域中的（非切削移动）图标，进入非切削移动界面，在进刀模块，将开放区域中的“进刀类型”改为“无”选项，将初始区域中的“进刀类型”改为“线性”选项，如图 3-1-76 所示。单击“确定”按钮返回“固定轮廓铣”界面，单击图标计算刀轨，如图 3-1-77 所示。

图 3-1-74　切削方向

图 3-1-75　加工方向

非切削移动

光顺　避让　更多

进刀　退刀　转移/快速

开放区域

进刀类型　无

根据部件/检查

初始

进刀类型　线性

进刀位置　距离

长度　100.0000　%刀具

旋转角度　0.0000

斜坡角度　0.0000

图 3-1-76　非切削移动设置

图 3-1-77　刀轨预览

曲面区域驱动是一种用于精加工，由轮廓曲面所形成区域的加工方式。它通过精确控制刀具轴和投影矢量，使刀具沿着非常复杂曲面的轮廓进行切削运动。仿真加工后，我们可以看到曲面区域驱动方法把曲面很好地加工出来，如图 3-1-78 所示。

图 3-1-78　仿真加工

④在驱动方式对话框中选择驱动方法为“流线”选项，进入流线驱动方法设置界面。在驱动设置区域，将“步距”设置为“残余高度”选项，“最大残余高度”设置为“0.0100”，如图 3-1-79 所示。

在流曲线区域，单击“列表”标题，展开选取流曲线界面，单击五角星顶面的左边线作为流曲线 1，如图 3-1-80 所示。单击 （添加新集）图标，再选取五角星顶面的右边线作为流曲线 2，如图 3-1-81 所示。

图 3-1-79　曲面区域驱动方法设置

图 3-1-80　流线设置 1

图 3-1-81　流线设置 2

单击“确定”按钮返回“固定轮廓铣”界面，单击刀轨设置区域中的（非切削移动）图标，进入“非切削移动”界面，在“进刀”模块下，将开放区域下的“进刀类型”改为“无”选项，将初始区域下的“进刀类型”改为“线性”选项，如图 3-1-82 所示。单击“确定”按钮返回“固定轮廓铣”界面，单击图标计算刀轨，如图 3-1-83 所示。

非切削移动
光顺　避让　更多
进刀　退刀　转移/快速
开放区域
进刀类型　无
根据部件/检查
初始
进刀类型　线性
进刀位置　距离
长度　100.0000　%刀具
旋转角度　0.0000
斜坡角度　0.0000

图 3-1-82　非切削移动设置

图 3-1-83　刀轨预览

相对于其他驱动方式，流线驱动方式以自动指定流曲线或指定流曲线与交叉曲线来生成刀轨，它能在任何复杂曲面上生成相对均匀分布的刀轨，如图 3-1-84 所示。

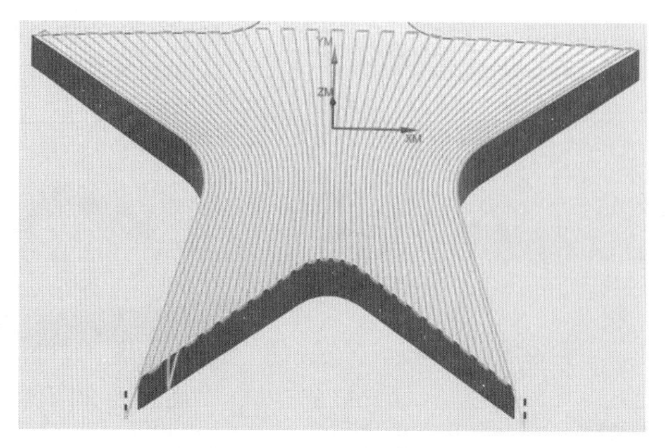

图 3-1-84　流线驱动刀轨方向

3.1.7　实体轮廓 3D

实体轮廓 3D

实体轮廓 3D 工序主要用于复杂零件的外形轮廓的加工，以零件壁作为切削区域。它常用于倒角、侧壁、凹槽、型腔内壁等的精加工。

下面以如图 3-1-85 所示零件的加工为例进行介绍。

参考之前的内容，对如图 3-1-85 所示的加工零件进行粗加工和精加工，加工效果如图 3-1-86 所示。下面我们利用直径 6 的倒角刀 C6 进行倒角处理。

图 3-1-85　加工零件

图 3-1-86　加工效果

1. 创建刀具

（1）单击创建刀具图标，进入“创建刀具”界面，选择刀具子类型中的倒角刀，在“名称”文本框中输入平底刀的直径大小“C6”作为刀具名称，单击“确定”按钮进入刀具参数设置对话框。

（2）在“尺寸”区域中的“直径”文本框中填入“6.0000”，“倒斜角长度”文本框中填入“3.0000”。在“编号”区域中“刀具号”“补偿寄存器”“刀具补偿寄存器”三项中填入“4”，如图 3-1-87 所示，单击“确定”按钮完成刀具建立。

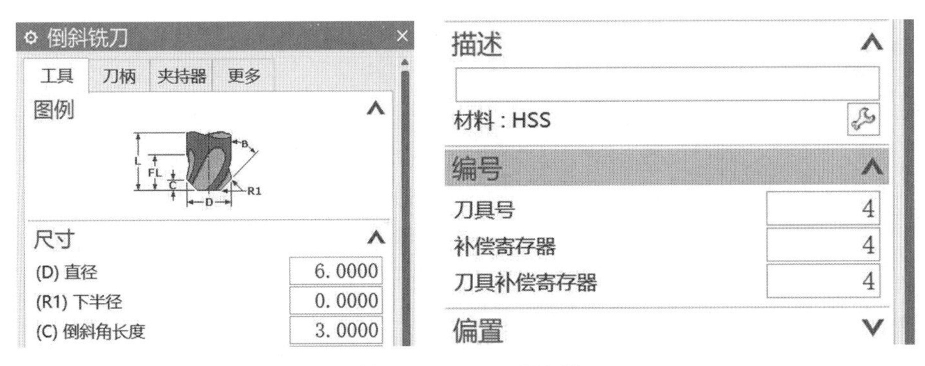

图 3-1-87　刀具参数

2. 创建实体轮廓 3D 加工工序

（1）单击 创建工序 图标，弹出“创建工序”对话框，在工序子类型中选择（实体轮廓 3D）工序。

（2）在“位置”区域中，“程序”后下拉菜单选择“PROGRAM”选项，“刀具”下拉菜单选择“C6（倒斜铣刀）”选项，“几何体”下拉菜单选择“WORKPIECE”选项，“方法”下拉菜单选择“MILL_FINISH”选项，如图 3-1-88 所示。单击“确定”按钮进入“实体轮廓 3D”界面，如图 3-1-89 所示。

图 3-1-88　工序选择

图 3-1-89　“实体轮廓 3D”界面

（3）单击几何体区域中的（指定壁）图标，进入“壁几何体”选取界面，依次选取如图 3-1-90 所示的倒角面。单击“确定”按钮返回“实体轮廓 3D”界面，在“刀轨设置”区域，设置“部件余量”为“–1.5000”，“Z 向深度偏置”为“1.5000”，如图 3-1-91 所示。

图 3-1-90 倒角面选取

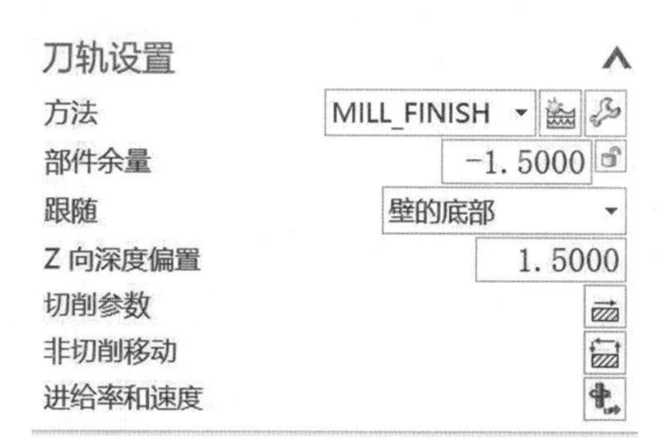

图 3-1-91 刀轨设置

（4）单击“操作”区域中的图标，预览刀具路径参数的设置效果，如图 3-1-92 所示。

（5）单击“刀轨设置”对话框中的（进给率和速度）图标，进入“进给率和速度”对话框，在“主轴速度”区域中，勾选□图标，在文本框中填入 2500，在“进给率”区域中的“切削”文本框中填入 1000，单击图标进行计算，单击“确定”按钮返回“实体轮廓 3D”界面。

（6）单击“操作”区域中的图标进行计算，再单击图标，进入“刀轨可视化”对话框。单击“3D 动态”图标进行 3D 仿真操作，把“动画速度”调整到 2，便于观察。单击图标进行仿真，如图 3-1-93 所示。确认无误后，单击“确定”按钮后完成工序创建。

图 3-1-92 刀轨预览

图 3-1-93 加工仿真

任务 3.2　“1+X”证书项目的轮廓铣加工编程

3.2.1　项目分析

“1+X”证书项目的轮廓铣削加工编程

图 3-2-1 所示的零件图是数控车铣加工职业技能等级（中级）实操练习题之一。由图可知，我们需要加工一个尺寸为 $78^{0}_{-0.03}\times74^{0}_{-0.03}\times23^{+0.052}_{0}$ 的轴承座，加工基准为 *A* 面，公差为 ⊥ 0.02 *A*。在上一个项目中我们已经加工了基准面 *A* 面所在的形状和尺寸。我们接着加工反面 *B* 面，由于 *A* 面的轴承孔 $\phi42^{+0.007}_{-0.018}$ 与反面 *B* 面孔 $\phi37^{+0.039}_{0}$ 有同轴要求，因此反面 *B* 面的形状和尺寸加工的基准也按孔 $\phi42^{+0.007}_{-0.018}$ 的圆心为基准。反面 *B* 面的加工坐标原点必须设置在孔 $\phi37^{+0.039}_{0}$ 的圆心上。在实际加工中，应采取分中棒对 *A* 面已加工好的孔 $\phi37^{+0.039}_{0}$ 进行分中，找出 X、Y 轴的中心点，达到减少对刀误差的目的。

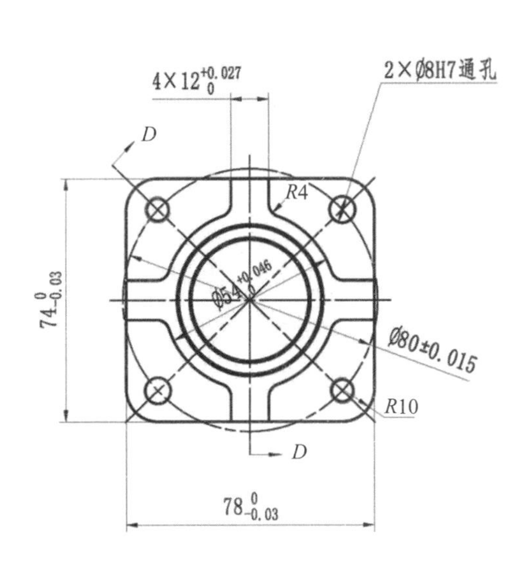

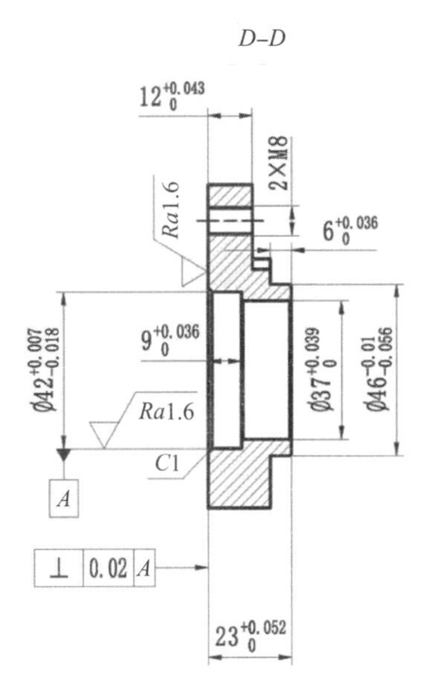

技术要求

1. 去毛刺，锐边倒钝；
2. 未注倒角 *C*0.5；
3. 未注公差尺寸的极限偏差按 GB/T 1804—2000—m。

*Ra*3.2（√）

图 3-2-1　零件图

3.2.2　轮廓铣加工工艺选择

以反面 *B* 面的加工为例，根据广州数控 990MA 数铣加工中心（不带刀库）的加工设备的具体情况，列举部分的加工铣削加工工艺，如表 3-2-1 所示。

表 3-2-1 加工工艺表

加工工序	加工方式	加工刀具	主轴转速 /（r · min^{-1}）	进给率 /（mm · min^{-1}）	余量 / mm
顶面	精加工	ϕ12 平底刀	4500	1000	0
高度 $23_{0}^{+0.052}$ 尺寸控制	精加工	ϕ12 平底刀	4500	1000	0
凸台尺寸 $6_{0}^{+0.036}$	粗加工	ϕ12 平底刀	4000	2000	0.2
凸台尺寸 $6_{0}^{+0.036}$	精加工	ϕ12 平底刀	4500	1000	0
底面尺寸 $12_{0}^{+0.043}$	粗加工	ϕ12 平底刀	4000	2000	0.2
底面尺寸 $12_{0}^{+0.043}$	精加工	ϕ12 平底刀	4500	1000	0

3.2.3 编程工序的确定

下面以高度 $23_{0}^{+0.052}$ 尺寸控制和凸台尺寸 $6_{0}^{+0.036}$ 的加工为例。图 3-2-2 是轴承座正面 *A* 面加工后的效果图，我们接着来加工反面 *B* 面。

加工步骤如下。

1. 创建几何体模块

（1）单击（几何视图）图标，进入几何视图界面。右击 *A* 面加工最后一个工序，选择“插入”→“几何体”选项，如图 3-2-3 所示，进入“创建几何体”界面，如图 3-2-4 所示。单击“确定”按钮进入“MCS”界面。选取顶面圆边，自动捕捉圆心作为坐标原点，如图 3-2-5 所示。旋转坐标系 180°，得到如图 3-2-6 所示的坐标系。

图 3-2-2 *A* 面加工效果

图 3-2-3 插入几何体

图 3-2-4　创建几何体

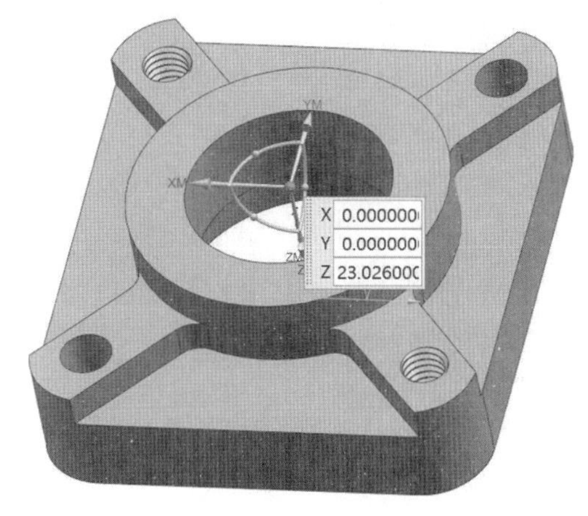

图 3-2-5　坐标系原点

（2）在“MCS 铣削”对话框中的“安全设置”模块选择“平面”选项，单击图标，弹出“平面”对话框，选择如图 3-2-7 所示的顶面，在“距离”文本框中输入“5”，单击“确定”按钮完成安全平面的设置。

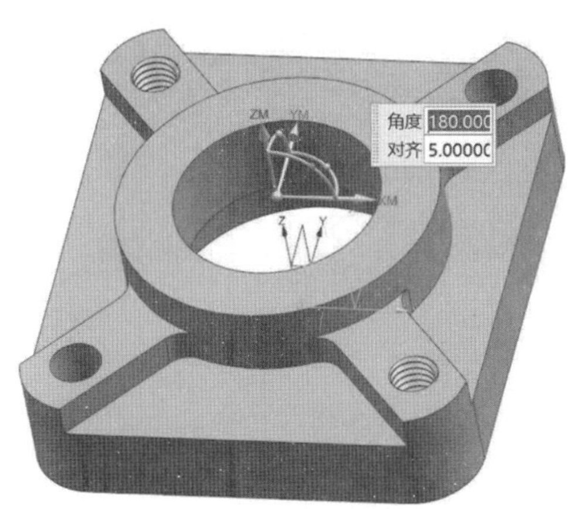

图 3-2-6　坐标系的设置

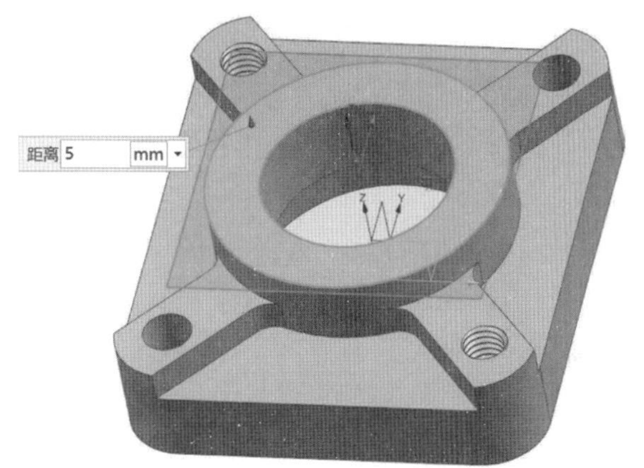

图 3-2-7　安全平面的设置

2. 创建表面铣加工工序

（1）右击 MCS 图标，插入工序，在工序子类型区域中选择（表面铣）工序，如图 3-2-8 和图 3-2-9 所示。

（2）在“位置”区域中，“程序”下拉菜单选择“PROGRAM”选项，“刀具”下拉菜单选择“D12（铣刀 -5 参数）”选项，“几何体”下拉菜单选择“MCS”选项，“方法”下拉菜单选择“MILL_FINISH”选项，如图 3-2-9 所示。单击“确定”按钮进入“表面铣”对话框。

（3）在几何体区域中的“指定面边界”对话框中单击图标，进入“毛坯边界”对话框。在边界区域，把“选择方法”的面设置成为曲线选项，在零件上选取如图 3-2-10 所示的四条底边作为切削区域。把“平面”下拉菜单中的“自动”改为“指定”，选择顶面作为加工平面，如图 3-2-11 所示。单击“确定”按钮返回“表面铣”界面。

图 3-2-8　插入工序

图 3-2-9　创建面铣工序

图 3-2-10　选择切削区域

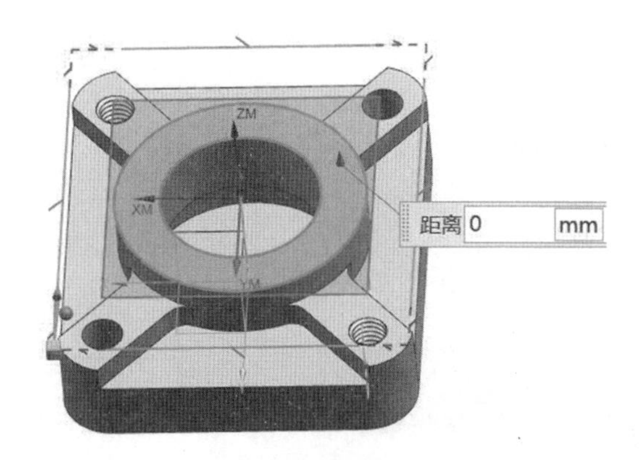

图 3-2-11　指定加工平面

（4）在刀轴区域中，把“轴”下拉菜单改为“+ZM 轴”选项。在刀轨设置区域中的“切削模式”下拉菜单中选取往复切削模式，如图 3-2-12 所示。单击“操作”区域中的图标，预览刀具路径参数的设置效果，如图 3-2-13 所示。

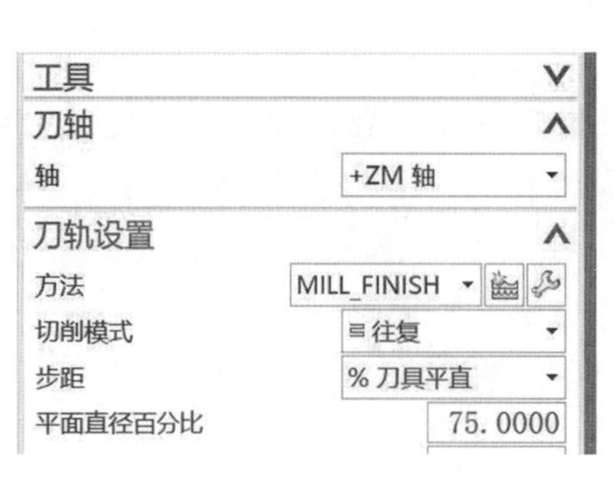

图 3-2-12　参数设置

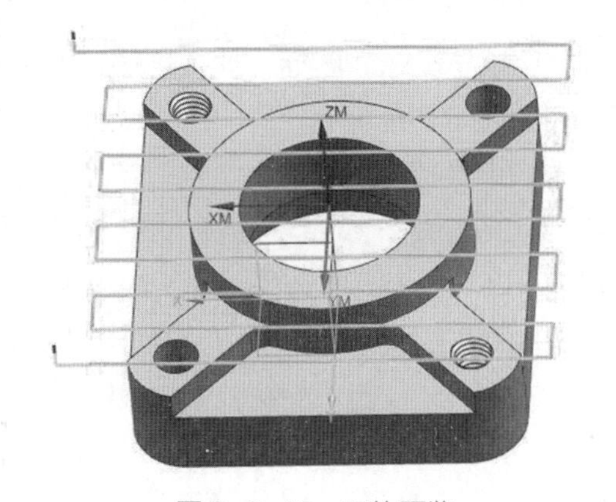

图 3-2-13　刀轨预览

（5）单击“刀轨设置”对话框中的（进给率和速度）图标，进入“进给率和速度”对话框，在“主轴速度”区域中，勾选□图标，在文本框中填入 4500，在“进给率”区域中的“切削”文本框中填入 1000，单击图标进行计算，单击“确定”按钮返回“表面铣”界面。

3. 高度 $23_{0}^{+0.052}$ 尺寸控制

（1）利用千分尺测量零件的厚度，并与轴承座的高度 $23_{0}^{+0.052}$ 对比。假设我们千分尺测量的零件高度值为 23.500 mm，为了确保成功率，我们取轴承座最终高度为 23.026 mm。这样可以算出切削量 H=23.500−23.026=0.474 mm。

（2）利用数控铣床的坐标设置功能，把加工坐标的 Z 轴原点下降 0.474 mm。

（3）再执行一次表面铣工序，对表面进行加工，得到合格的轴承座高度尺寸。

4. 创建自适应铣削粗加工工序

（1）右击 FACE_MILLING 图标，弹出快捷菜单，插入“自适应铣削”工序。

（2）在位置区域中，“程序”下拉菜单选择“PROGRAM”选项，“刀具”下拉菜单选择“D12（铣刀 -5 参数）”选项，“几何体”下拉菜单选择“MCS”选项，“方法”下拉菜单选择“MILL_SEMI_FINISH”选项，如图 3-2-14 所示。单击“确定”按钮进入“自适应铣削”对话框。单击几何体设置区域的（指定修剪边界）图标，进入修建边界界面，把“选择方法”中的面改为曲线选项，选择外圆的边作为边界，如图 3-2-15 所示。

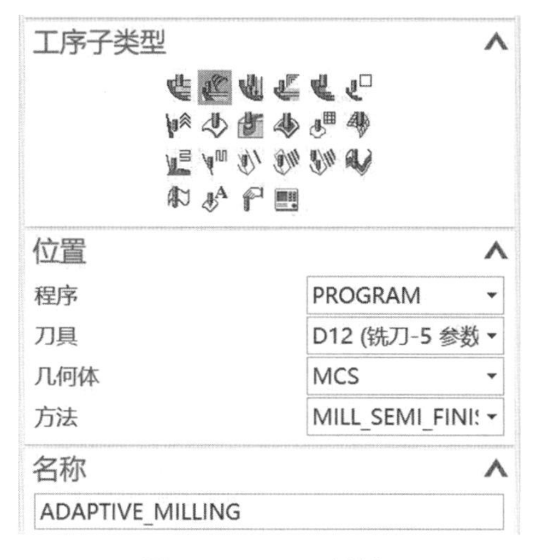

图 3-2-14　工序选择

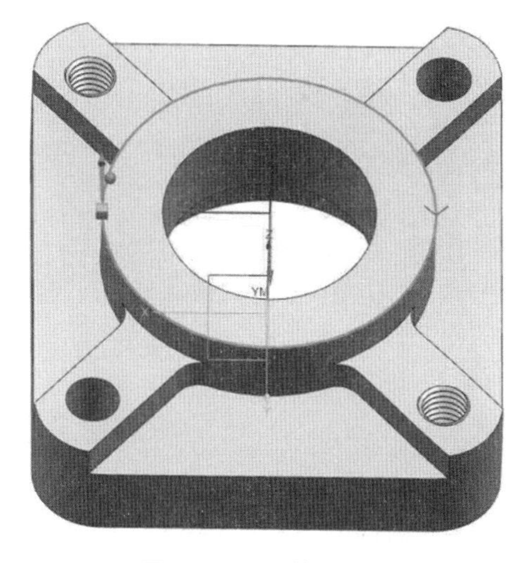

图 3-2-15　边界设置

（3）在刀轨设置区域中“切削层”对话框中单击按钮，进入切削层设置界面。单击凸台的平面作为加工的深度，如图 3-2-16 所示。单击“操作”区域中的图标，预览刀具路径参数的设置效果，如图 3-2-17 所示。单击“确定”按钮返回“自适应铣削”界面。

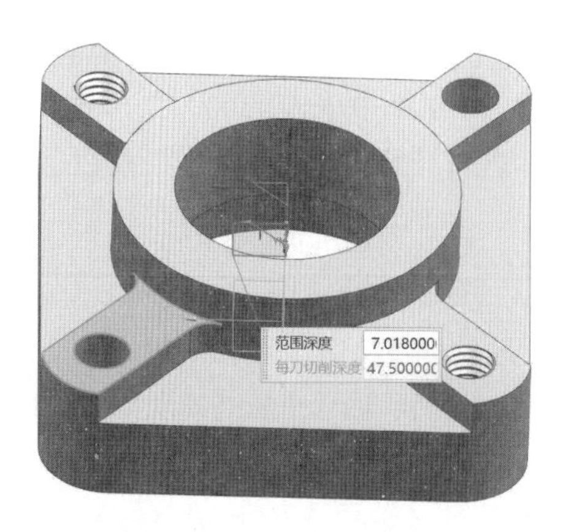

图 3-2-16　切削深度设置

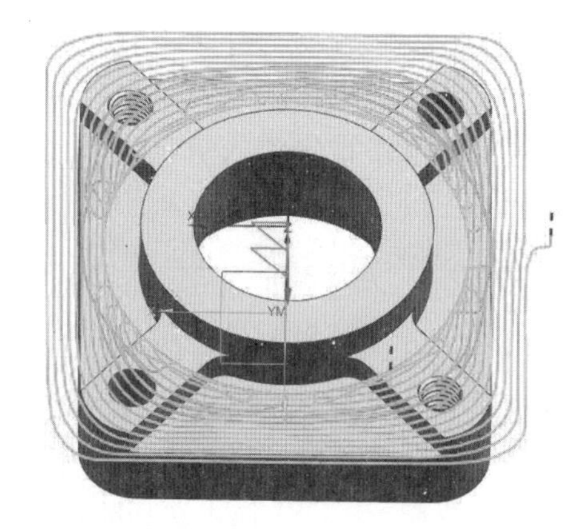

图 3-2-17　刀路预览

（4）单击“刀轨设置”对话框中的（进给率和速度）图标，进入“进给率和速度”对话框，在“主轴速度”区域中，勾选□图标，在文本框中填入 4000，在“进给率”区域中的“切削”文本框中填入 2000，单击图标进行计算，单击“确定”按钮返回“自适应铣削”界面。

（5）单击“操作”区域中的图标进行计算，再单击图标，进入“刀轨可视化”对话框。单击“3D 动态”图标进行 3D 仿真操作，把“动画速度”调整到 2，便于观察。单击图标进行仿真，如图 3-2-18 所示。确认无误后，单击两次“确定”按钮后完成工序创建。

（6）底面自适应铣削加工（略），可以参考之前的工序设置，完成的仿真效果如图 3-2-19 所示。

图 3-2-18　仿真加工

图 3-2-19　仿真效果

思考

能否用型腔铣工序进行粗加工？如果可以，请对比它与自适应铣削工序之间的加工效率。

3.2.4　工件的检测与改进

数控车铣加工职业技能等级（中级）实操考核试题附带的考核评分表如图 3-2-20 所示。我们可以通过常用内径千分尺（量程 0~25 mm，见图 3-2-21）进行测量，把测量的实际值填入评分表中，计算出得分。如果无得分，认真分析原因。

数控车铣加工职业技能等级标准（中级）评分表-座承座零件											
试题编号				考生代码				配分	40		
场　次			工位编			工件编		成绩小计			
序号	配分	尺寸类型	公称尺寸	上偏差	下偏差	上极限尺寸	下极限尺寸	实际尺寸	得分	备注
A-主要尺寸										
1	2	Ø	46	-0.01	-0.056	45.99	45.944			
2	2.5	Ø	37	0.039	0	37.039	37			
3	4	Ø	42	0.007	-0.018	42.007	41.982			
4	2	L	78	0	-0.03	78	77.97			
5	2	L	74	0	-0.03	74	73.97			
6	2.5	L	23	0.052	0	23.052	23			
7	1	L	12	0.043	0	12.043	12			
8	1	L	6	0.036	0	6.036	6			
9	1	L	9	0.036	0	9.036	9			
10	1	L	12	0.027	0	12.027	12			4处

图 3-2-20　考核评分表

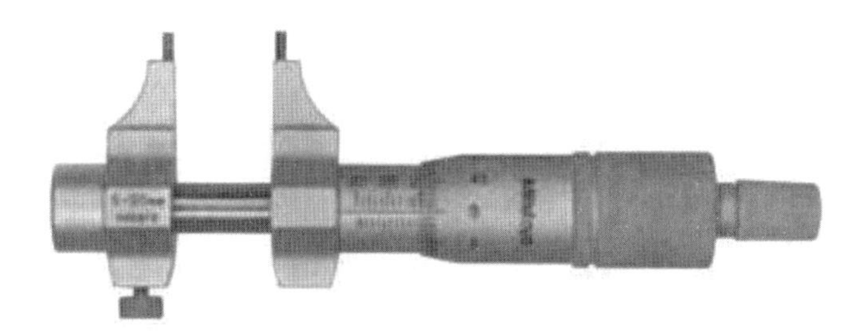

图 3-2-21　内径千分尺

3.2.5　“1+X”证书项目习题

在 3.2.3 中，学习了零件轴承座中的高度 $23_{0}^{+0.052}$ 尺寸控制和反面 *B* 面的粗加工的工艺与编程，请根据零件轴承座图 3-2-1 以及加工工艺表 3-2-2，完成 *B* 面的精加工编程，效果如图 3-2-22 所示。

表 3-2-2　加工工艺表

加工工序	加工方式	加工刀具	主轴转速 /（r · min^{-1}）	进给率 /（mm · min^{-1}）	余量 / mm
圆柱外轮廓 $\phi46_{-0.056}^{-0.01}$	精加工	ϕ12 平底刀	4500	1000	0
4 个凸台顶面	精加工	ϕ12 平底刀	4500	1000	0

续表

加工工序	加工方式	加工刀具	主轴转速 / ($r \cdot min^{-1}$)	进给率 / ($mm \cdot min^{-1}$)	余量 / mm
4 个凸台侧壁	精加工	ϕ8 平底刀	4500	1000	0
底面	精加工	ϕ8 平底刀	4500	1000	0

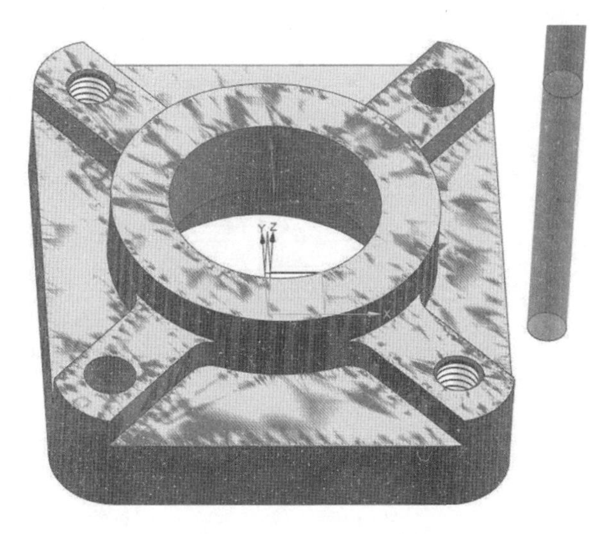

图 3-2-22　加工仿真

学思践悟

为大国重器擦亮“眼睛”的大国工匠——刘湘宾

刘湘宾，汉族，1963 年 6 月出生。刘湘宾现任航天科技集团九院 7107 厂首席技师，是数控铣工高级技师、全国技术能手、陕西省劳动模范、航天技术能手、航天贡献奖获奖者，2016 年获国务院政府特殊津贴、2018 年荣获陕西省“三秦工匠”、2020 年获“中国质量工匠”称号、2021 年获“大国工匠”称号。

刘湘宾是所在单位的数控组长，主要承担国家防务装备惯性导航系统关键件精密陀螺仪的精密、超精密车铣加工任务。在中华人民共和国成立 70 周年大会阅兵式上，当装备方队从天安门城楼前缓缓通过时，刘湘宾油然而生出一股自豪感。

2018 年 5 月，刘湘宾转入石英半球谐振子研究，有人提醒他：“石英玻璃易崩易裂，零件加工精度要求又高，是国际难题。”石英半球谐振子是世界上最先进的精密陀螺仪之一——半球谐振陀螺仪最难加工的核心敏感零部件。作为材料的石英玻璃既硬又脆，形状是薄壁半球壳形，球面十分娇气，易崩易裂，在刀具超高速运转下，稍有不慎，就会导致内外壁厚度出现偏差，精密加工难度极大。

刘湘宾没有退缩，一次次画图、建模、调整刀具、修改编程，反复改进，整整 6 年时间，成千上万次的试验，最终将精密加工精度提升至1微米，仅仅是一根头发丝直径的七十分之一，远远超出了设计要求，成功打破技术垄断与封锁。

40年时间里，数控铣工刘湘宾只做了擦亮大国重器的“眼睛”这一件事。他带领团队加工的产品参加了100余次国家防务装备、载人航天、探月工程等大型飞行试验任务，一次又一次填补国内空白，使我国成为惯导领域超精密加工的“领跑者”。

“钻技术、传技能、带好人、出精品”这12个字，被已近花甲之年的刘湘宾牢牢地刻在了心里。作为一名一线的技能操作者，他将以国家需要为己任，献身祖国航天事业。

（来源：中工网，2023年1月13日）

项目 4

孔加工

学习目标

知识目标

1. 了解孔加工工序制订的思路。
2. 熟悉孔加工类型及操作方法、技巧。
3. 熟悉钻孔和螺纹孔加工参数的设置。

技能目标

1. 掌握 UG NX 12.0 软件孔加工编程步骤。
2. 掌握不同类型孔的加工工序和加工参数。
3. 掌握“1+X”证书（中级）训练题的编程技巧及流程。
4. 能独立对加工零件进行钻孔和螺纹加工编程，且加工零件精度达到“1+X”证书（中级）的评分标准。

素质目标

1. 深刻理解工匠精神在数控编程中的重要性。
2. 培养力求最优的编程思路，具备“1+X”证书（中级）所需的职业素养和规范意识。
3. 提升贴近实际生产的设计意识和能力。

项目概述

模具，工业生产上用注塑、吹塑、挤出、压铸或锻压成型、冶炼、冲压等方法得到所需产品的各种模子和工具。它主要通过成型材料物理状态的改变来实现对物品外形的加工。模具生产技术水平的高低已成为衡量一个国家产品制造水平高低的重要标志，在很大程度上决定着产品的质量、效益和新产品的开发能力，在国际上被称为“工业之母”，对国民经济的发展起着毋庸置疑的关键作用。模具加工中，经常需要进行孔加工，下面我们以模板加工为例进行介绍。

孔加工模块包含了定心钻、钻孔、钻埋头孔、攻丝、孔倒斜铣等工序。孔加工主要加工方法：切削刀具先快速移动至加工位置上方，下降到切削起点后，按预定的切削速度和切削方法进行切削，完成切削后快速返回到安全平面。

任务 4.1 孔加工类型及操作

在“应用模块”中单击 加工（加工）图标后，选择“hole_making”工序，如图 4-1-1 所示，当我们单击 创建工序（创建工序）图标后，系统会弹出如图 4-1-2 所示的“创建工序”对话框。它提供了所有孔加工工序的类型，下面对各个工序类型进行简单介绍。

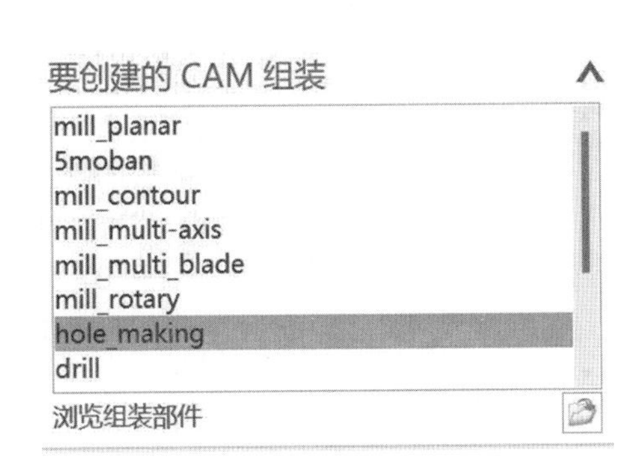

图 4-1-1　CAM 模块选择

图 4-1-2　“创建工序”对话框

孔加工工序子类型如下。

（SPOT_DRILLING）：定心钻。

（DRILLING）：钻孔。

（COUNTERSINKING）：钻埋头孔。

（TAPPING）：攻丝。

（HOLE_CHAMFER_MILLING）：孔倒斜铣。

4.1.1　定心钻

定心钻为钻孔辅助工艺，在进行钻孔加工前，先用刚性好的定心钻钻一个初始孔，以保证普通钻头进行钻孔加工的准确性。模具钻孔加工的精度要求高，若直接采用麻花钻钻孔，会因麻花钻的钻头受力不均匀产生定心误差。利用定心钻预先加工定心孔，可以保证麻花钻的钻孔加工的位置达到精度要求。

定心钻

下面以如图 4-1-3 所示模板零件的加工为例进行介绍。

加工步骤如下。

1. 进入加工模块

（1）打开如图 4-1-3 所示的“加工零件”建模文件。

（2）在“应用模块”功能选项卡中单击 （加工）图标，在弹出的“加工环境”对话框中的“要创建的 CAM 组装”模块选择“ hole_making”选项，如图 4-1-4 所示，再单击

“确定”按钮。

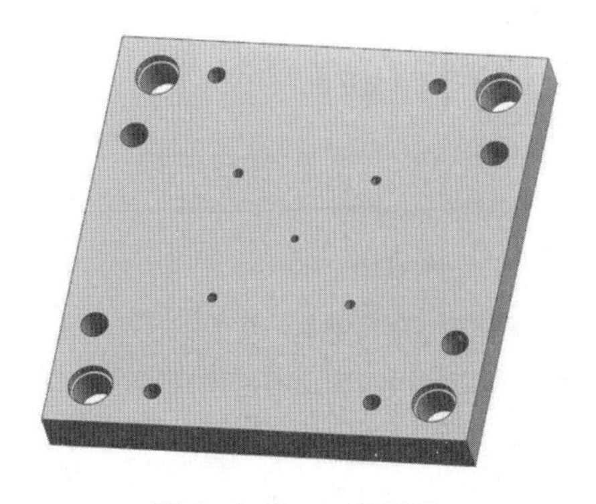

图 4-1-3　加工零件

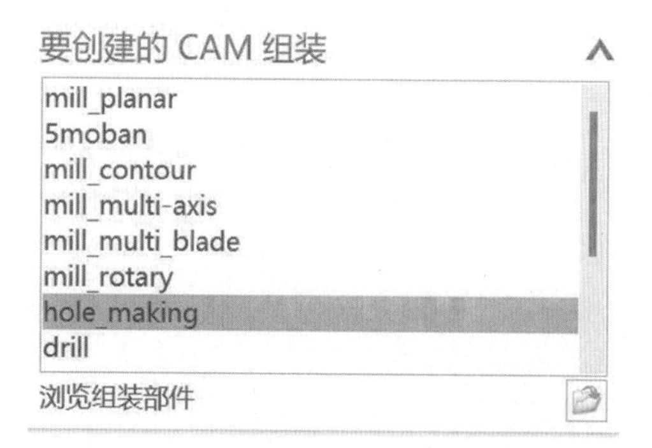

图 4-1-4　CAM 模块选择

2. 创建几何体模块

（1）单击（几何视图）图标，进入几何视图界面。双击 MCS_MILL 图标，弹出“MCS 铣削”对话框。

（2）单击零件中心的小圆孔的外圆，自动捕捉圆心成为坐标系原点，如图 4-1-5 所示。绕着 X 轴旋转坐标轴 180°，得到如图 4-1-6 所示的机床坐标系。

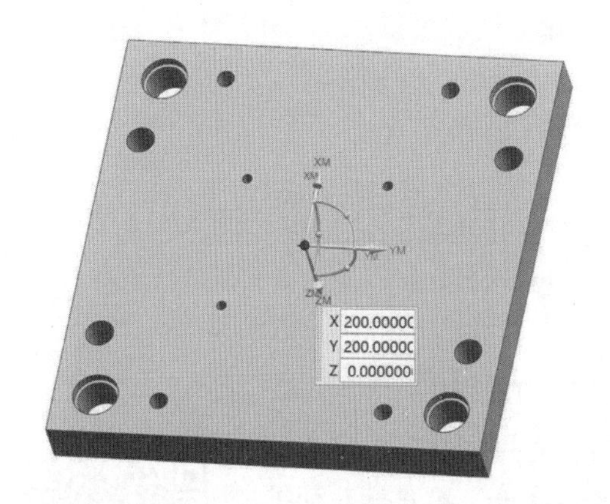

图 4-1-5　加工原点的设置

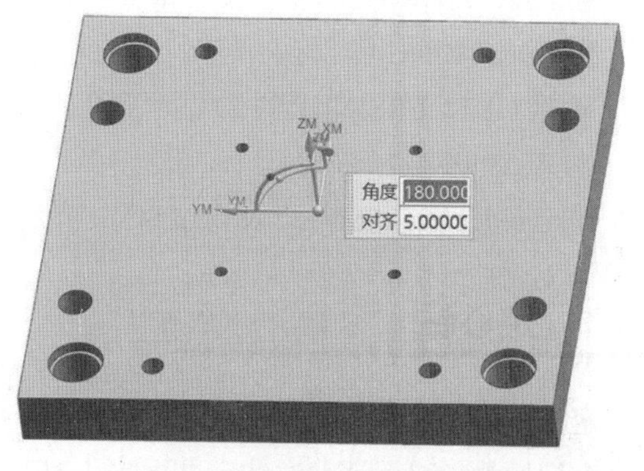

图 4-1-6　旋转坐标轴

在“MCS 铣削”对话框中的“安全设置”模块选择“平面”选项，单击图标，弹出“平面”对话框，选择如图 4-1-7 所示的零件顶面，在“距离”文本框中输入“5”，单击“确定”按钮完成安全平面的设置。

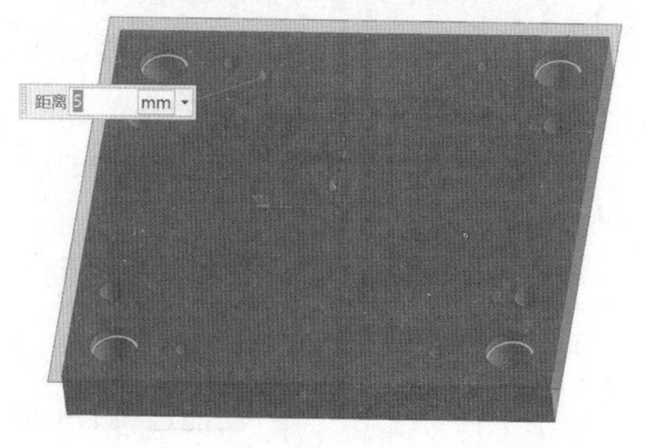

图 4-1-7　安全平面的设置

3. 创建毛坯几何体

（1）单击 MCS MILL 图标中的“+”，展开列表。双击 WORKPIECE 图标，弹出“工件”对话框。

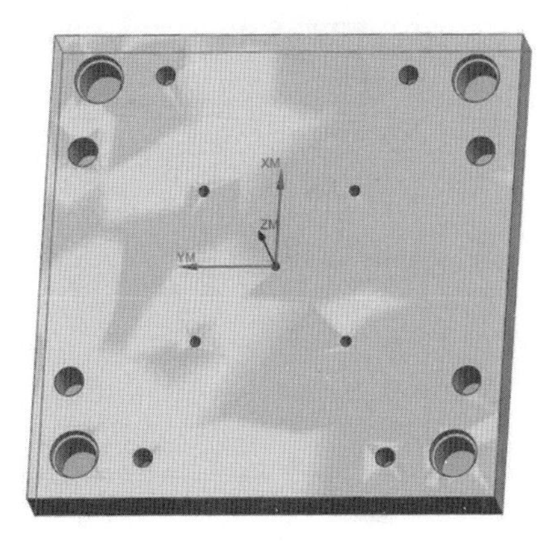

图 4-1-8　毛坯几何体

（2）单击（指定部件）图标，弹出“部件几何体”对话框，选取加载零件作为加工最终部件，单击“确定”按钮返回“工件”对话框。

（3）单击（指定毛坯）图标，弹出“毛坯几何体”对话框，单击几何体对话框右侧的图标，选择包容块选项，单击“确定”按钮返回“工件”对话框。

（4）单击（显示）图标，观察设置的部件和毛坯是否符合要求，如图 4-1-8 所示。

4. 创建刀具

（1）单击创建刀具图标，进入“创建刀具”界面，选择刀具子类型中的中心钻，在“名称”文本框中输入中心钻的直径大小“C6”作为刀具名称，单击“确定”按钮进入刀具参数设置对话框。

（2）在“尺寸”区域中的“直径”文本框中填入“6.0000”，在“编号”区域中的“刀具号”“补偿寄存器”两项文本框中填入“1”，如图 4-1-9 所示。单击“确定”按钮完成刀具建立。

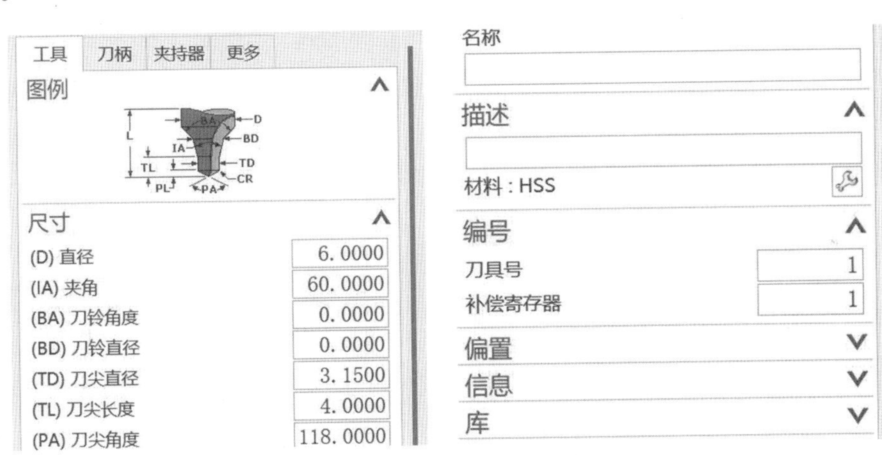

图 4-1-9　刀具参数

5. 创建定心钻加工工序

（1）单击创建工序图标，弹出“创建工序”对话框，在工序子类型中选择（定心钻）工序。

（2）在位置区域中，“程序”下拉菜单选择“PROGRAM”选项，“刀具”下拉菜单选择“C6（中心钻刀）”选项，“几何体”下拉菜单选择“WORKPIECE”选项，“方法”下拉菜单选择“DRILL_METHOD”选项，如图 4-1-10 所示。单击“确定”按钮进入“定心钻”对话框，如图 4-1-11 所示。

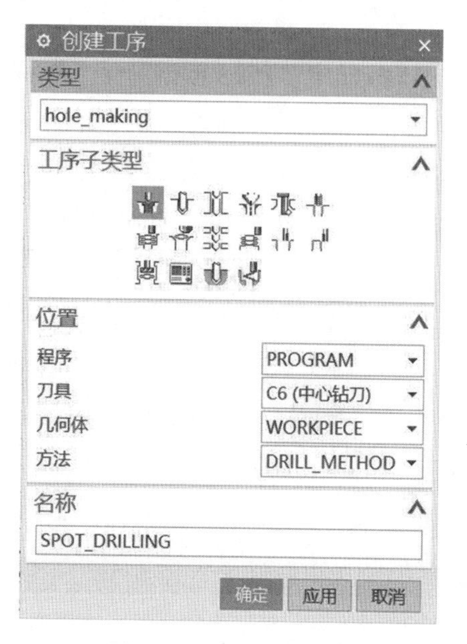

图 4-1-10　工序选择

图 4-1-11　定心钻界面

（3）在几何体设置区域中，单击（指定特征几何体）图标，进入“特征几何体”界面，如图 4-1-12 所示。依次选取零件上的所有孔作为特征几何体，如图 4-1-13 所示。在中心孔区域，单击深度设置的图标，将数值改为“0.5000”，如图 4-1-14 所示。在序列区域的“优化”下拉菜单中，把“最接近”选项修改为“最短刀轨”选项，单击“重新排序列表”图标，进行重新排序，如图 4-1-15 所示。单击“确定”按钮返回“定心钻”界面，单击（生成）图标，预览刀轨，如图 4-1-16 所示。

图 4-1-12　“特征几何体”界面

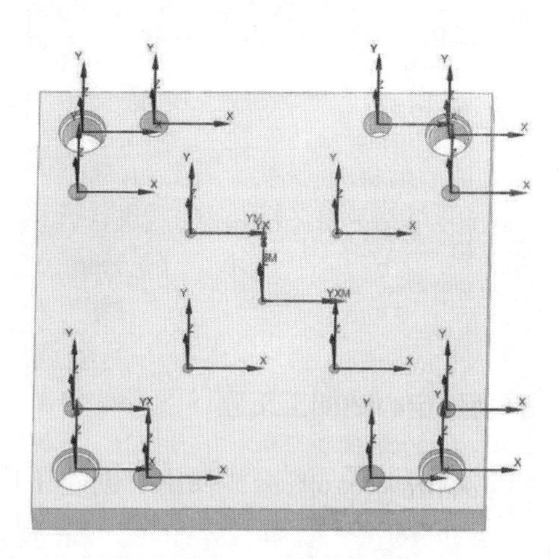

图 4-1-13　孔的选取

（4）单击“刀轨设置”对话框中的（进给率和速度）图标，进入“进给率和速度”对话框，在“主轴速度”区域中，勾选□图标，在文本框中填入“2000”，在“进给率”区域中的“切削”文本框中填入“200”，单击图标进行计算，单击“确定”按钮返回“定心钻”界面。

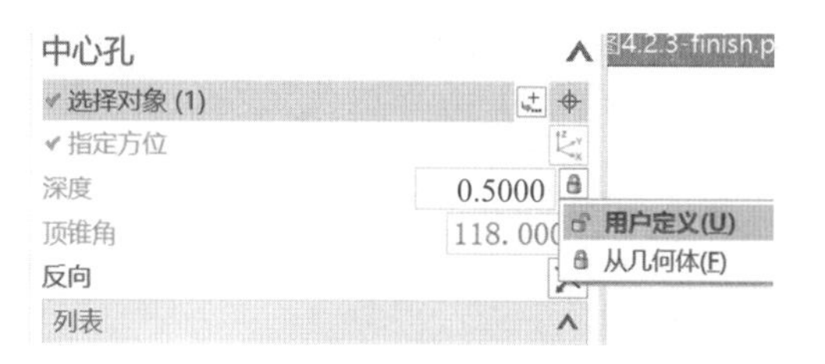

图 4-1-14　加工深度设置

图 4-1-15　加工顺序设置

（5）单击“操作”区域中的图标进行计算，再单击图标，进入“刀轨可视化”对话框。单击“3D 动态”图标进行 3D 仿真操作，把“动画速度”调整到“2”，便于观察。单击图标进行仿真，如图 4-1-17 所示。确认无误后，单击两次“确定”按钮后完成工序创建。

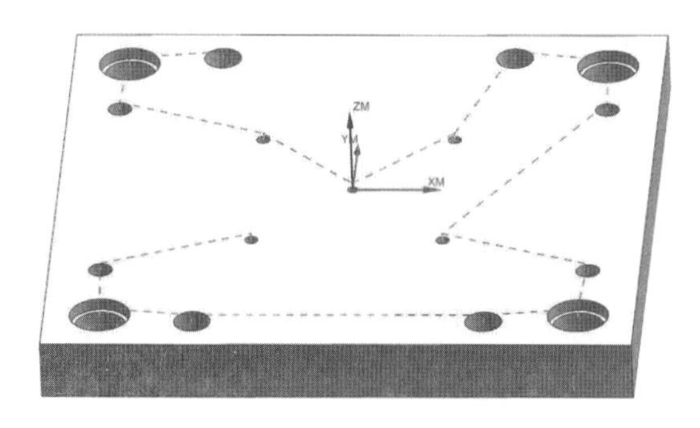

图 4-1-16　刀轨预览

图 4-1-17　加工仿真

4.1.2　钻孔

钻孔加工是一种常见的机械加工方法。内孔是组成机械零件的重要组成之一。在机械零件中，带孔零件一般要占零件总数的 50%~80%。孔的种类也是多种多样的，有圆柱形孔、圆锥形孔、螺纹形孔和成型孔等。常见的圆柱形孔一般分为一般孔和深孔。深孔很难加工，需要用钻深孔工序进行加工，它可以切削一段深度后，提刀到安全位置，再继续下刀切削，直至加工完毕。

钻孔

下面依然以如图 4-1-3 所示的零件的加工为例进行介绍。

加工步骤如下。

之前我们已经对加工零件进行了定心孔加工，接下来将对不同类型的孔进行钻孔加工。对孔进行分析测量，加工零件上有 $\phi6$、$\phi9$、$\phi25$、$\phi35$ 的通孔，$\phi16$ 的盲孔和 $\phi7$、$\phi41$ 的沉头孔。其中由于 $\phi6$ 孔的深度 / 直径 =40/6≈6.67>5，所以属于深孔。

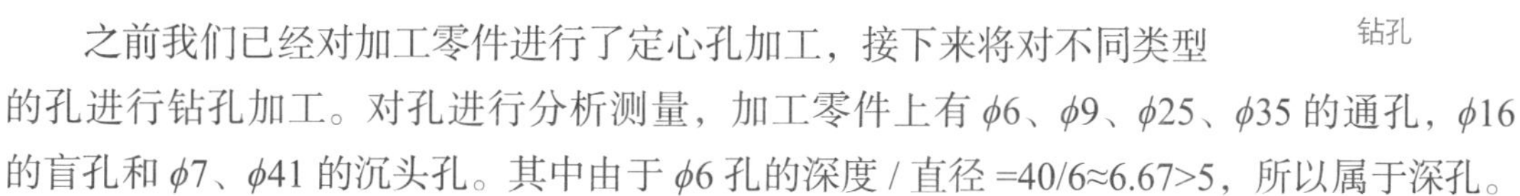

1. 通孔的加工

（1）创建刀具。

①单击创建刀具图标，进入“创建刀具”界面，选择刀具子类型中的麻花钻，在“名

称”文本框中输入平底刀的直径大小“S6”作为刀具名称，单击“确定”按钮进入刀具参数设置对话框。

②在“尺寸”区域中的“直径”文本框中填入“6.0000”，在“编号”区域中“刀具号”“补偿寄存器”两项文本框中填入“2”，如图 4-1-18 所示。单击“确定”按钮完成刀具建立。

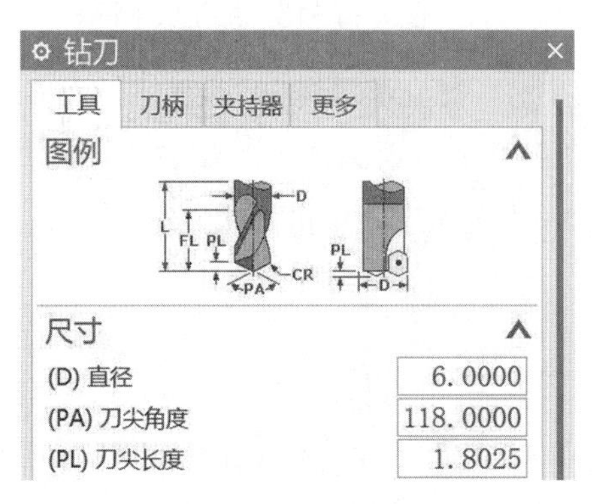

图 4-1-18 刀具参数

③使用同样的方法创建麻花钻 3 号刀“ S9”、4 号刀“ S16”、5 号刀“ S25”、6 号刀“S35”。

（2）创建钻孔加工工序。

①右击 SPOT DRILLING 图标，在弹出的工具条中选择“插入”→“工序”选项，在工序子类型中选择（钻孔）工序。

②在位置区域中，“程序”下拉菜单选择“PROGRAM”选项，“刀具”下拉菜单选择“ S9（钻刀)”选项，“几何体”下拉菜单选择“ WORKPIECE”选项，“方法”下拉菜单选择“ DRILL_METHOD”选项，如图 4-1-19 所示。单击“确定”按钮进入“钻孔”对话框，如图 4-1-20 所示。

图 4-1-19 工序选择

图 4-1-20 钻孔界面

③在几何体设置区域中，单击[icon]（指定特征几何体）图标，进入特征几何体界面，如图 4-1-21 所示。依次选取零件上的孔作为特征几何体，如图 4-1-22 所示。单击“确定”按钮返回“定心钻”界面，单击[icon]（生成）图标，预览刀路，如图 4-1-23 所示。

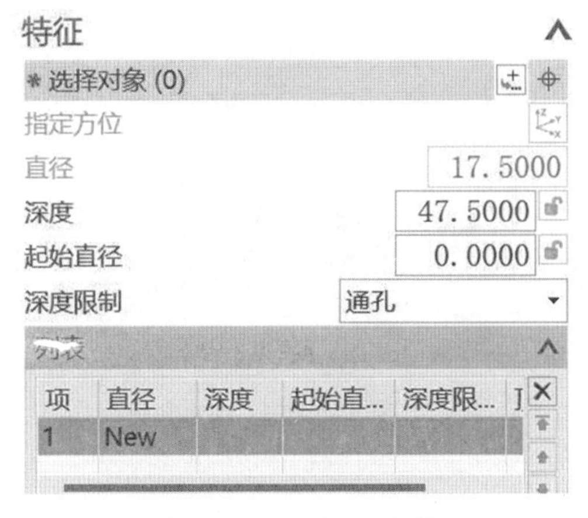

图 4-1-21　特征几何体

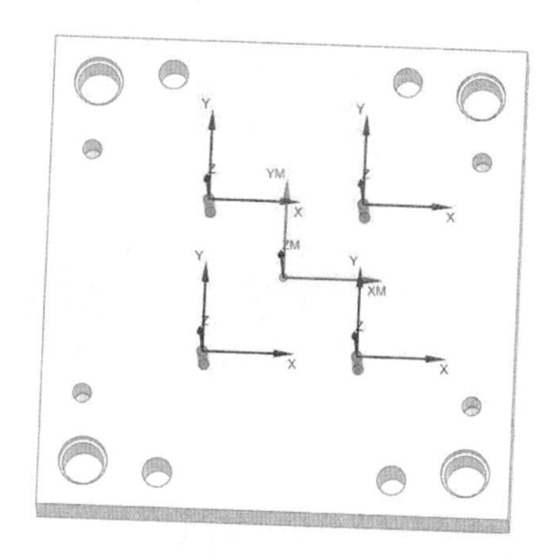

图 4-1-22　孔的选取

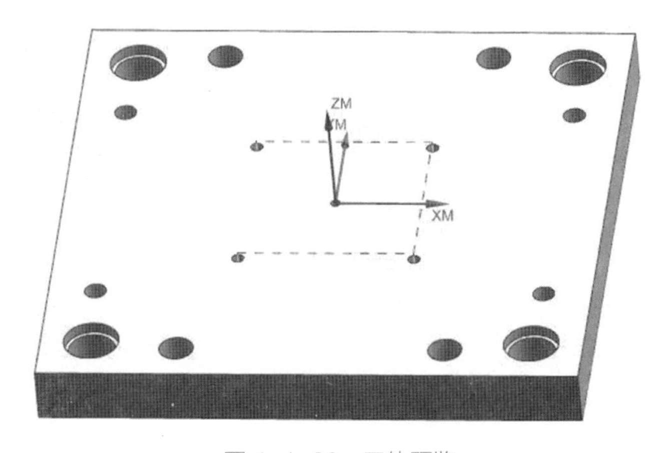

图 4-1-23　刀轨预览

④单击“刀轨设置”对话框中的[icon]（进给率和速度）图标，进入“进给率和速度”对话框，在“主轴速度”区域中，勾选□图标，在文本框中填入 800，在“进给率”区域中的“切削”文本框中填入 80，单击[icon]图标进行计算，单击“确定”按钮返回“钻孔”界面。

⑤单击“操作”区域中的[icon]图标进行计算，再单击[icon]图标，进入“刀轨可视化”对话框。单击“3D 动态”图标进行 3D 仿真操作，把“动画速度”调整到 2，便于观察。单击[icon]图标进行仿真，如图 4-1-24 所示。确认无误后，单击两次“确定”按钮后完成工序创建。

⑥使用同样的方法创建通孔和盲孔的钻孔工序，仿真效果如图 4-1-25 所示。

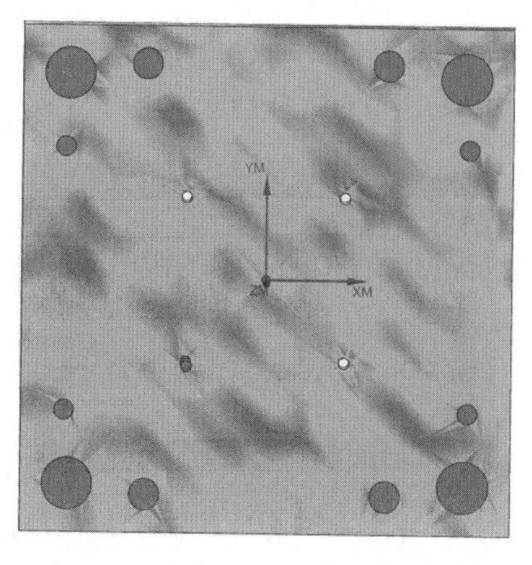

图 4-1-24　仿真加工

图 4-1-25　仿真效果

2. 带有沉头孔的通孔的钻孔加工

（1）右击DRILLING 图标，在弹出的工具条中选择“复制”选项，再右击DRILLING 图标，在弹出的工具条中选择“粘贴”选项，出现DRILLING COPY工序，即成功复制通孔的钻孔工序。

（2）双击DRILLING COPY图标，进入钻孔工序界面。在几何体设置区域中，单击（指定特征几何体）按钮，进入“特征几何体”界面，删除原来选择的孔。选取零件上的孔作为特征几何体，如图 4-1-26 所示。在公共参数区域中的“加工区域”下拉菜单选择“ FACES CYLINDER_2”选项，将“加工区域深度”转变为通孔深度 40，如图 4-1-27 所示。单击“确定”按钮返回“钻孔”界面。

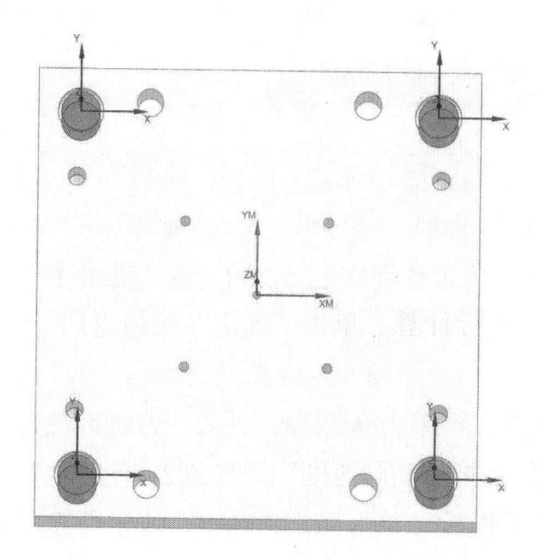

图 4-1-26　孔的选择

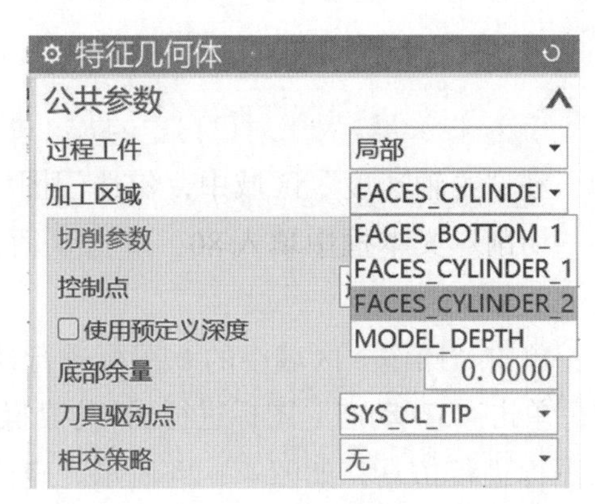

图 4-1-27　加工区域选择

（3）在“工具”设置中，把刀具设置为“ S35（钻刀）”选项，单击（生成）图标，预览刀路，如图 4-1-28 所示。

（4）单击“操作”区域中的图标进行计算，再单击图标，进入“刀轨可视化”对话框。单击“3D 动态”图标进行 3D 仿真操作，把“动画速度”调整到 2，便于观察。单击图标进行仿真，如图 4-1-29 所示。确认无误后，单击两次“确定”按钮后完成工序创建。

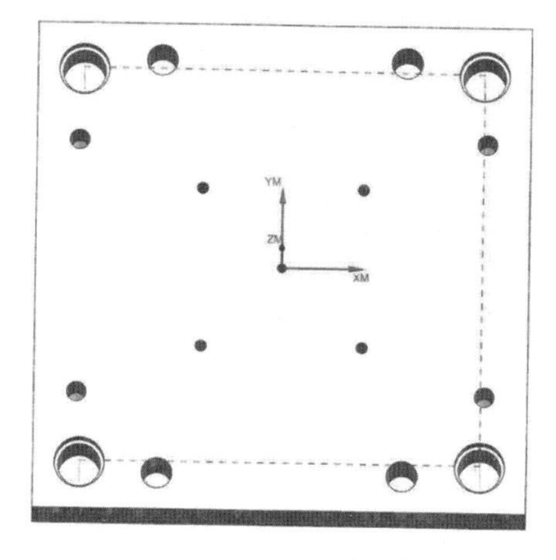

图 4-1-28　刀轨预览

图 4-1-29　仿真效果

3. 深孔的钻孔加工

（1）右击 DRILLING 图标，在弹出的工具条中选择“复制”选项，再右击 DRILLING 图标，在弹出的工具条中选择“粘贴”选项，出现 DRILLING COPY 工序，即成功复制通孔的钻孔工序。

（2）双击 DRILLING COPY，进入钻孔工序界面。在几何体设置区域中，单击（指定特征几何体）按钮，进入“特征几何体”界面，删除原来选择的孔。选取零件上的孔作为特征几何体，如图 4-1-30 所示。在公共参数区域中，“加工区域”下拉菜单选择 FACES CYLINDER_2”选项，如图 4-1-31 所示，将“加工区域深度”转变为通孔深度 40。单击“确定”按钮返回“钻孔”界面。

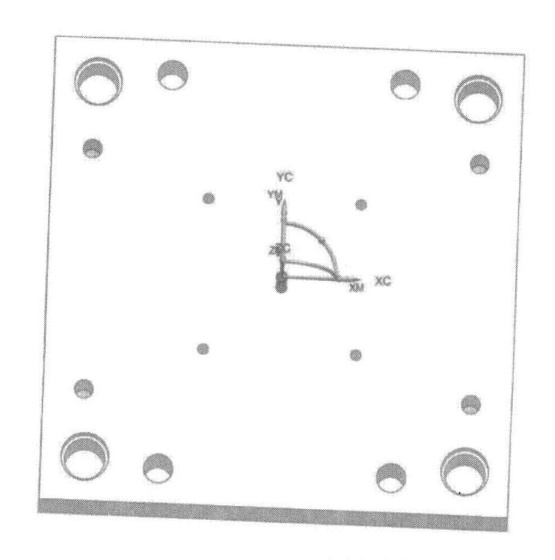

图 4-1-30　孔的选择

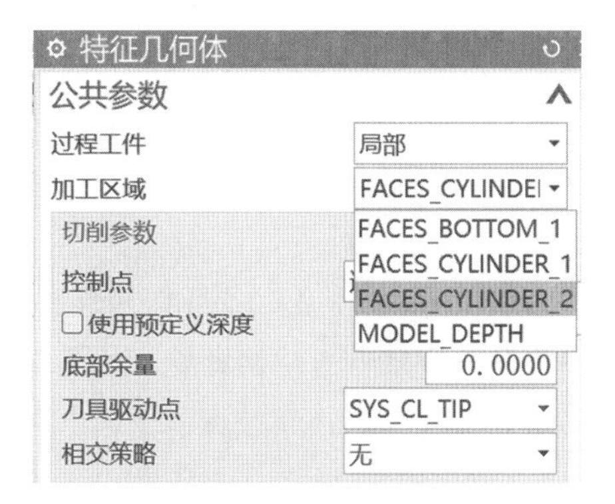

图 4-1-31　加工区域选择

（3）在“工具”设置中，把刀具设置为“ S6（钻刀）”选项。在“刀轨设置”区域，将“循环”下拉菜单中的“钻”更改为“钻，深孔”选项，如图 4-1-32 所示。在弹出的“循环参数”对话框中的“步进”区域，将“最大距离”文本框设置为“3 mm”，如图 4-1-33 所示。在单击（生成）图标，预览刀路，如图 4-1-34 所示。

图 4-1-32　参数设置

图 4-1-33　循环参数设置

（4）单击“操作”区域中的图标进行计算，再单击图标，进入“刀轨可视化”对话框。单击“3D 动态”图标进行 3D 仿真操作，把“动画速度”调整到“2”，便于观察。单击图标进行仿真，如图 4-1-35 所示。确认无误后，单击两次“确定”按钮后完成工序创建。

图 4-1-34　刀轨预览

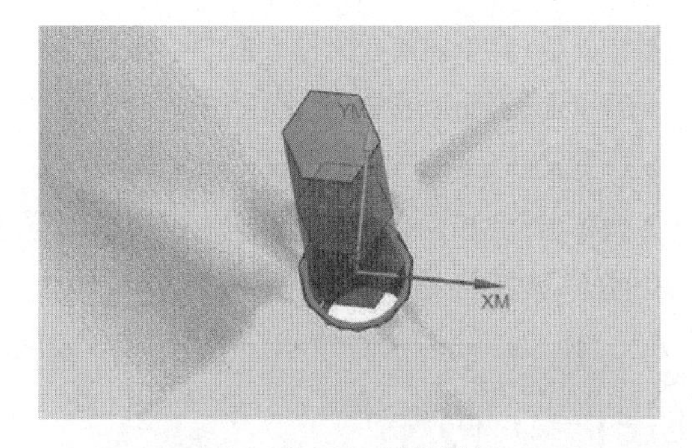

图 4-1-35　仿真效果

小结

对比钻孔的普通“钻”方式和“钻，深孔”方式，我们可以发现，在“钻”方式下，钻头一直钻到最终位置才停下来，再返回起始点；而在“钻，深孔”方式下，钻头按设定的切削量钻到一定的深度后，自动提刀回到安全平面，再继续向下钻到下一个切削深度，然后再提刀，重复这个过程直到切削完毕。

4. 沉头孔的钻孔加工

（1）单击创建刀具图标，进入“创建刀具”界面，选择刀具子类型中的钻刀，在“名称”文本框串输入钻刀的直径大小“ C41”作为刀具名称，单击“确定”按钮进入刀具参数设置对话框。设置如图 4-1-36 所示的刀具参数。在尺寸区域中的“直径”文本框中填入“41.0000”，在编号区域中“刀具号”“补偿寄存器”两项文本框中填入“7”，单击“确定”按钮完成刀具建立。

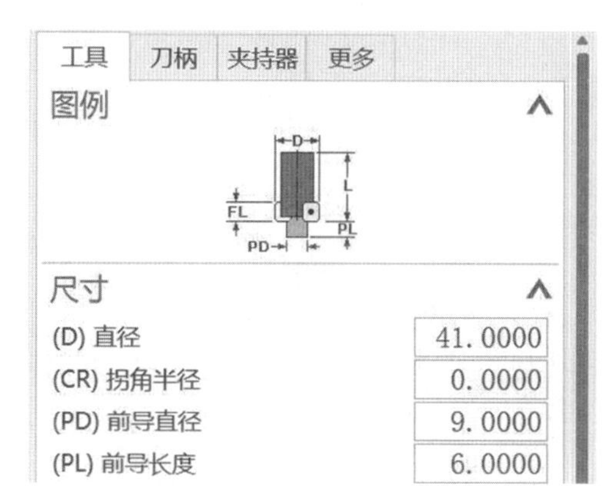

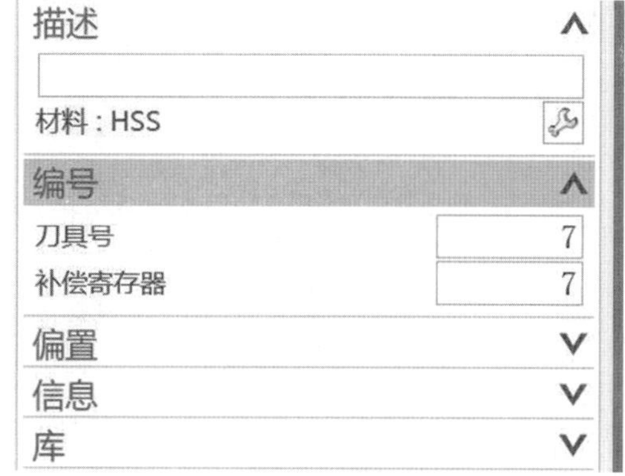

图 4-1-36　刀具参数

（2）右击 DRILLING 图标，在弹出的工具条中选择“复制”选项，再右击 DRILLING 图标，在弹出的工具条中选择“粘贴”选项，出现 DRILLING COPY 工序，即成功复制通孔的钻孔工序。

（3）双击 DRILLING COPY 图标，进入钻孔工序界面。在几何体设置区域中，单击（指定特征几何体）按钮，进入“特征几何体”界面，删除原来选择的孔。选取零件上的 ϕ41 孔作为特征几何体，如图 4-1-37 所示。在“公共参数”区域中的“加工区域”下拉菜单选择“ FACES CYLINDER_1”选项，如图 4-1-38 所示，将加工区域深度限制转变为“盲孔”选项。单击“确定”按钮返回“钻孔”界面。

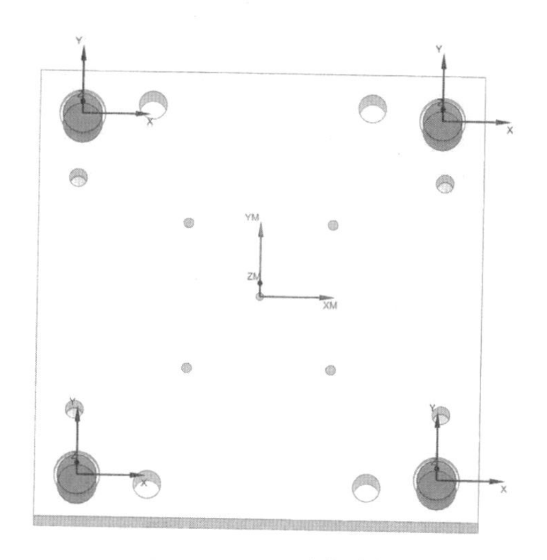

图 4-1-37　孔的选择

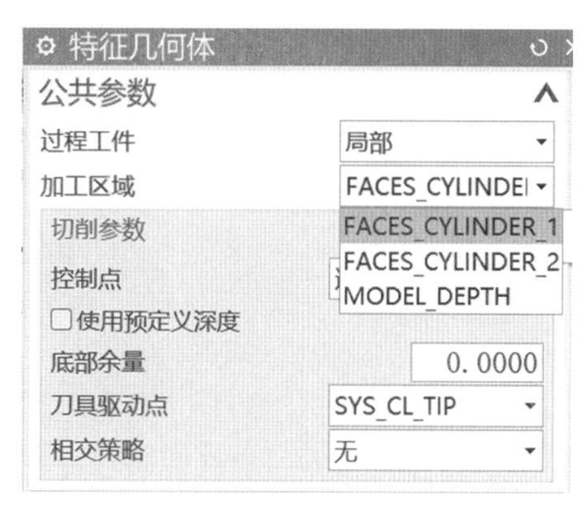

图 4-1-38　加工区域选择

（4）在“工具”设置中，把刀具设置为“C41(沉头孔)”选项，单击（生成）图标，预览刀路，如图 4-1-39 所示。

（5）单击“操作”区域中的图标进行计算，再单击图标，进入“刀轨可视化”对话框。单击“3D 动态”图标进行 3D 仿真操作，把“动画速度”调整到 2，便于观察。单击图标进行仿真，如图 4-1-40 所示。确认无误后，单击两次“确定”按钮后完成工序创建。

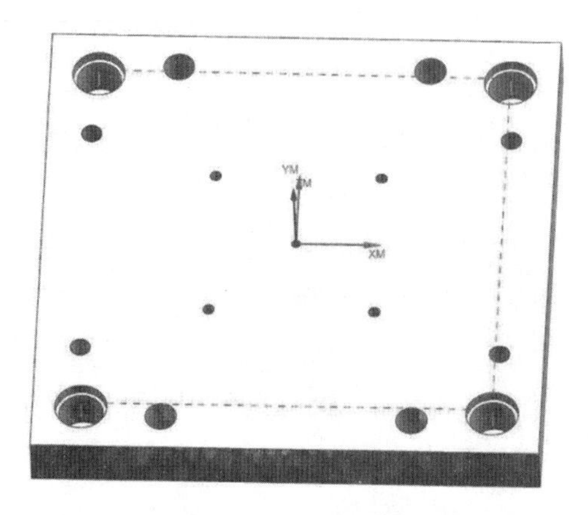

图 4-1-39　刀轨预览

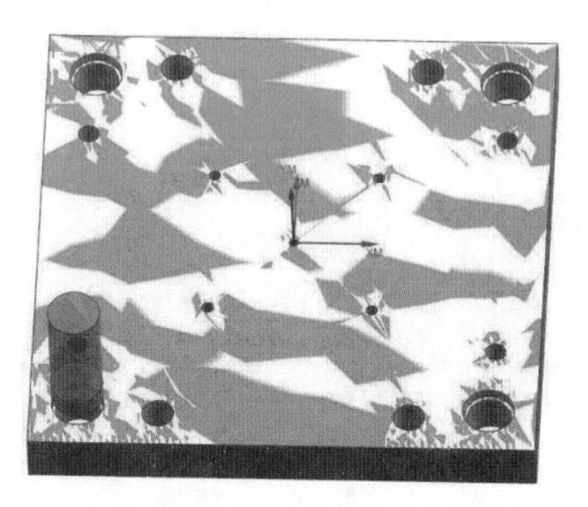

图 4-1-40　仿真效果

4.1.3　攻丝

攻丝

攻丝是指利用机用丝锥对螺纹孔的内螺纹进行加工。攻丝工序非常重要，参数设置不当容易造成丝锥断裂，残留在工件内。由于丝锥经常热处理非常坚硬，一旦断裂部分留在工件中，则取出较为困难，影响生产效率。

下面以如图 4-1-41 所示零件的加工为例进行介绍。

加工步骤如下。

参照之前的钻孔工序，对加工零件钻出 4.9 mm 的底孔。加工螺纹底孔的效果如图 4-1-42 所示。

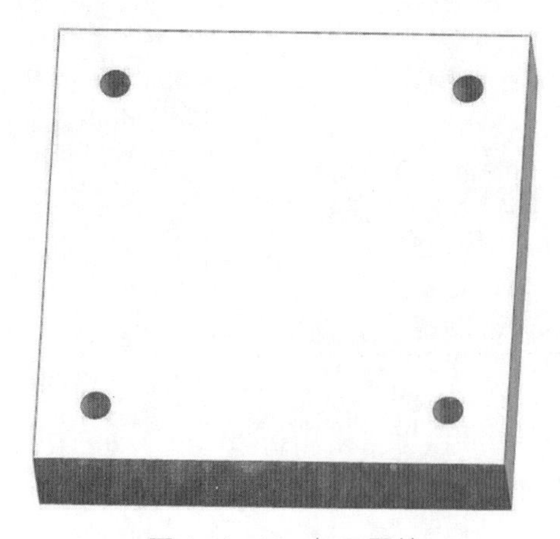
图 4-1-41　加工零件

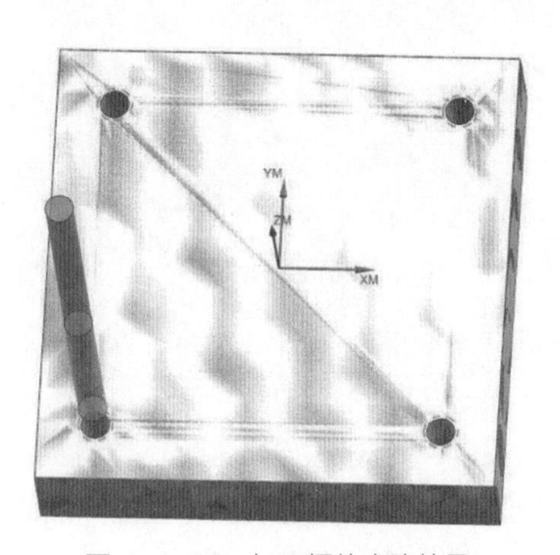

图 4-1-42　加工螺纹底孔效果

1. 创建刀具

（1）单击创建刀具图标，进入“创建刀具”界面，选择刀具子类型中的丝锥，在“名称”文本框中输入丝锥的直径大小“T6”作为刀具名称，单击“确定”按钮进入刀具参数设置对话框。

（2）在尺寸区域中的“直径”文本框中填入“6.0000”，“颈部直径”文本框填入“5.0000”。“螺距”文本框修改为“1.0000”，如图 4-1-43 所示（粗牙螺纹 M6 的螺距为 1.0000，如不正确设置，将导致攻丝工序在捕捉螺纹参数时出错，造成丝锥加工时断裂的情况）。

（3）在“编号”区域中“刀具号”“补偿寄存器”两项文本框中填入“3”，单击“确定”按钮完成刀具建立。

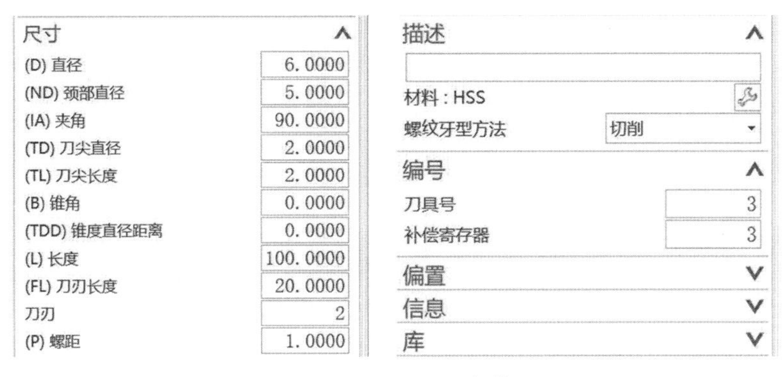

图 4-1-43　刀具参数

2. 创建攻丝加工工序

（1）右击 DRILLING 图标，弹出“工具”菜单，选择“插入”→“工序”选项。

（2）弹出“创建工序”对话框，如图 4-1-44 所示，在“位置”区域中，“刀具”下拉菜单选择“T6（丝锥）”，“方法”下拉菜单选择“DRILL_METHOD”选项，单击“确定”按钮进入“攻丝”对话框，如图 4-1-45 所示。

图 4-1-44　工序选择

图 4-1-45　工序界面

（3）在几何体设置区域中，单击（指定特征几何体）按钮，进入“特征几何体”界面。依次选取零件上的底孔作为特征几何体，如图 4-1-46 所示。攻丝工序自动读取螺纹的参数用于加工，如图 4-1-47 所示。单击“确定”按钮返回“攻丝”界面，单击（生成）图标，预览刀路，如图 4-1-48 所示。

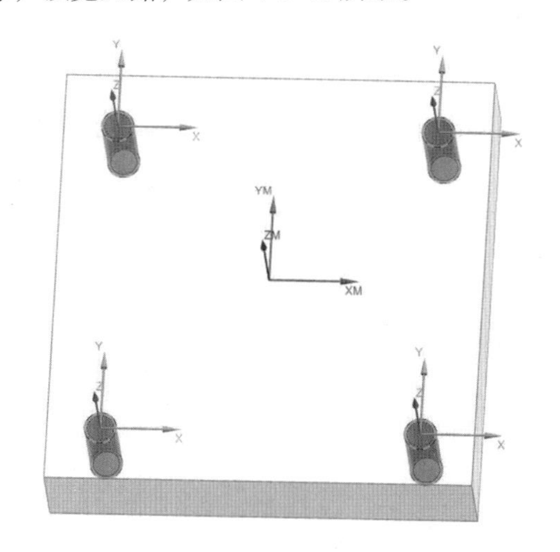

图 4-1-46　螺纹底孔的选取

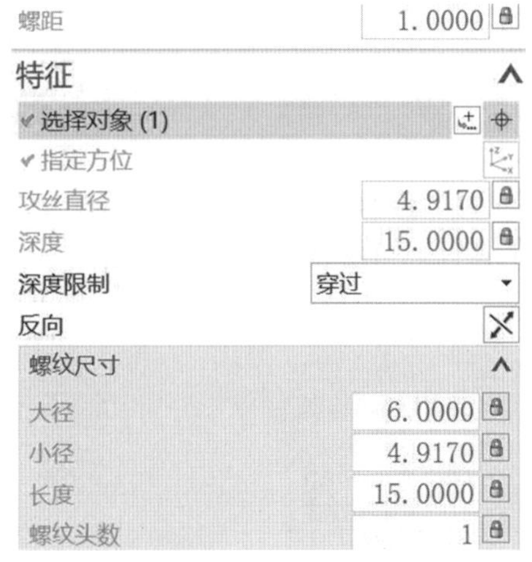

图 4-1-47　读取螺纹参数

（4）单击“刀轨设置”对话框中的（进给率和速度）图标，进入“进给率和速度”对话框，在“主轴速度”区域中，勾选☐图标，在文本框中填入“500.0000”，在“进给率”区域中，把“mmpm”改为“mmpr”，填入“1.0000”，如图 4-1-49 所示。单击图标进行计算，单击“确定”按钮返回“攻丝”界面。

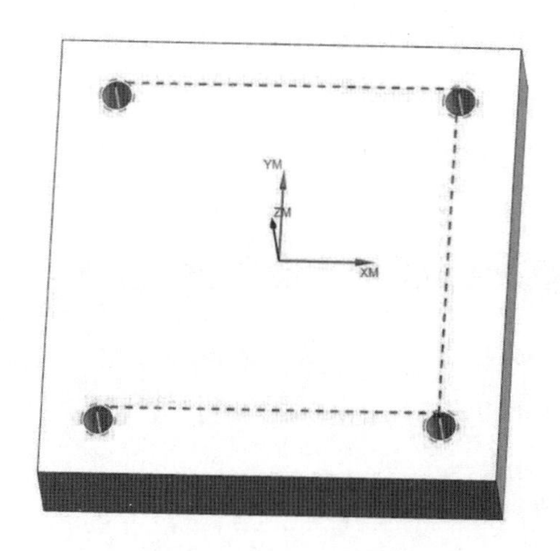

图 4-1-48　刀路预览

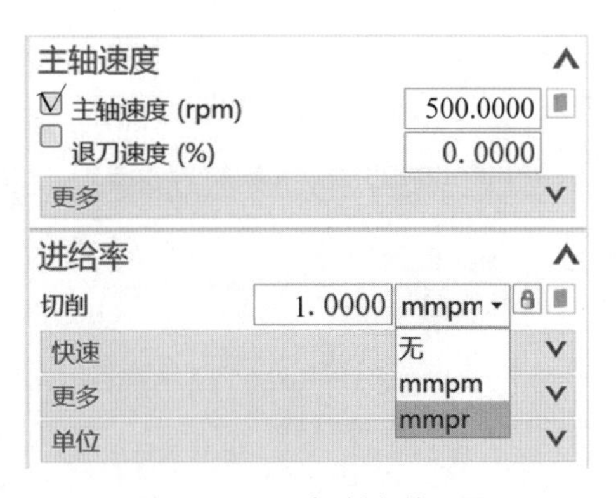

图 4-1-49　切削参数设置

（5）单击“操作”区域中的图标进行计算，再单击图标，进入“刀轨可视化”对话框。单击“3D 动态”图标进行 3D 仿真操作，把“动画速度”调整到 2，便于观察。单击▶图标进行仿真，如图 4-1-50 所示。确认无误后，单击两次“确定”按钮后完成工序创建。

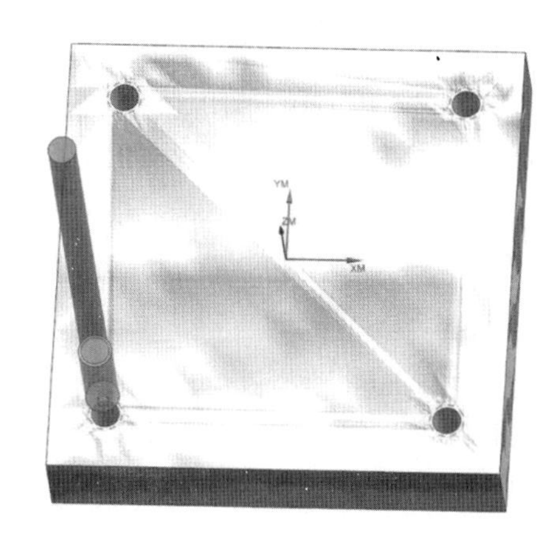

图 4-1-50　仿真加工

任务 4.2　“1+X”证书项目的孔加工编程

4.2.1　项目分析

如图 4-2-1 所示的零件图是数控车铣加工职业技能等级（中级）实操练习题之一。由图可知，我们需要加工一个尺寸为 $78^{0}_{-0.03} \times 74^{0}_{-0.03} \times 23^{+0.052}_{0}$ 的轴承座，加工基准为 *A* 面，公差为 ⊥ 0.02 *A*。前两个项目中我们已经加工了基准面 *A* 面和反面 *B* 的形状和尺寸。我们接着将加工轴承座未加工的 2 × *ϕ*8H7 通孔和 2 × M8 螺纹孔。

“1+X”证书项目的孔加工编程

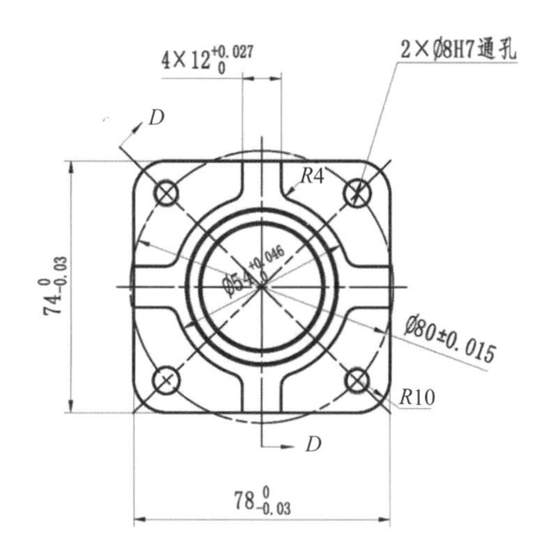

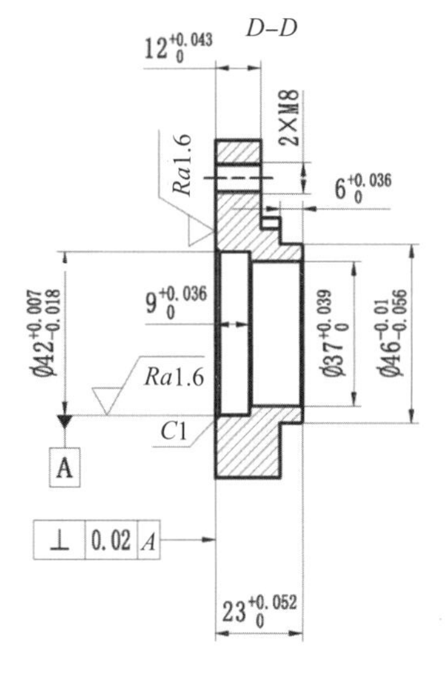

技术要求

1. 去毛刺，锐边倒钝；
2. 未注倒角 *C*0.5；
3. 未注公差尺寸的极限偏差按 GB/T 1804—2000—m。

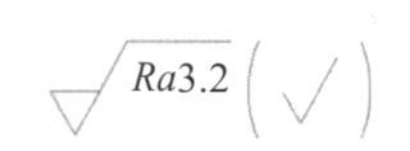

图 4-2-1　零件图

4.2.2 孔加工工艺选择

根据广州数控 990MA 数铣加工中心（不带刀库）的加工设备的具体情况，列举孔加工的加工工艺，如表 4-2-1 所示。

表 4-2-1 加工工艺表

加工步骤	选用工序	加工刀具	主轴转速 / ($r \cdot min^{-1}$)	进给率 / ($mm \cdot min^{-1}$)
钻中心孔	钻中心孔	中心钻 6	2000	200
钻 2×ϕ8H7 通孔	钻孔	麻花钻 8	800	80
钻 2×M8 螺纹底孔	钻孔	麻花钻 6.92	800	80
2×M8 螺纹的攻丝	攻丝	丝锥 8	500	500

ϕ8H7 的公差为 $\phi 8_0^{0.015}$，因此我们选用 ϕ8 型号麻花钻进行钻孔。M8 为粗牙螺纹，底孔为 ϕ6.92，螺距为 1。

4.2.3 编程工序的确定

下面以钻 2×ϕ8H7 通孔的加工为例。如图 4-2-2 所示为轴承座未加工孔 *A* 面的效果图，我们接着来加工 2×ϕ8H7 通孔。

图 4-2-2 未加工孔 A 面的效果

加工步骤如下。

1. 钻中心孔

（1）创建刀具。

①单击 创建刀具 图标，进入“创建刀具”界面，选择刀具子类型中的中心钻，在“名称”文本框中输入中心钻的直径大小“C6”作为刀具名称，单击“确定”按钮进入刀具参数设置对话框。

②在“尺寸”区域中的“直径”文本框中填入“6.0000”，在“编号”区域中的“刀具号”“补偿寄存器”两项文本框中填入“1”，如图 4-2-3 所示。单击“确定”按钮完成刀具建立。

（2）创建定心钻加工工序。

①单击 创建工序 图标，弹出“创建工序”对话框，在工序子类型中选择（定心钻）工序。

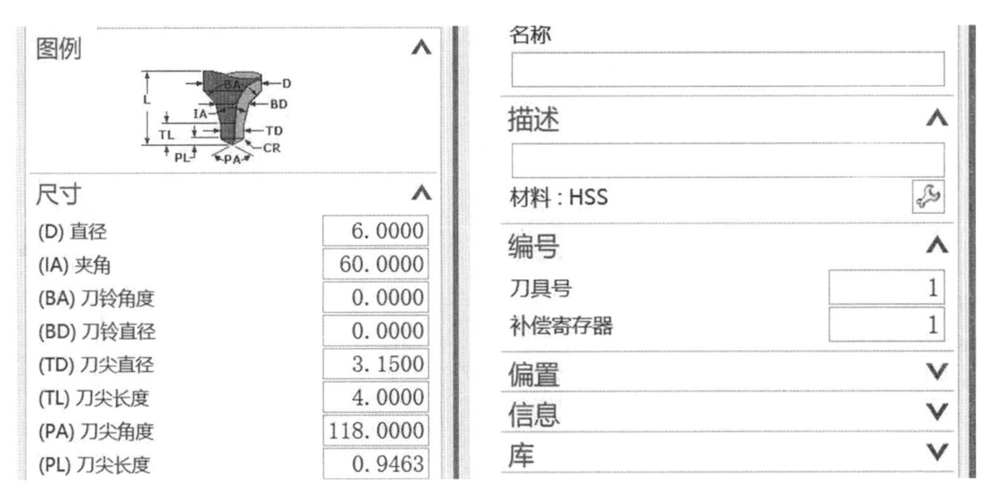

图 4-2-3　刀具参数

②在“位置”区域中，“程序”下拉菜单选择“PROGRAM”选项，“刀具”下拉菜单为“C6（中心钻刀）”选项，“几何体”下拉菜单选择“WORKPIECE”选项，“方法”下拉菜单选择“DRILL_METHOD”选项，如图 4-2-4 所示。单击“确定”按钮进入“定心钻”对话框，如图 4-2-5 所示。

图 4-2-4　工序选择

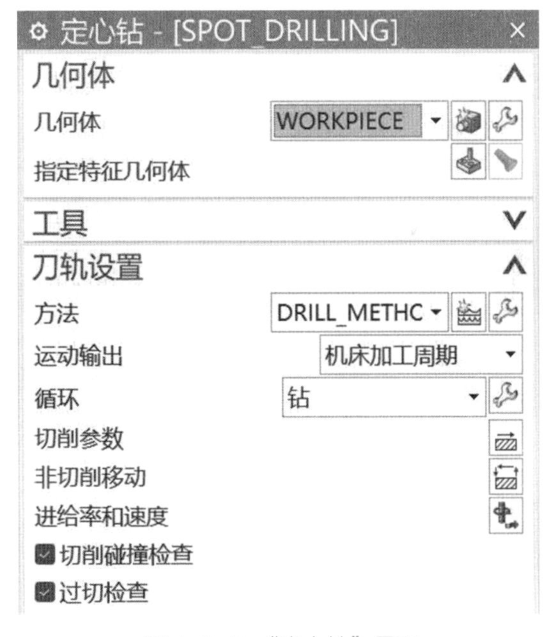

图 4-2-5　“定心钻”界面

③在几何体设置区域中，单击（指定特征几何体）图标，进入“特征几何体”界面，如图 4-2-6 所示。依次选取零件上的所有孔作为特征几何体，如图 4-2-7 所示。在中心孔区域，单击“深度”设置的图标，将数值改为“0.5000”，如图 4-2-8 所示。单击“确定”按钮返回“定心钻”界面，单击（生成）图标，预览刀路，如图 4-2-9 所示。

图 4-2-6 “特征几何体”界面

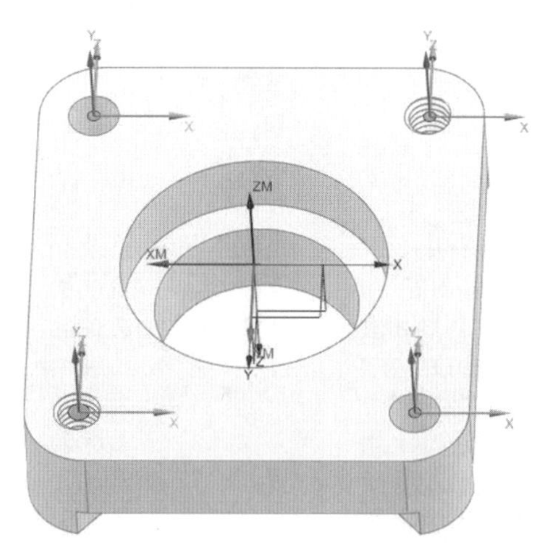

图 4-2-7 孔的选取

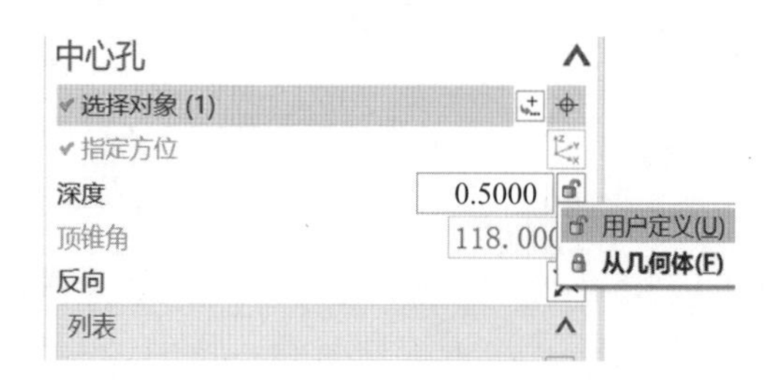

图 4-2-8 加工深度设置

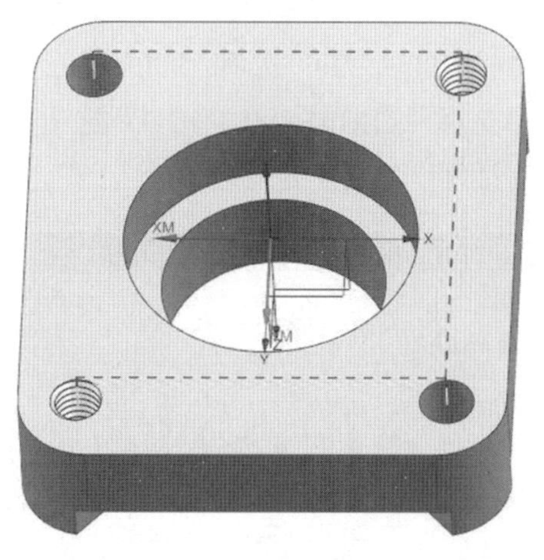

图 4-2-9 刀路预览

④单击“刀轨设置”对话框中的（进给率和速度）图标，进入“进给率和速度”对话框，在“主轴速度”区域中，勾选□图标，在文本框中填入 2000，在“进给率”区域中的“切削”文本框中填入 200，单击图标进行计算，单击“确定”按钮返回“定心钻”界面。

⑤单击“操作”区域中的图标进行计算，再单击图标，进入“刀轨可视化”对话框。单击“3D 动态”图标进行 3D 仿真操作，把“动画速度”调整到 2，便于观察。单击图标进行仿真，如图 4-2-10 所示。确认无误后，单击两次“确定”按钮后完成工序创建。

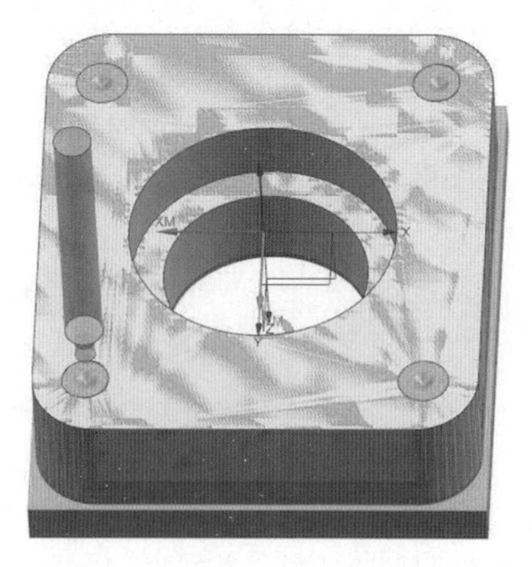

图 4-2-10 加工仿真

2. 钻 2×ϕ8H7 通孔

（1）创建刀具。

①单击创建刀具图标，进入“创建刀具”界面，选择刀具子类型中的麻花钻，在“名称”文本框中输入麻花钻的直径大小“S8”作为刀具名称，单击“确定”按钮进入刀具参数设置对话框。

②在“尺寸”区域中的“直径”文本框中填入“8.0000”，在“编号”区域中“刀具号”“补偿寄存器”两项文本框中填入“2”，如图4-2-11所示。单击“确定”按钮完成刀具建立。

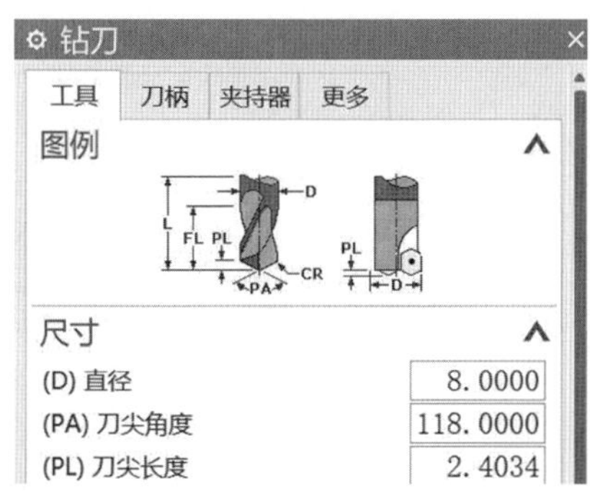

图 4-2-11 刀具参数

（2）创建钻孔加工工序。

①右击SPOT DRILLING 图标，在弹出的工具条中选择“插入”→“工序”选项，在工序子类型中选择（钻孔）工序。

②如图4-2-12所示，在位置区域中，“程序”下拉菜单选择“PROGRAM”选项，“刀具”下拉菜单选择“S8（钻刀）”选项，“几何体”下拉菜单选择“WORKPIECE”选项，“方法”下拉菜单选择“DRILL_METHOD”选项，如图4-2-13所示。单击“确定”按钮进入“钻孔”对话框。

图 4-2-12 工序选择

图 4-2-13 钻孔界面

③在几何体设置区域中，单击（指定特征几何体）按钮，进入“特征几何体”界面，如图 4-2-14 所示。依次选取零件上的孔作为特征几何体，如图 4-2-15 所示。单击“确定”按钮返回“定心钻”界面，单击（生成）按钮，预览刀路，如图 4-2-16 所示。

图 4-2-14 “特征几何体”界面

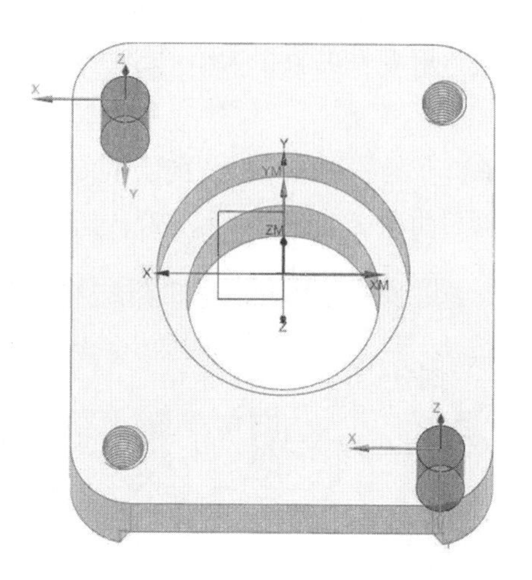
图 4-2-15 孔的选取

④单击“刀轨设置”对话框中的（进给率和速度）图标，进入“进给率和速度”对话框，在“主轴速度”区域中，勾选□图标，在文本框中填入 800，在“进给率”区域中的“切削”文本框中填入 80，单击图标进行计算，单击“确定”按钮返回“钻孔”界面。

⑤单击“操作”区域中的图标进行计算，再单击图标，进入“刀轨可视化”对话框。单击“3D 动态”图标进行 3D 仿真操作，把“动画速度”调整到 2，便于观察。单击图标进行仿真，如图 4-2-17 所示。确认无误后，单击两次“确定”按钮后完成工序创建。

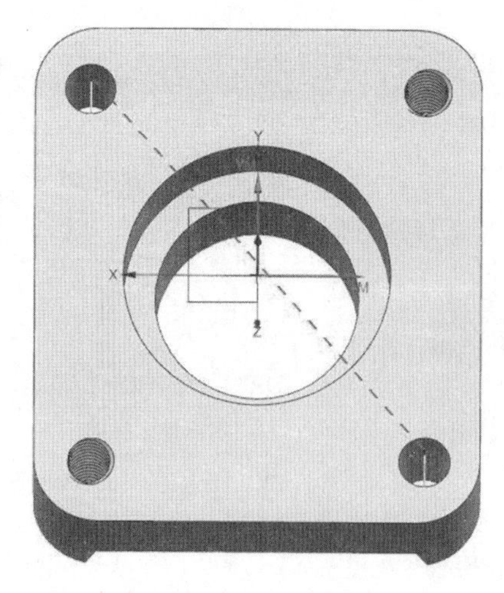
图 4-2-16 刀轨预览

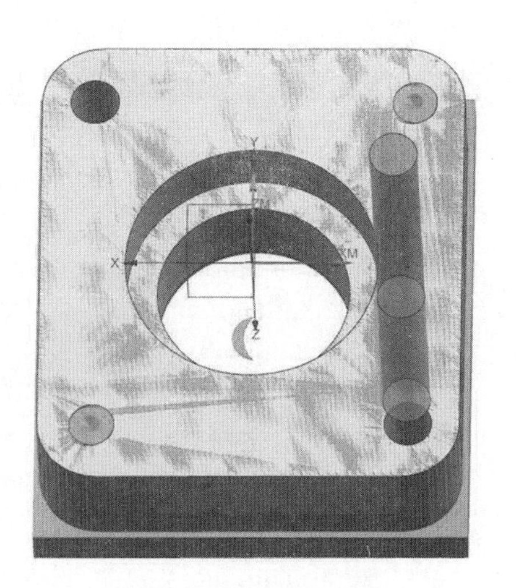
图 4-2-17 仿真加工

思考

是否能在反面 B 面进行 $2\times\phi8H7$ 通孔和 $2\times M8$ 螺纹孔的加工？请分析具体原因。

4.2.4　工件的检测与改进

数控车铣加工职业技能等级（中级）实操考核试题附带的考核评分表如图 4-2-18 所示。我们可以通过常用内径千分尺（量程 0~25 mm）和游标卡尺（量程 0~100 mm）进行测量，把测量的实际值填入评分表中，计算出得分。如果无得分，认真分析原因。

数控车铣加工职业技能等级标准（中级）评分表–座承座零件

试题编号				考生代码				配分	40	
场　次			工位编			工件编		成绩小计		
序号	配分	尺寸类型	公称尺寸	上偏差	下偏差	上极限尺寸	下极限尺寸	实际尺寸	得分	备注
A–主要尺寸										
11	1	Ø	80	0.015	-0.015	80.015	79.985			
12	3	M8	8	0	0	8	8			
13	3	Ø	8	0.015	0	8.015	8			

图 4-2-18　考核评分表

4.2.5　“1+X”证书项目习题

大家在 4.2.3 中，学习了零件轴承座中的 $2\times\phi8H7$ 通孔的孔加工工艺与编程，请根据零件轴承座图 4-2-1 以及加工工艺表 4-2-2，完成 $2\times M8$ 螺纹孔的孔加工编程，加工效果如图 4-2-19 所示。

表 4-2-2　加工工艺表

加工步骤	加工方式	加工刀具	主轴转速 / $(r\cdot min^{-1})$	进给率
钻 $2\times M8$ 螺纹底孔	钻孔	麻花钻 6.92	800	80 $(mm\cdot min^{-1})$
$2\times M8$ 螺纹的攻丝	攻丝	丝锥 8	500	1 $(mm\cdot r^{-1})$

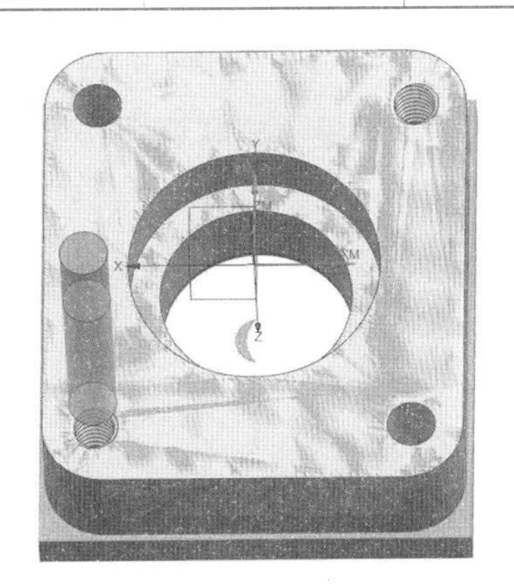

图 4-2-19　加工效果

学思践悟

首批“中国质量工匠”——巩鹏

巩鹏，男，中共党员，中国航天科工三院33所钳工，高级技师，国防科技工业有突出贡献中青年专家。他主要承担导弹武器控制系统关键件的加工和生产任务。巩鹏设计制造80余套工装和加工设备，提高工效从几倍到几十倍不等；技术革新20余项；排除产品故障数十起，直接和间接创造经济效益近2000万元。

导弹技术太高新、太尖端，很多零部件的加工无法通过自动化机床来生产，必须手工打造、研磨、精制，这些零部件的加工精度直接决定着国防武器装备的精准度。质量是考验工人的技术、经验以及大脑支配双手操作能力的综合体现。有些小零件的研磨平面精度要求达到机器都无法完成的12级。12级是什么概念？就是一面镜子！

巩鹏尝试着摸索研磨方法、改进研磨环境及设备，经过无数次尝试，成功发明了一个研磨“秘方”，再辅以特殊的研磨工具和手法，被大家称作“巩氏研磨法”，终于达到技术指标要求，而且合格率由外协厂家的50%提高到近100%。由于攻克了平面精密研磨技术难关，所以确保了产品质量，大大提高了生产效率，满足了多个型号急迫的批量生产需求。

为攻克某重点型号产品中的D型孔加工工艺，巩鹏潜心研究，改进钳工研磨方法，将成品合格率由原来的50%提高到99%；某产品罩盖设计结构复杂，一件产品往往需要数天才能加工完成，而且尺寸的一致性和产品质量都难以保证。经过3个多月日夜奋战，巩鹏熬红双眼，发现了新的加工方法，省去6道加工工序，降低了劳动强度，提高工效近50倍，提高了产品质量。

依靠独特的平面精密研磨技术，巩鹏所在单位完成了多个型号加速度计的研制和批产，技术指标在国内外惯导产品占据领先地位。因其性能稳定、质量可靠，先后11次助力神舟系列飞船飞行任务取得圆满成功，也为圆满完成飞船与“天宫”目标飞行器交会对接、“嫦娥三号”精准落月、探月三期再入返回等飞行试验任务立下功劳。

这位从1988年开始与板锉、钻头等加工器具“厮守”的普通钳工，如今已经是享誉行业内外的“大国工匠”。在30年的职业生涯中，巩鹏用默默的坚守和非凡的成绩，书写了一段从学徒到钳工拔尖人才、再到质量工匠精神传承者的传奇人生，成为中国航天技能人才的代表，也为千千万万追求极致质量、锤炼卓越技能的人们树立了一个典范。

（来源：央视网，2022年10月28日）

项目 5

车削加工

学习目标

知识目标

1. 了解车削加工工序制订的思路。
2. 熟悉车削加工类型及操作方法、技巧。
3. 熟悉车削加工参数的设置。

技能目标

1. 掌握 UG NX 12.0 软件车削编程步骤。
2. 掌握内外车削零件的加工工序和加工参数。
3. 掌握“1+X”证书（中级）训练题的编程技巧及流程。
4. 能独立对加工零件进行车削加工编程，且加工零件精度达到“1+X”证书（中级）的评分标准。

素质目标

1. 深刻体会知行合一在数控加工中的重要性。
2. 培养力求最优的编程思路，具备“1+X”证书（中级）所需的职业素养和规范意识。
3. 培养具有职业操守、工匠精神的高技能人才。

项目概述

轴类零件是机械加工零件中经常遇到的典型零件之一，根据轴类零件的结构形式不同，一般分为光轴、阶梯轴和异形轴三种，还可分为实心轴、中空轴等。轴类零件用于支撑齿轮、皮带轮等传动部件，传递扭矩和动力。特别是轴类零件中的传动轴，是汽车传动系统中传递动力的重要部件，它的作用是与变速箱、驱动桥一起将发动机的动力传递给车轮，使汽车产生驱动力。中国已经发展成为传动轴制造大国，但还不是制造强国，大部分核心制造技术被发达国家企业控制。因此传动轴制造水平的提高迫在眉睫，它关乎着我国汽车产业的制造技术水平能否提高。下面以传动轴类零件的车削加工编程为例进行介绍。

车削加工模块包含了面加工、外径粗车、退刀粗车、内径粗镗、退刀粗镗、外径精车、内径精镗、外径开槽、内径开槽等工序。车削加工模块提供了零件外轮廓和内孔外形粗精加工、退刀槽加工和螺纹加工等工序的编程。相较于手工编程，编程人员对复杂形状的零件进行自动编程更容易且更便捷。

任务 5.1 车削加工类型及操作

在“应用模块”中单击 加工 （加工）图标后，选择“ turning”工序，如图 5-1-1 所示。

当我们单击 （创建工序）后，系统会弹出如图 5-1-2 所示的“创建工序”对话框。它提供了所有车削加工工序的类型，下面对各个工序类型进行简单介绍。

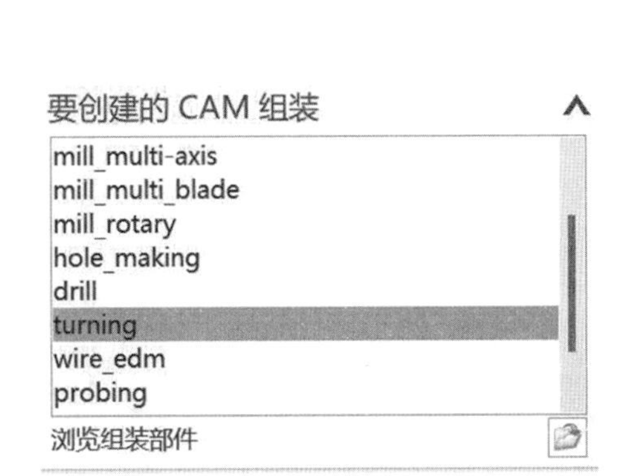

图 5-1-1　CAM 模块选择

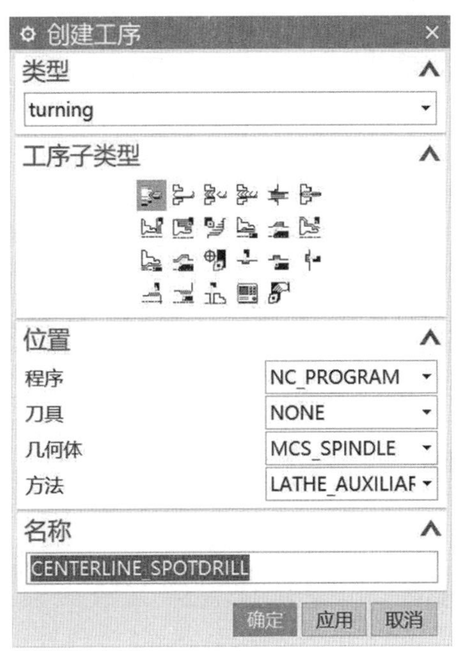

图 5-1-2　“创建工序”对话框

车削加工工序子类型如下。

（FACING）：面加工。

（ROUGH_TURN_OD）：外径粗车。

（ROUGH_BACK_TURN）：退刀粗车。

（ROUGH_BORE_ID）：外径粗镗。

（ROUGH_BACK_BORE）：退刀粗镗。

（FINISH_TURN_OD）：外径精车。

（FINISH_BORE_ID）：内径精镗。

（FINISH_BACK_BORE）：退刀精镗。

（GROOVE_OD）：外径开槽。

（GROOVE_ID）：内径开槽。

（THREAD_OD）：外径螺纹铣。

（THREAD_ID）：内径螺纹铣。

5.1.1　简单外轮廓车削加工

在数控车床上经常加工类似中间轴的轴类零件，其外轮廓加工一般为外圆加工端面加

简单外轮廓车削加工

工、锥面加工及圆弧轮廓加工，这些分别是是零件加工的基本步骤和前期工步。外轮廓车削加工主要包括外径粗车、退刀粗车、外径精车、外径开槽、外径螺纹铣等工序。

下面以如图 5-1-3 所示轴类零件的加工为例进行介绍。

加工步骤如下。

1. 外径粗车

（1）进入加工模块。

①打开如图 5-1-3 所示的“加工零件”建模文件。

②在“应用模块”功能选项卡中单击（加工）图标，在弹出的“加工环境”对话框中的“要创建的 CAM 组装”模块选择“turning”选项，如图 5-1-4 所示，再单击“确定”按钮。

图 5-1-3　加工零件

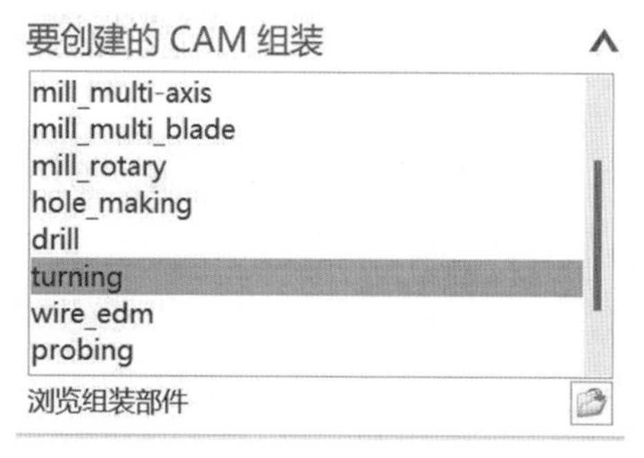

图 5-1-4　CAM 模块选择

（2）创建几何体模块。

①单击（几何视图）图标，进入几何视图界面。双击 MCS_SPINDLE 图标，弹出“MCS 主轴”对话框。

②单击零件右端面的外圆，自动捕捉圆心成为坐标系原点，如图 5-1-5 所示。绕着 Y 轴逆时针旋转坐标轴 270°，得到如图 5-1-6 所示的机床坐标系。

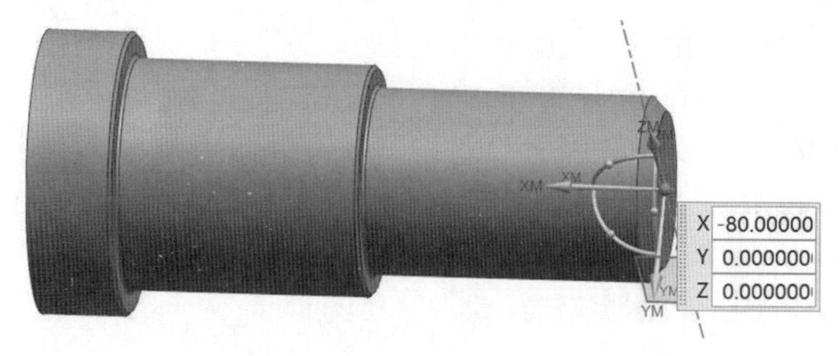

图 5-1-5　加工原点的设置

在“MCS 主轴”对话框中的“车床工作平面”模块的指定平面选项选择“ZM-XM”选项，如图 5-1-7 所示。单击“确定”按钮完成安全平面的设置。

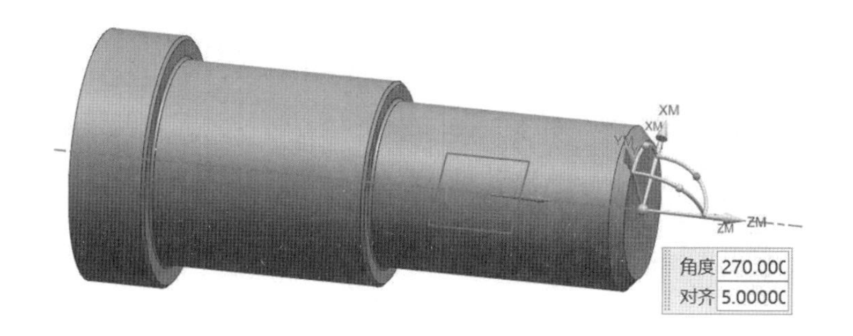

图 5-1-6　安全平面的设置

（3）创建毛坯几何体。

①单击 MCS_MILL 图标中的“+”，展开列表。双击 WORKPIECE 图标，弹出“工件”对话框。

②单击（指定部件）图标，弹出“部件几何体”对话框，选取加载零件作为加工最终部件，并单击“确定”按钮返回“工件”对话框。

③双击 TURNING_WORKPIECE 图标，弹出“车削工件”对话框，单击“指定毛坯边界”对话框右侧的图标，进入“毛坯边界”对话框，单击（指定点）图标，选取左侧端面外圆，自动捕捉圆心作为安装原点，如图 5-1-8 所示。在“长度”文本框中输入“86.0000”，在“直径”文本框中输入“40.0000”，如图 5-1-9 所示。

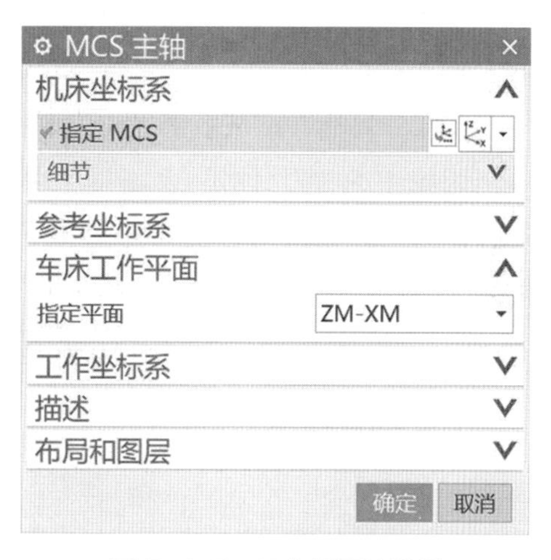

图 5-1-7　工作平面的设置

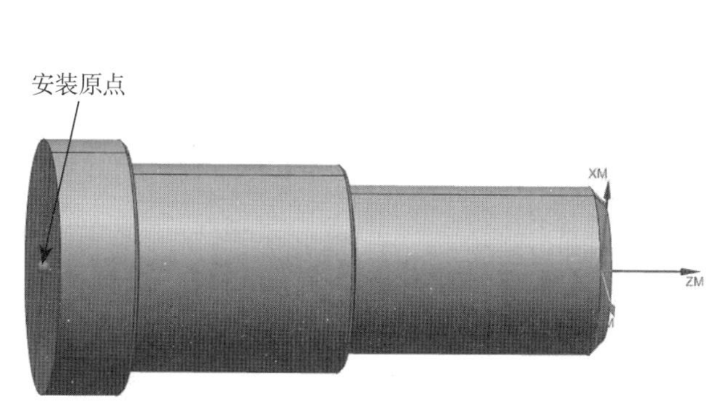

图 5-1-8　安装原点设置

图 5-1-9　毛坯参数的设定

④单击（显示）图标，观察设置的部件和毛坯是否符合要求，如图 5-1-10 所示。

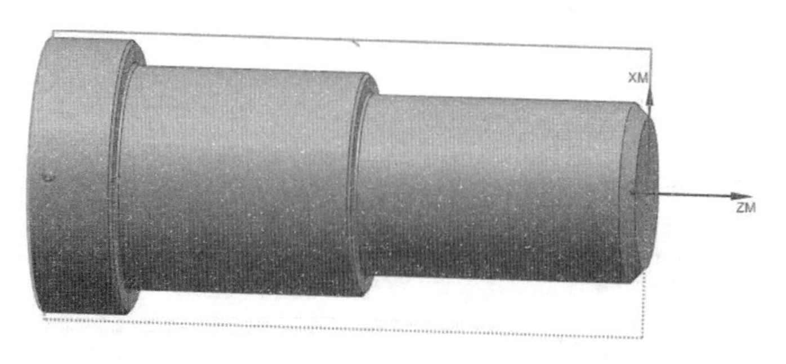

图 5-1-10　毛坯几何体

（4）创建刀具。

①单击创建刀具图标，进入“创建刀具”界面，选择刀具子类型中的车刀，在“名称”文本框中输入“外圆刀 _80_L”作为刀具名称，单击“确定”按钮进入刀具参数设置对话框。

②在“尺寸”区域中的“刀尖半径”文本框中填入实际加工车刀的外圆半径，在“编号”区域中的“刀具号”文本框中填入“1”，如图 5-1-11 所示。在跟踪界面，设置补偿寄存器为“1”，刀具补偿寄存器为“1”，如图 5-1-12 所示。单击“确定”按钮完成刀具建立。

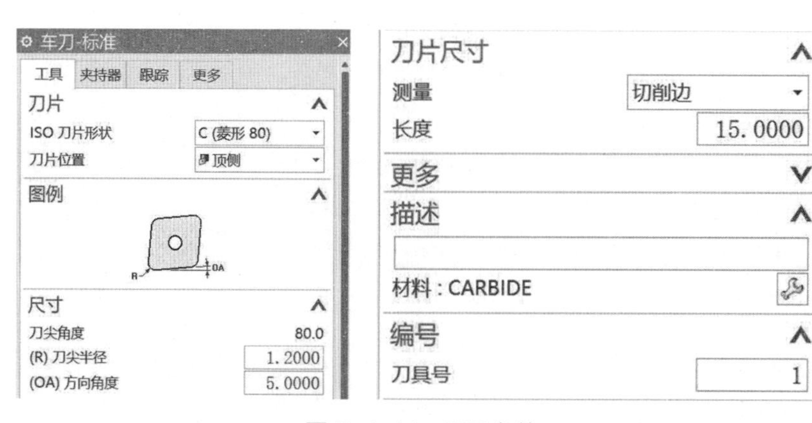

图 5-1-11　刀具参数

（5）创建外径粗车加工工序。

①单击创建工序图标，弹出“创建工序”对话框，在工序子类型中选择（外径粗车）工序。

②在“位置”区域中，“程序”下拉菜单选择“PROGRAM”选项，“刀具”下拉菜单选择“外圆刀 _80_L（车刀）”选项，“几何体”下拉菜单选择“TURNING_WORKPIECE”选项，“方法”下拉菜单选择“LATHE_ROUGH”选项，如图 5-1-13 所示。单击“确定”按钮进入“外径粗车”对话框，如图 5-1-14 所示。

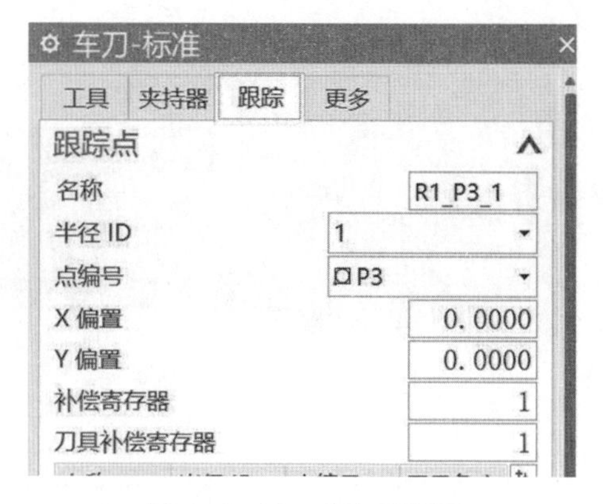

图 5-1-12　寄存器设置

图 5-1-13　工序选择

图 5-1-14　外径粗车界面

③在“刀轨设置”对话框中，设置步进的“切削深度”模式为“恒定”选项，“深度”文本框设置为“2.0000”，如图 5-1-15 所示。

④单击“刀轨设置”对话框中的▨（切削参数）图标，进入“切削参数”对话框，在“粗加工余量”区域中，设置“面”余量为“0.3000”，“径向”余量为“0.3000”。在“公差”区域，设置“内公差”和“外公差”均为“0.0100”，如图 5-1-16 所示。单击“确定”按钮返回“外径粗车”界面。

图 5-1-15　刀轨设置界面

图 5-1-16　切削参数设置

⑤单击“刀轨设置”对话框中的▨（非切削移动）图标，进入“非切削移动”→“逼近”界面，如图 5-1-17 所示。设置“出发点”区域的“点选项”为“指定”选项，单击

(指定点)图标，设置“输出坐标”区域中的“参考”为“WCS”选项，“XC”为50，“YC”为50，如图5-1-18所示。单击“确定”按钮返回“非切削移动”界面。在“工件安全距离”设置区域把“径向安全距离”文本框修改中的内容为“0.0000”，“轴向安全距离”文本框中的内容修改为“0.0000”，如图5-1-19所示。

图5-1-17 逼近界面

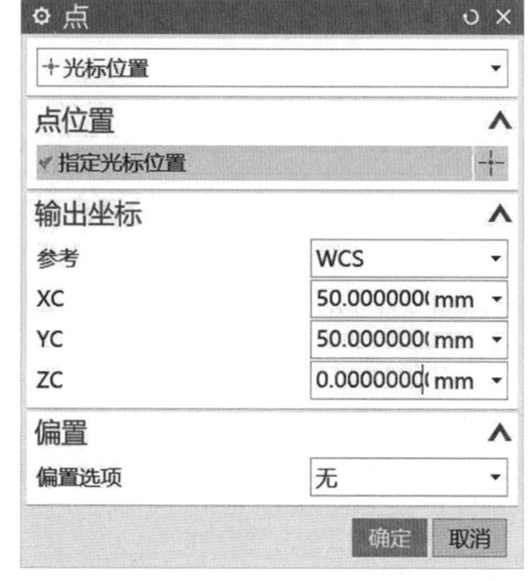

图5-1-18 逼近点设置

⑥单击“刀轨设置”对话框中的(进给率和速度)图标，进入“进给率和速度”对话框，在“主轴速度”区域中，将输出模式设置为RPM，勾选□主轴速度图标，在文本框中填入“600.0000”，在“进给率”区域中的“切削”文本框中填入“100.0000”，把切削模式设置为“mmpm”选项，如图5-1-20所示。单击“确定”按钮返回“外径粗车”界面。单击图标进行计算，预览刀轨，如图5-1-21所示。

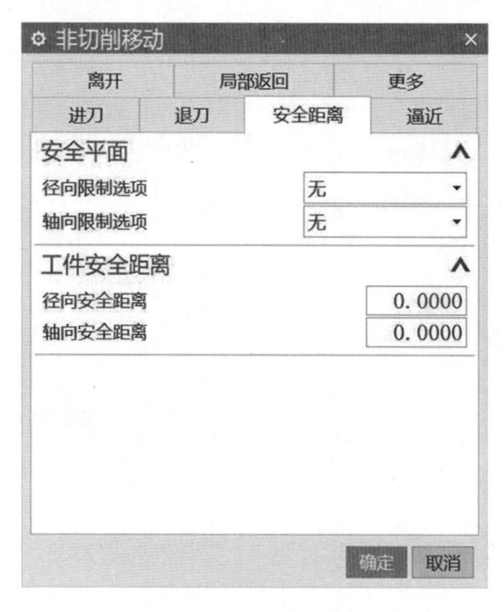

图5-1-19 安全距离设置

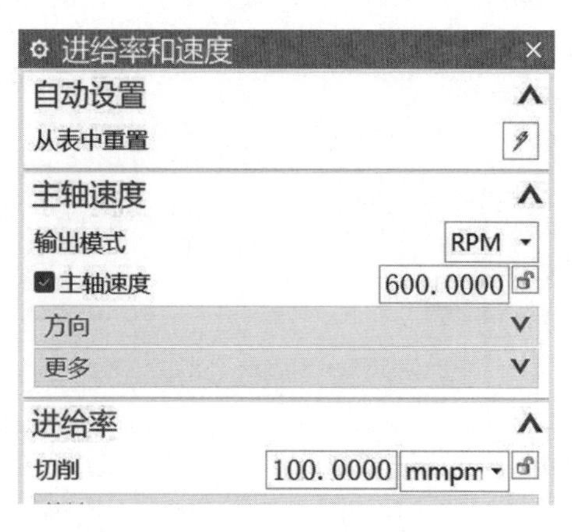

图5-1-20 进给率和速度设置

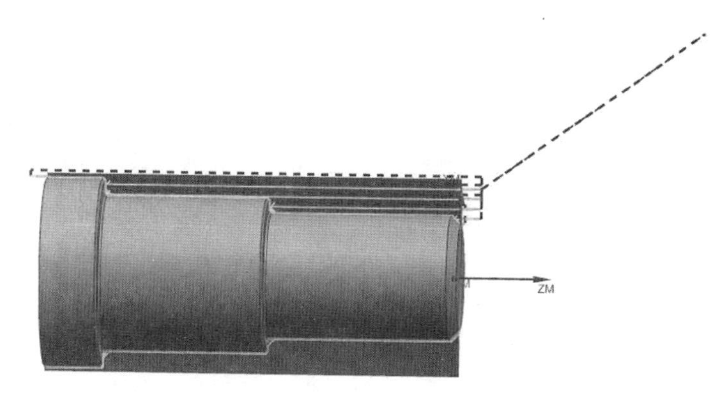

图 5-1-21　刀轨预览

⑦单击“操作”区域中的图标进行计算，再单击图标，进入“刀轨可视化”对话框。单击“3D 动态”图标进行 3D 仿真操作，把“动画速度”调整到“2”，便于观察。单击图标进行仿真，如图 5-1-22 所示。确认无误后，单击两次“确定”按钮后完成工序创建。

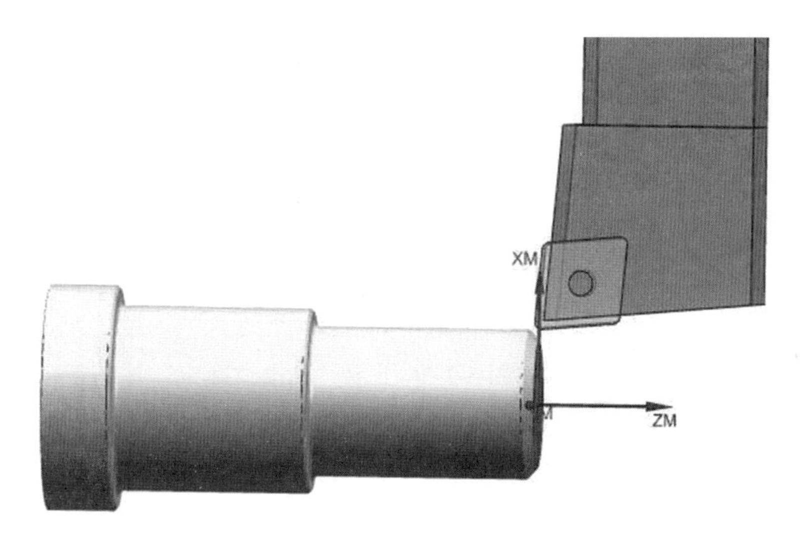

图 5-1-22　加工仿真

2. 外径精车

（1）右击 外径粗车（外径粗车）工序图标，通过工具条插入工序，进入“创建工序”界面。在工序子类型中选择（外径精车）工序。

（2）在“位置”区域中，“程序”下拉菜单选择“ PROGRAM”选项，“刀具”下拉菜单选择“外圆刀 _80_L（车刀)”选项，“几何体”下拉菜单选择“ TURNING_WORKPIECE”选项，“方法”下拉菜单选择“ LATHE_FINISH”选项，如图 5-1-23 所示。单击“确定”按钮进入“外径精车”对话框，如图 5-1-24 所示。

（3）单击“刀轨设置”对话框中的（非切削移动）图标，进入“非切削移动”界面。在“进刀”界面，设置“进刀类型”为“线形 - 相对于切削”选项，“长度”文本框改为

“5.0000”，“延伸距离”文本框改为“1.0000”，如图 5-1-25 所示。单击“确定”按钮返回“外径精车”界面。

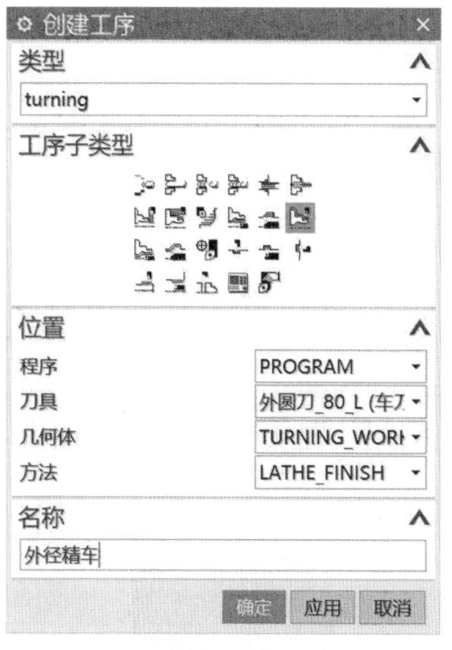

图 5-1-23　工序选择

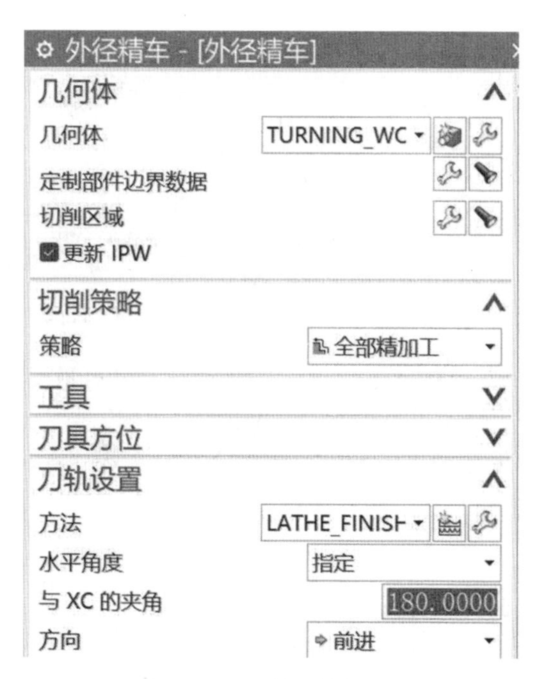

图 5-1-24　外径精车界面

（4）单击“刀轨设置”对话框中的（进给率和速度）图标，进入“进给率和速度”对话框，在“主轴速度”区域中，将输出模式设置为 RPM，勾选☐主轴速度图标，在文本框填入“1000.0000”，在“进给率”区域中的“切削”文本框中填入“60.0000”，把切削模式设置为“mmpm”选项，如图 5-1-26 所示。单击“确定”按钮返回“外径粗车”界面。单击图标进行计算，预览刀路，如图 5-1-27 所示。

图 5-1-25　进刀参数设置

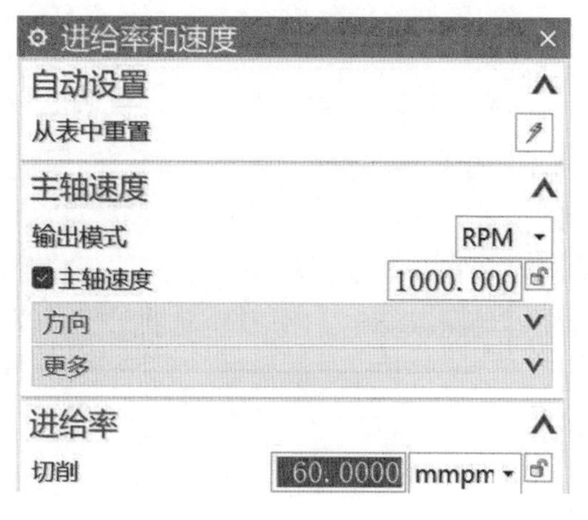

图 5-1-26　进给率和速度设置

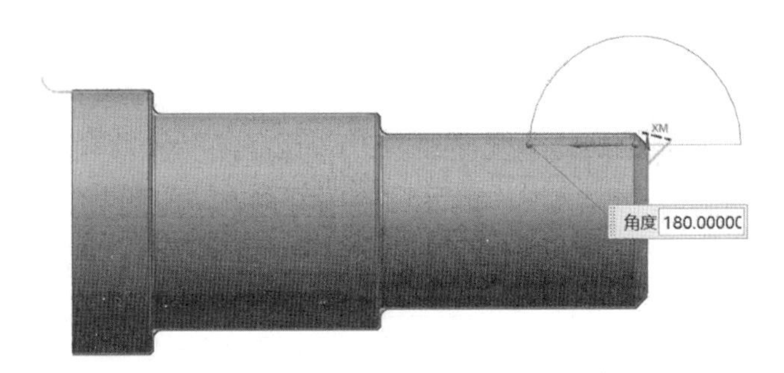

图 5-1-27　刀轨预览

（5）仿真。单击“操作”区域中的图标进行计算，再单击图标，进入“刀轨可视化”对话框。单击“3D 动态”图标进行 3D 仿真操作，把“动画速度”调整到 2，便于观察。单击图标进行仿真，如图 5-1-28 所示。确认无误后，单击两次“确定”按钮后完成工序创建。

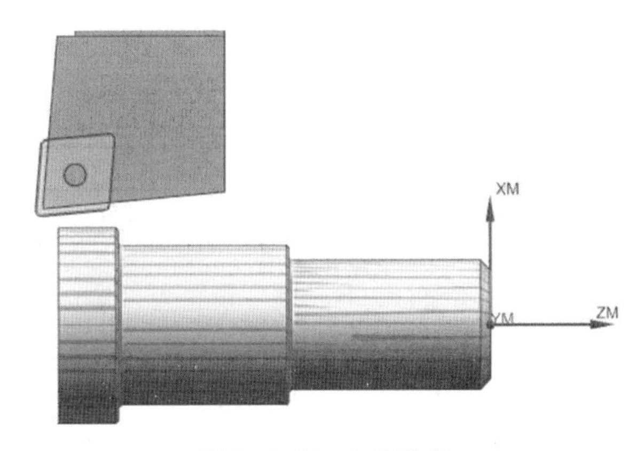

图 5-1-28　加工仿真

5.1.2　复杂外轮廓车削加工

对复杂外轮廓零件用外径粗车工序进行粗加工，由于零件中间具有凹槽，左偏外圆刀具加工时与零件发生干涉，导致无法对全部形状开粗。因此，我们需要利用右偏外圆刀对零件的反方向进行二次开粗，去除余量。

下面以如图 5-1-29 所示零件的加工为例进行介绍。

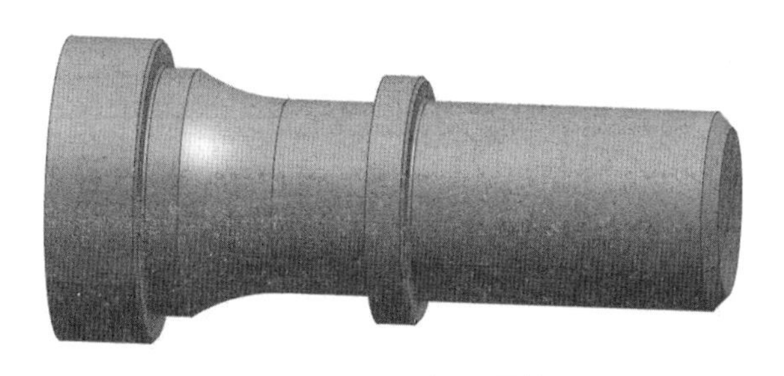

图 5-1-29　加工零件

复杂外轮廓车削加工

1. 外径粗车

加工步骤如下。

（1）参考之前外径开粗工序的做法，对加工零件进行第一次外径开粗，加工效果如图 5-1-30 所示。

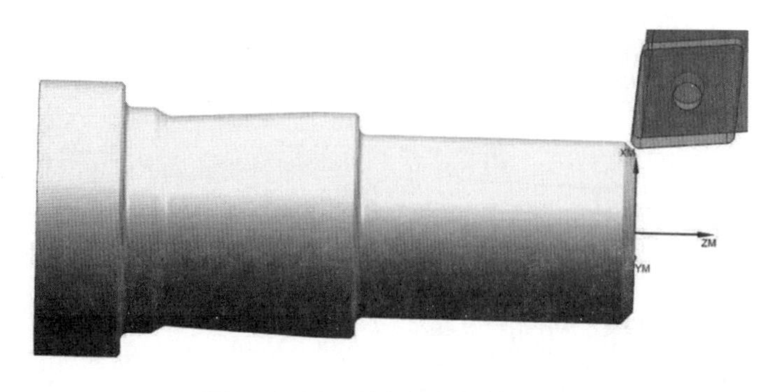

图 5-1-30　外径粗加工效果图

（2）创建刀具。

①单击 创建刀具 图标，进入“创建刀具”界面，选择刀具子类型中的右偏车刀，在“名称”文本框中输入“外圆刀 _35_R”作为刀具名称，单击“确定”按钮进入刀具参数设置对话框。

②在“刀片”设置区域，把“ISO 刀片形状”设置为“V（菱形 35）”选项。在“尺寸”区域中的“刀尖半径”文本框中填入实际加工车刀的外圆半径，“方向角度”文本框填入“90.0000”。在“编号”区域中的“刀具号”文本框中填入“2”，如图 5-1-31 所示。在跟踪界面，设置补偿寄存器为“2”，刀具补偿寄存器为“2”，如图 5-1-32 所示。单击“确定”按钮完成刀具建立。

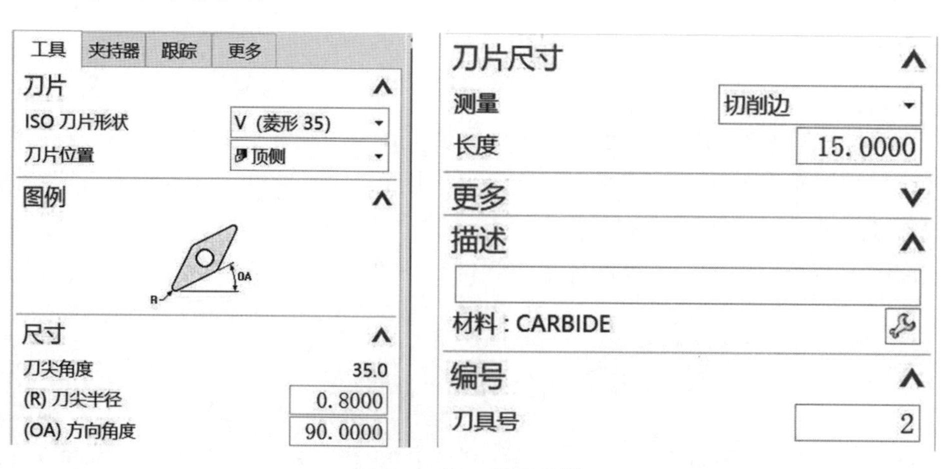

图 5-1-31　刀具参数

（3）创建退刀粗车加工工序。

①右击 外径粗车 图标，通过弹出的工具条插入工序，在工序子类型中选择（退刀

粗车）工序。

② 在“位置”区域中，“程序”下拉菜单选择“PROGRAM”选项，“刀具”下拉菜单选择“外圆刀_35_R（车刀）”选项，“几何体”下拉菜单选择“TURNING_WORKPIECE”选项，“方法”下拉菜单选择“LATHE_ROUGH”选项，如图 5-1-33 所示。单击“确定”按钮进入“退刀粗车”对话框，如图 5-1-34 所示。

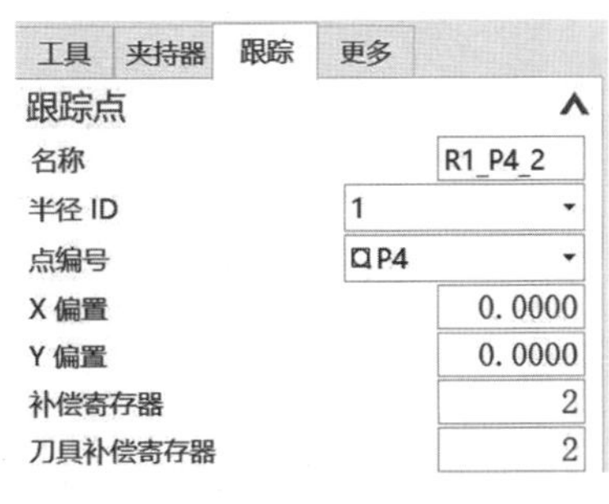

图 5-1-32　寄存器设置

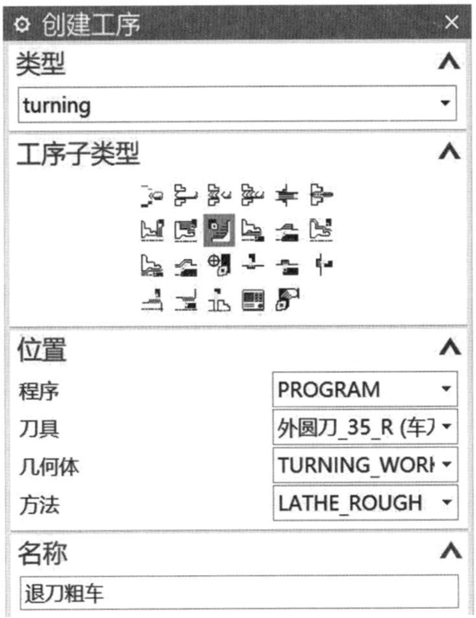

图 5-1-33　工序选择

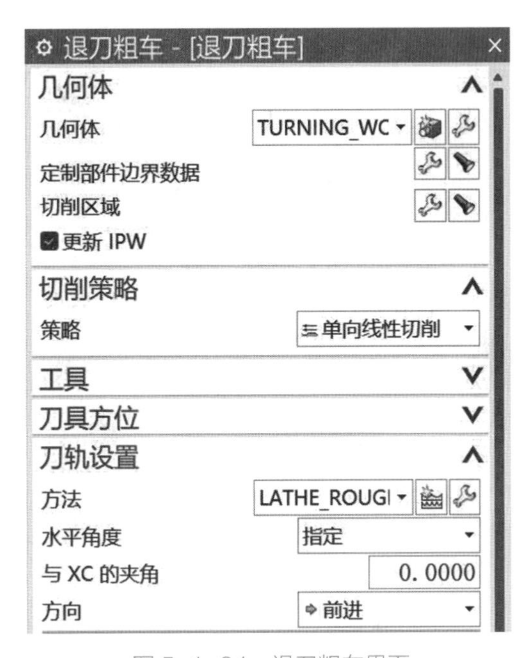

图 5-1-34　退刀粗车界面

③在刀轨设置对话框中，“步进”界面的“切削深度”下拉菜单选择“恒定”选项，“最大距离”文本框设置为“1.5.000”，如图 5-1-35 所示。

④单击“刀轨设置”对话框中的（切削参数）图标，进入“切削参数”对话框，在“粗加工余量”区域中，设置“面”余量为“0.3000”，“径向”余量为“0.3000”。在“公差”设置区域，设置“内公差”和“外公差”均为“0.0100”，如图 5-1-36 所示。单击“确定”按钮返回“退刀粗车”界面。

⑤单击“刀轨设置”对话框中的（非切削移动）图标，进入“非切削移动”→“逼近”界面，如图 5-1-37 所示。设置“出发点”区域的“点选项”为“指定”选项，单击（指定点）图标，“输出坐标”区域的“参考”下拉菜单选择“WCS”选项，“XC”文本框改为 50，“YC”文本框改为 50，如图 5-1-38 所示。单击“确定”按钮返回“非切削移动”界面。在“安全距离”设置界面中的“工件安全距离”设置区域，把“径向安全距离”文本框改为“0.0000”，“轴向安全距离”文本框改为“0.0000”，如图 5-1-39 所示。

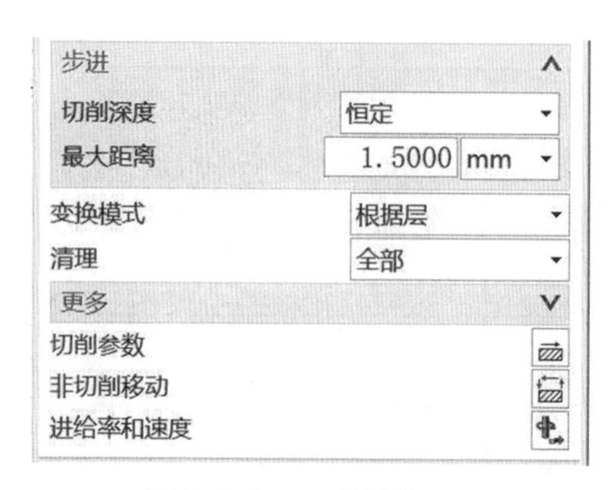

图 5-1-35 刀轨设置界面

图 5-1-36 切削参数设置

图 5-1-37 逼近界面

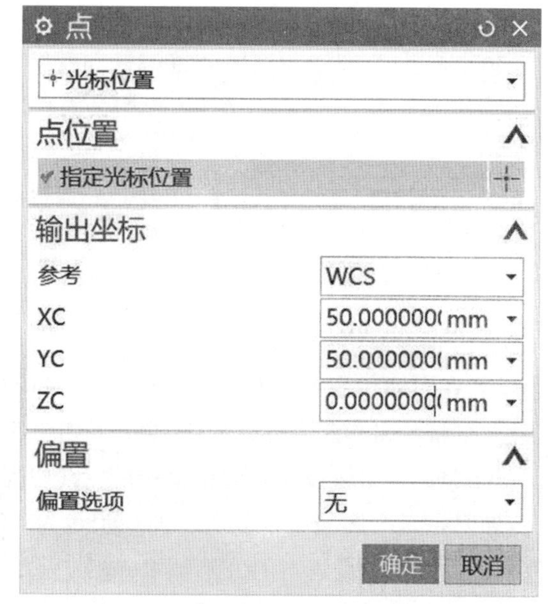

图 5-1-38 逼近点设置

⑥单击“刀轨设置”对话框中的（进给率和速度）图标，进入“进给率和速度”对话框，在“主轴速度”区域中，将输出模式设置为 RPM，勾选☐主轴速度图标，在文本框中填入“600.0000”，在“进给率”区域中的“切削”文本框中填入“100.0000”，把切削模式设置为“mmpm”选项，如图 5-1-40 所示。单击“确定”按钮返回“退刀粗车”界面。单击图标进行计算，预览刀轨，如图 5-1-41 所示。

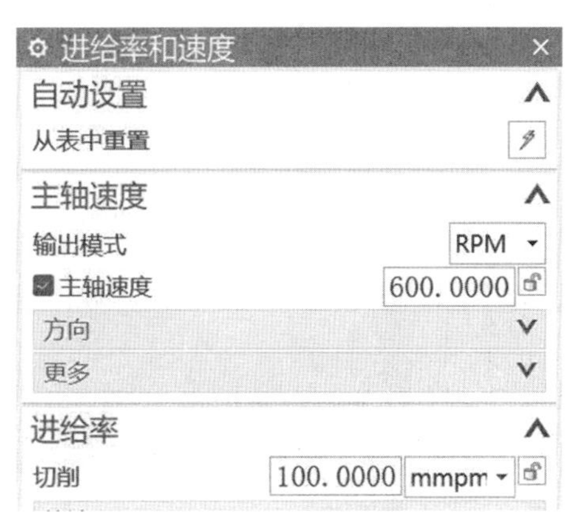

图 5-1-39　安全距离设置

图 5-1-40　进给率和速度设置

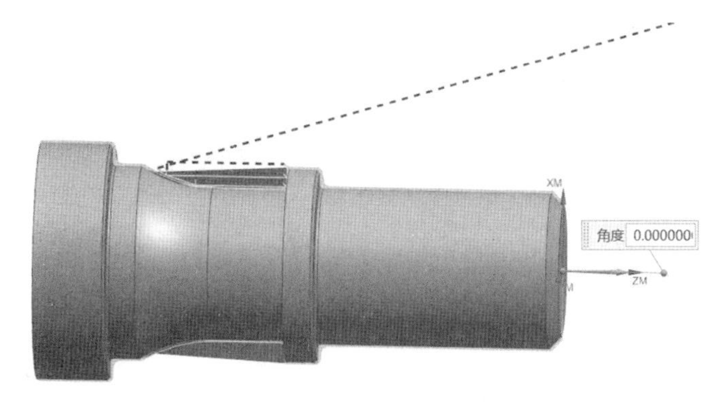

图 5-1-41　刀轨预览

⑦单击“操作”区域中的图标进行计算，再单击图标，进入“刀轨可视化”对话框。单击“3D 动态”图标进行 3D 仿真操作，把“动画速度”调整到 2，便于观察。单击图标进行仿真，如图 5-1-42 所示。确认无误后，单击两次“确定”按钮后完成工序创建。

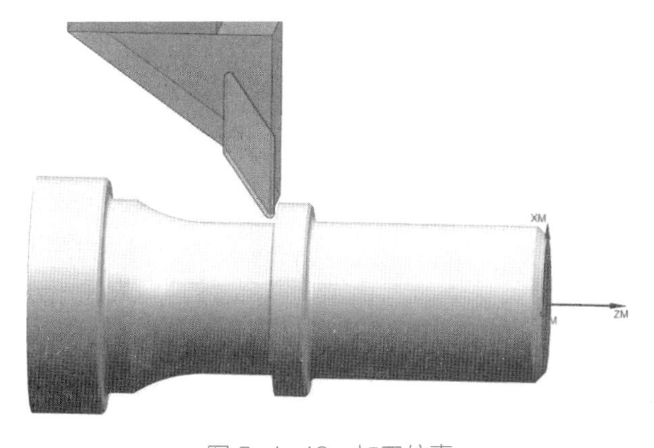

图 5-1-42　加工仿真

2. 外径精车

选用切槽刀（3 号刀）对零件进行“外径精车”工序精加工。具体步骤可参考之前的内容，精加工效果如图 5-1-43 所示。

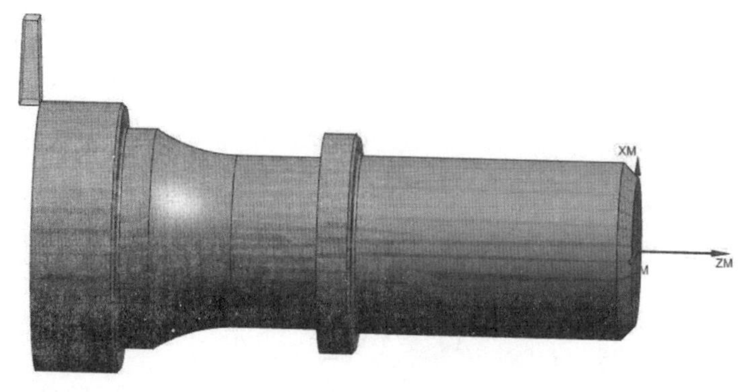

图 5-1-43　精加工效果

5.1.3　外径开槽车削加工

为了在加工时便于退刀，且保证在装配时与相邻零件靠紧，所以在台肩处应加工出退刀槽。退刀槽和越程槽是在轴的根部和孔的底部做出的环形沟槽。沟槽的作用：一是保证加工到位，二是保证装配时相邻零件的端面靠紧。

下面以，图 5-1-44 所示零件的加工为例进行介绍。

外径开槽车削加工

图 5-1-44　加工零件

加工步骤如下。

1. 外径开粗和外径精车工序

第一步参考之前的外径开粗和外径精车工序的做法，对加工零件进行外形加工，加工效果如图 5-1-45 所示。

2. 创建刀具

（1）单击 创建刀具 图标，进入“创建刀具”界面，选择刀具子类型中的槽刀，在“名称”文本框中输入“3 mm 槽刀”作为刀具名称，单击“确定”按钮进入刀具参数设置对话框。

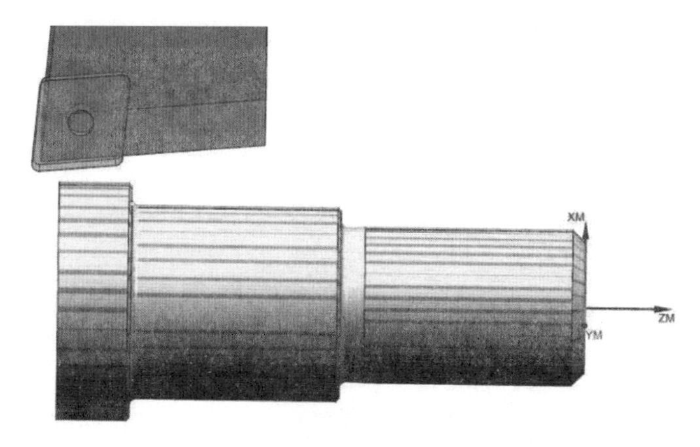

图 5-1-45　外形加工效果图

（2）在“尺寸”区域中的“刀片宽度”文本框中填入“3.0000”，“半径”文本框填入实际加工车刀的外圆半径。在“编号”区域中的“刀具号”文本框中填入“2”，如图 5-1-46 所示。在跟踪界面，设置补偿寄存器为“2”，刀具补偿寄存器为“2”，如图 5-1-47 所示。单击“确定”按钮完成刀具建立。

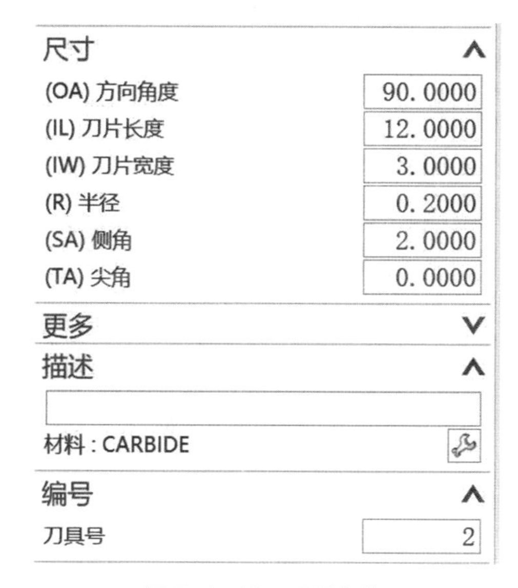

图 5-1-46　刀具参数

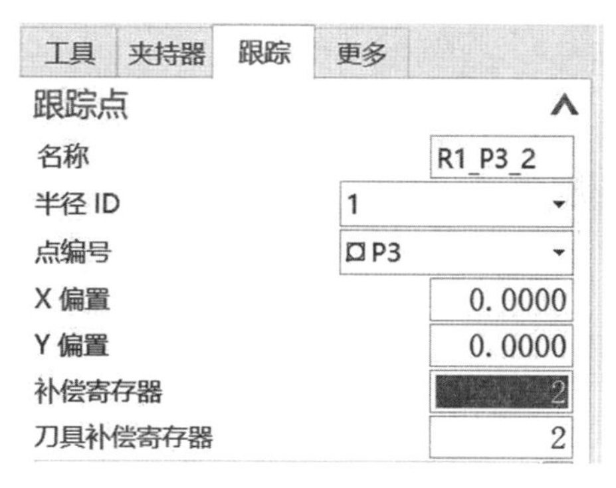

图 5-1-47　寄存器设置

3. 创建外径开槽加工工序

（1）右击 外径精车 图标，通过弹出的工具条插入工序，在工序子类型中选择（外径开槽）工序。

（2）在“位置”区域中，“程序”下拉菜单选择“PROGRAM”选项，“刀具”下拉菜单选择“3MM 槽刀（槽刀 - 标准）”选项，“几何体”下拉菜单选择“TURNING_WORKPIECE”选项，“方法”下拉菜单选择“LATHE_FINISH”选项，如图 5-1-48 所示。单击“确定”按钮进入“外径开槽”对话框，如图 5-1-49 所示。

图 5-1-48 工序选择

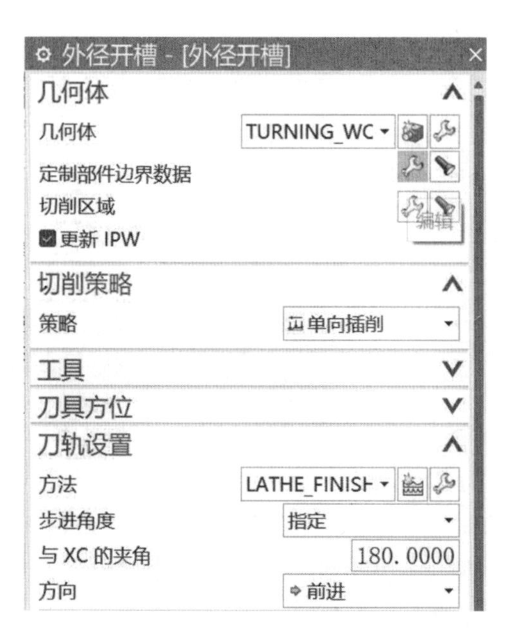

图 5-1-49 外径开槽界面

（3）在刀轨设置区域中，设置“步距”的模式为“恒定”选项，“距离”设置为“2.5000 mm”，如图 5-1-50 所示。

（4）单击“刀轨设置”对话框中的（非切削移动）图标，进入“非切削移动”→“逼近”界面，如图 5-1-51 所示。“出发点”区域的“点选项”下拉菜单选择“指定”选项，按击（指定点）图标，“输出坐标”区域的“参考”下拉菜单选择“WCS”选项，“XC”文本框改为 50，“YC”文本框改为 50，如图 5-1-52 所示。单击“确定”按钮返回“非切削移动”界面。在“安全距离”设置界面中的“工件安全距离”区域，把“径向安全距离”文本框改为“0.0000”，“轴向安全距离”文本框改为“0.0000”，如图 5-1-53 所示。

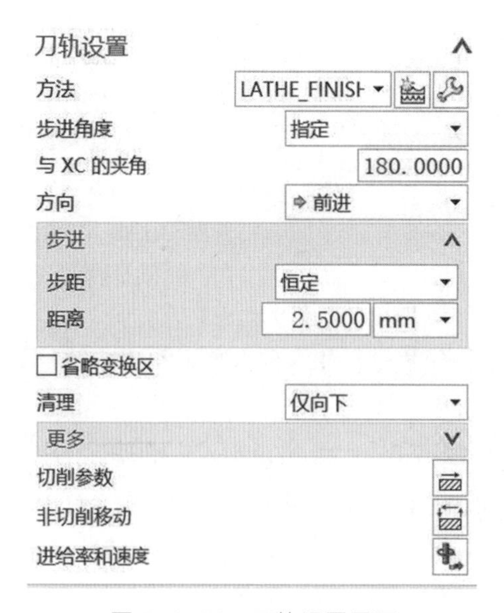

图 5-1-50 刀轨设置界面

图 5-1-51 逼近界面

图 5-1-52　逼近点设置

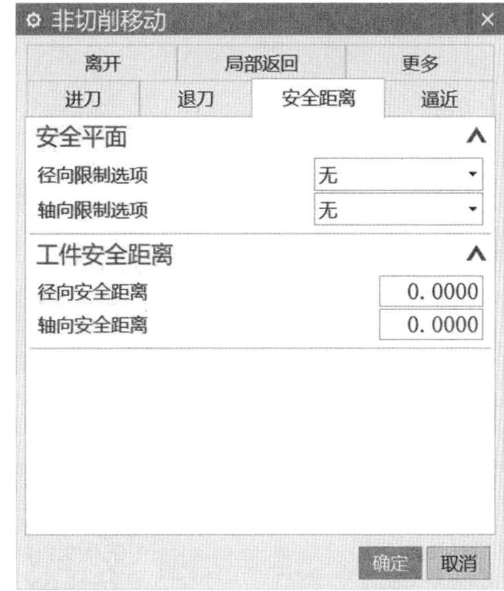

图 5-1-53　安全距离设置

（5）单击“刀轨设置”对话框中的▯（进给率和速度）图标，进入“进给率和速度”对话框，在“主轴速度”区域中，将“输出模式”设置为RPM，勾选□主轴速度图标，在文本框中填入“400.0000”，在“进给率”区域中的“切削”文本框中填入“50.0000”，切削模式下拉菜单选择“mmpm”选项，如图 5-1-54 所示。单击“确定”按钮返回“外径开槽”界面。单击▯图标进行计算，预览刀轨，如图 5-1-55 所示。

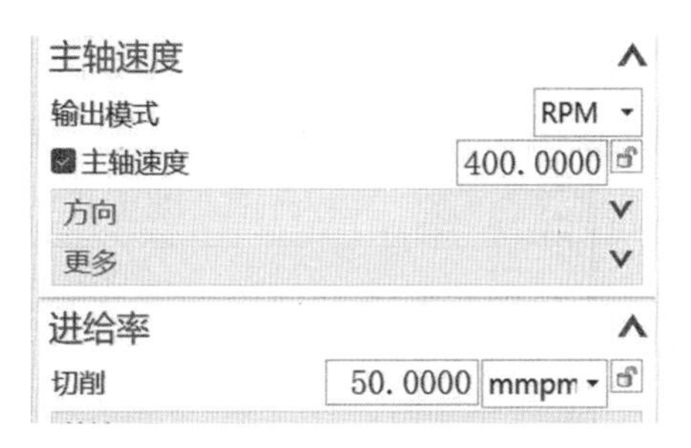

图 5-1-54　进给率和速度设置

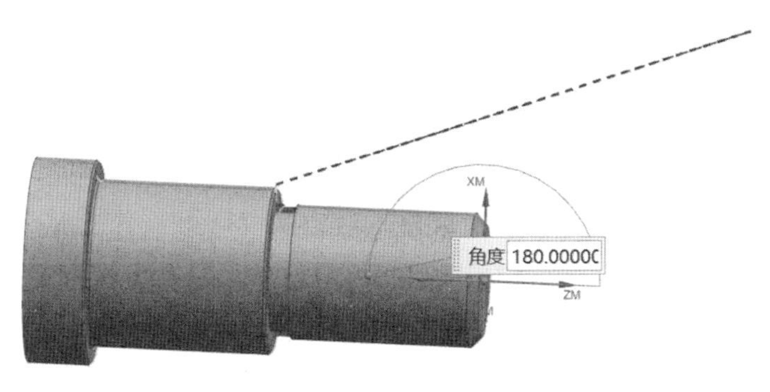

图 5-1-55　刀轨预览

（6）单击“操作”区域中的▯图标进行计算，再单击▯图标，进入“刀轨可视化”对话框。单击“3D 动态”图标进行 3D 仿真操作，把“动画速度”调整到 2，便于观察。单击▸图标进行仿真，如图 5-1-56 所示。确认无误后，单击两次“确定”按钮后完成工序创建。

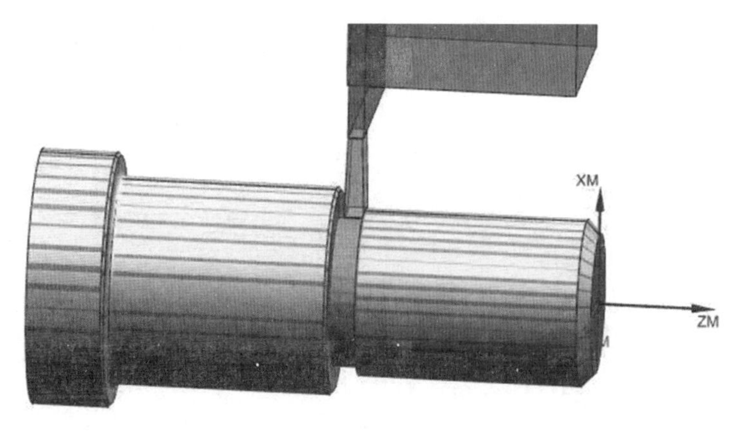

图 5-1-56　加工仿真

5.1.4　外径螺纹车削加工

外径螺纹车削加工

螺纹车削是螺纹加工的一种方式，具体是指工件旋转一圈，车刀沿工件轴线移动一个导程，刀刃的运动轨迹就形成了工件的螺纹表面的螺纹加工的过程。车床主轴与刀具之间必须保持严格的运动关系：主轴每转一圈（即工件转一圈），刀具应均匀地移动一个导程的距离。工件的转动和车刀的移动都是通过主轴的带动来实现的，这保证了工件和刀具之间严格的运动关系。

下面以如图 5-1-57 所示零件的加工为例进行介绍。

图 5-1-57　加工零件

加工步骤如下。

1. 加工退刀槽

参照之前介绍的开槽工序，对加工零件进行退刀槽加工。加工零件退刀槽的效果如图 5-1-58 所示。

2. 创建刀具

（1）单击“创建刀具”图标，进入“创建刀具”界面，选择刀具子类型中的螺纹车刀，在“名称”文本框中输入“螺纹刀”作为刀具名称，单击“确定”按钮进入刀具参数设置对话框。

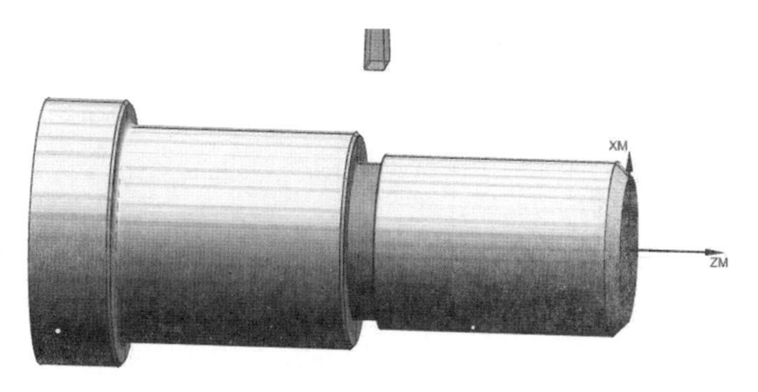

图 5-1-58　退刀槽加工效果

（2）在“编号”区域中的“刀具号”文本框中填入“3”，如图 5-1-59 所示。在跟踪界面的“补偿寄存器”和“刀具补偿寄存器”文本框中填入“3”，如图 5-1-60 所示。单击“确定”按钮完成刀具建立。

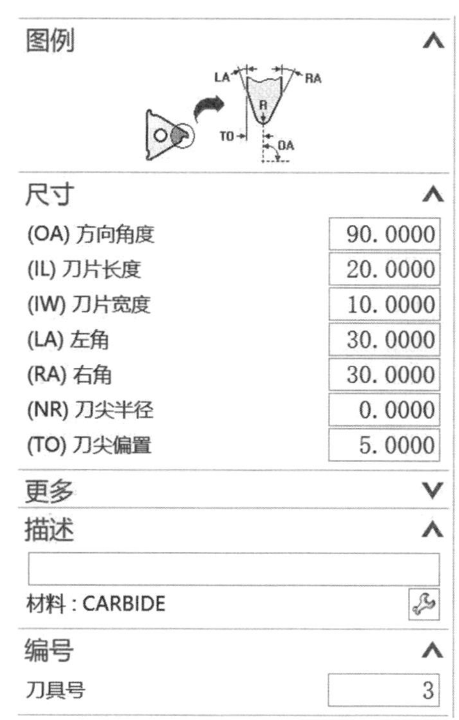

图 5-1-59　刀具参数 1

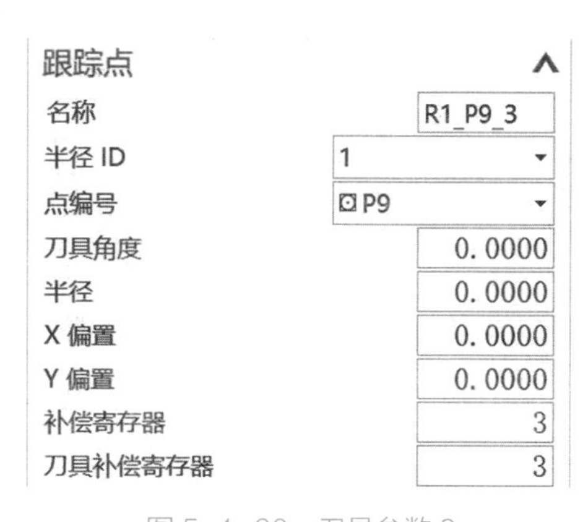

图 5-1-60　刀具参数 2

3. 创建外径螺纹铣加工工序

（1）右击 **外径开槽** 图标，弹出工具菜单，选择“插入”→“工序”选项。

（2）弹出“创建工序”对话框，在位置区域中，“程序”下拉菜单选择“PROGRAM”选项，“刀具”下拉菜单选择“螺纹刀 (螺纹刀—标准)”选项，“几何体”下拉菜单选择“TURNING_WORKPIECE”选项，“方法”下拉菜单选择“LATHE_AUXILIARY”选项，如图 5-1-61 所示。单击“确定”按钮进入“螺纹铣”对话框，如图 5-1-62 所示。

图 5-1-61　工序选择　　　　图 5-1-62　工序界面

（3）在螺纹形状设置区域中，单击* 选择顶线 (0)按钮，选择螺纹上方的截面线作为顶线，如图 5-1-63 所示。(注意：选取截面线时，单击线的右端，则从右端开始加工；反之，单击线的左端，就会从左端开始加工。)

根据螺纹牙高公式（牙高 $H=0.54P$），计算出 M25 粗牙螺纹的深度 = 牙高 =1.35。把“深度选项”设置为“深度和角度”选项，在“深度”文本框填入“1.3500”，在“与 XC 的夹角”文本框中填入“ –180.000”。为了能加工出完整的螺纹，需要增加切进距离和切出距离，在“偏置”设置区域，在“起始偏置”文本框中填入“3.0000”，在“终止偏置”文本框填入“2.0000”，如图 5-1-64 所示。

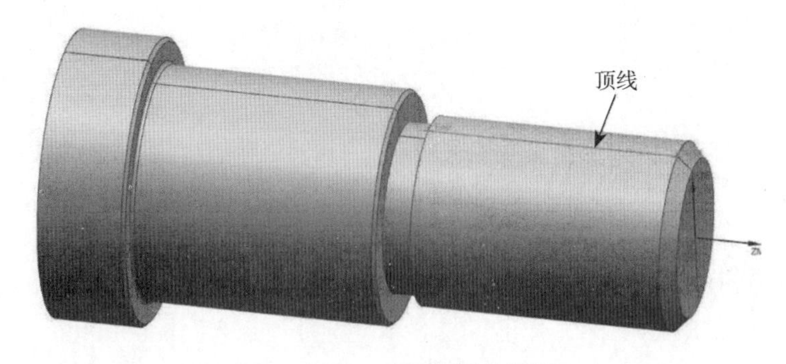

图 5-1-63　螺纹顶线的选取

（4）在“刀轨设置”对话框中，把“最大距离”文本框设置为“1.5000”，“最小距离”文本框设置为“0.4000”，如图 5-1-65 所示。单击（生成）按钮，预览刀路，如图 5-1-66 所示。

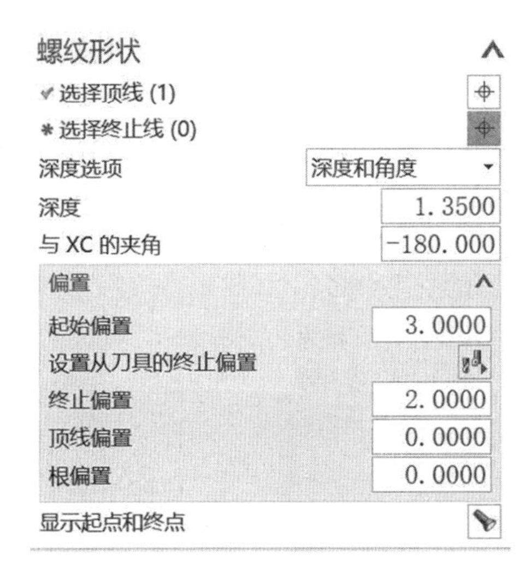

图 5-1-64　螺纹形状设置

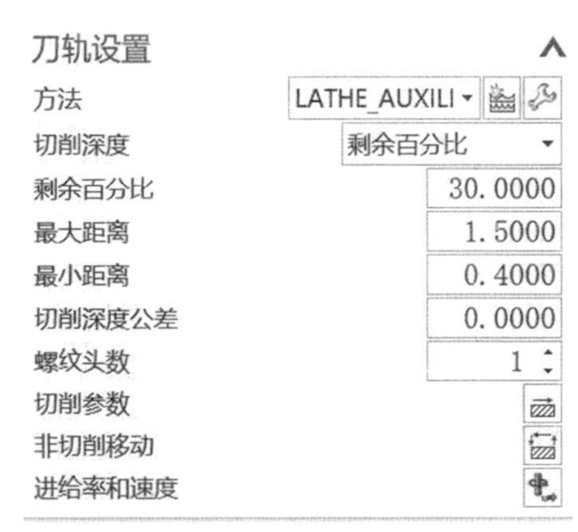

图 5-1-65　刀轨设置

（5）单击“刀轨设置”对话框中的▧（切削参数）图标，进入切削参数界面。在“螺距”界面的“距离”文本框中填入“2.5000”，如图 5-1-67 所示。

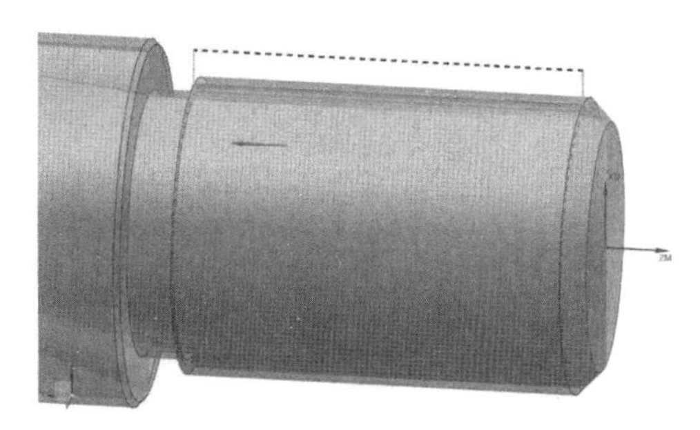

图 5-1-66　刀轨预览

单击▧（进给率和速度）图标，进入“进给率和速度”对话框，在“主轴速度”区域中，勾选□图标，在文本框中填入“300.0000”，在“进给率”区域中，把“切削”模式由“mmpm”改为“mmpr”选项，“切削”文本框中填入“2.5000”，如图 5-1-68 所示。单击▧图标进行计算，单击“确定”按钮返回“螺纹铣”界面。

切削参数
策略　螺距　附加刀路
螺距
螺距选项　螺距
螺距变化　恒定
距离　2. 5000
输出单位　与输入相同
确定　取消

图 5-1-67　螺距设置

进给率和速度
自动设置
从表中重置
主轴速度
输出模式　RPM
主轴速度　300. 0000
方向
更多
进给率
切削　2. 5000 mmpr
快速
更多
单位
确定　取消

图 5-1-68　进给率和速度设置

（6）单击“操作”区域中的图标进行计算，再单击图标，进入“刀轨可视化”对话框。单击“3D 动态”图标进行 3D 仿真操作，把“动画速度”调整到 2，便于观察。单击图标进行仿真，如图 5-1-69 所示。确认无误后，单击两次“确定”按钮后完成工序创建。

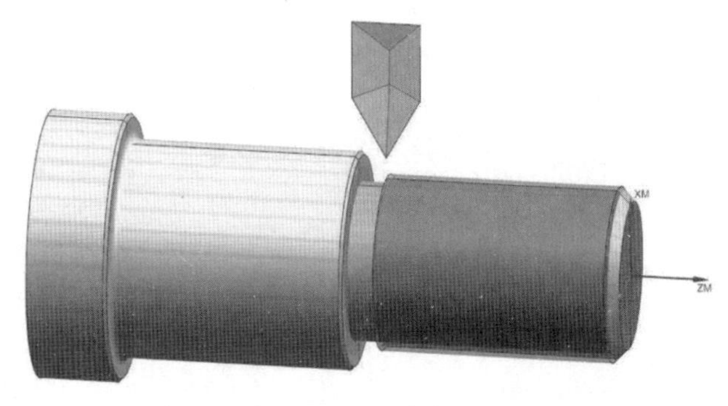

图 5-1-69　仿真加工

5.1.5　内孔车削加工

在车床上对工件的孔进行车削的方法叫镗孔（又叫车孔）。铸造孔、锻造孔或用钻头钻出来的孔，为了达到所要求的精度和表面质量，还需要镗孔。镗孔是常用的孔加工方法之一，可以作粗加工，也可以作精加工，加工范围很广。

内孔车削加工

下面以如图 5-1-70 所示零件的加工为例进行介绍。

加工步骤如下。

在粗加工前，先用 $\phi20$ 的钻头钻出长度为 25 mm 的底孔。

1. 内径粗加工

（1）进入加工模块。

①打开如图 5-1-70 所示的“加工零件”建模文件。

②在“应用模块”功能选项卡中单击（加工）图标，在弹出的“加工环境”对话框中的“要创建的 CAM 组装”模块选择“ turning”选项，如图 5-1-71 所示，单击“确定”按钮。

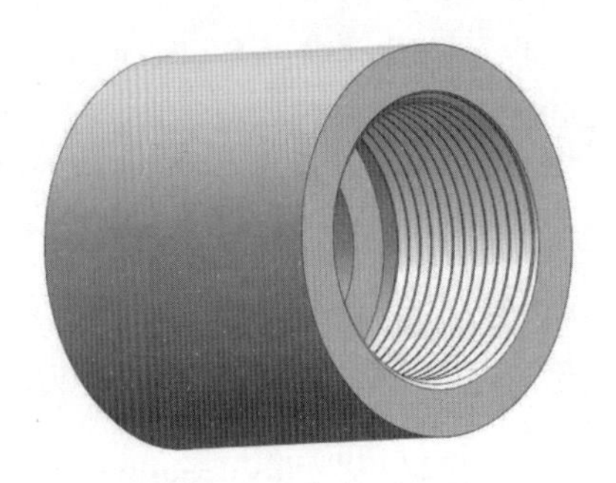
图 5-1-70　加工零件

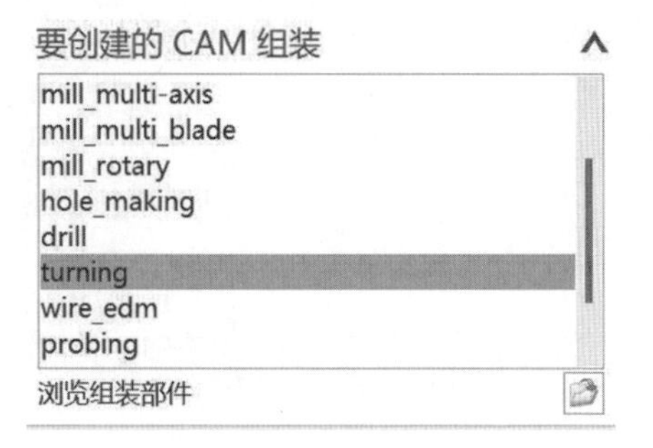

图 5-1-71　CAM 模块选择

（2）创建几何体模块。

①单击（几何视图）图标，进入几何视图界面。双击 MCS_SPINDLE 图标，弹出“MCS 主轴”对话框。

②单击零件右端面的外圆，自动捕捉圆心成为坐标系原点，如图 5-1-72 所示。绕着 Y 轴旋转坐标轴 90°，得到如图 5-1-73 所示的机床坐标系。

在“MCS 主轴”对话框中的“车床工作平面”模块的指定平面选项选择“ZM-XM”选项，如图 5-1-74 所示，单击“确定”按钮完成安全平面的设置。

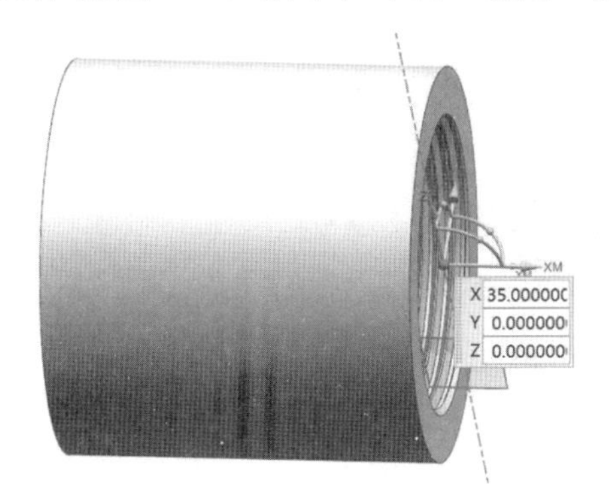

图 5-1-72　加工原点的设置

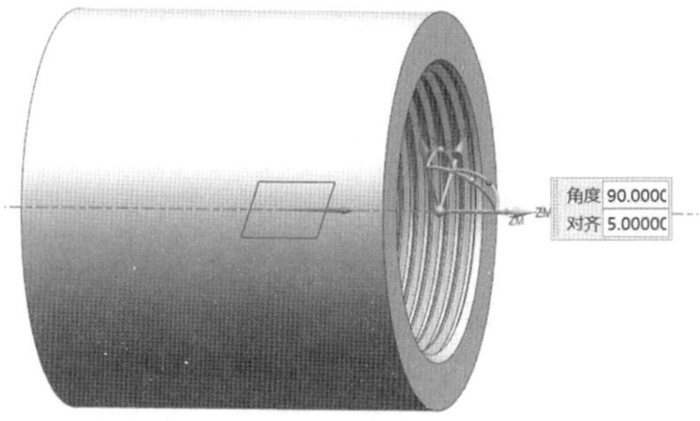

图 5-1-73　机床坐标系

（3）创建毛坯几何体。

①单击 + MCS MILL图标中的“+”，展开列表。双击 WORKPIECE 图标，弹出“工件”对话框。

②单击（指定部件）图标，弹出“部件几何体”对话框，选取加载零件作为加工最终部件，并单击“确定”按钮返回“工件”对话框。

③双击 TURNING_WORKPIECE 图标，弹出“车削工件”对话框，单击“指定毛坯边界”对话框右侧的图标，进入“毛坯边界”对话框，选取“类型”设置为 管材 选项，单击“指定点”按钮，选取左侧端面外圆，自动捕捉圆心作为安装原点，如图 5-1-75 所示。在“长度”文本框中输入“35.0000”，“外径”文本框中输入“36.0000”，“内径”文本框中输入“20.0000”（钻头的直径），如图 5-1-76 所示。

图 5-1-74　工作平面的设置

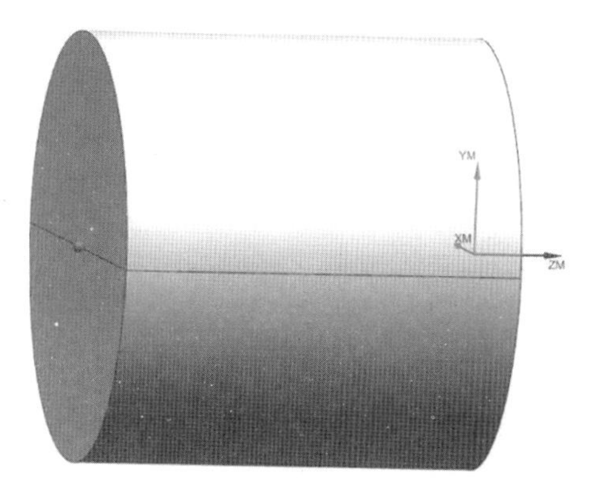

图 5-1-75　安装原点的设置

④单击（显示）图标，观察设置的部件和毛坯是否符合要求，如图 5-1-77 所示。

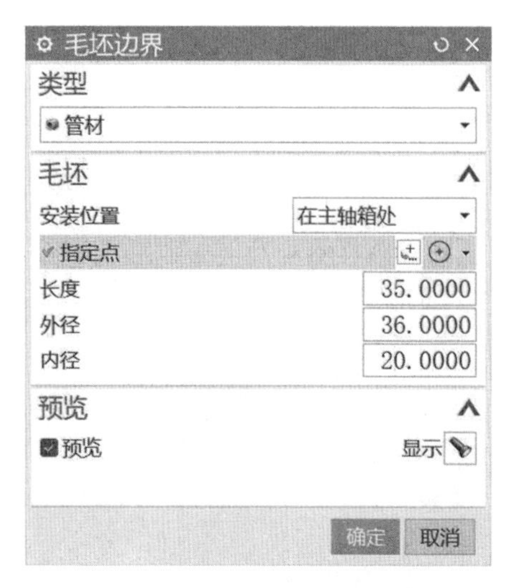

图 5-1-76　毛坯参数的设定

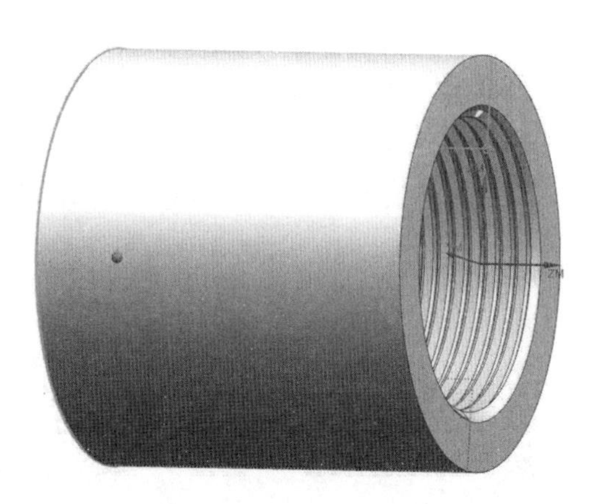

图 5-1-77　毛坯几何体

（4）创建刀具。

①单击创建刀具图标，进入“创建刀具”界面，选择刀具子类型中的内孔车刀，在“名称”文本框中输入“镗刀 _L”作为刀具名称，单击“确定”按钮进入刀具参数设置对话框。

②在尺寸区域中的刀尖半径填入实际加工车刀的外圆半径，在“编号”区域中的“刀具号”文本框中填入“1”，如图 5-1-78 所示。在“跟踪”界面，设置补偿寄存器为“1”，刀具补偿寄存器为“1”，如图 5-1-79 所示。单击“确定”按钮完成刀具建立。

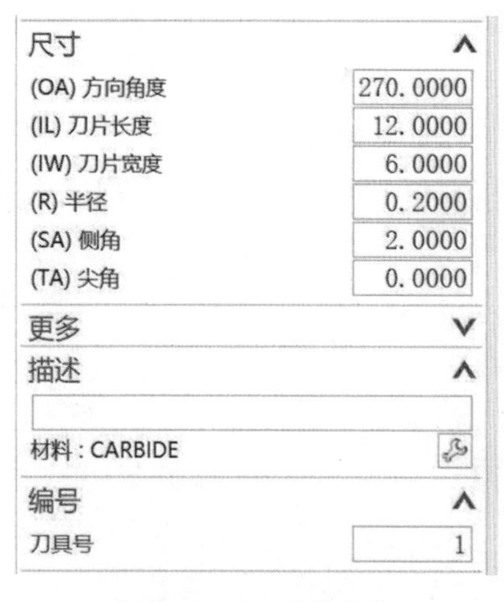

图 5-1-78　刀具参数

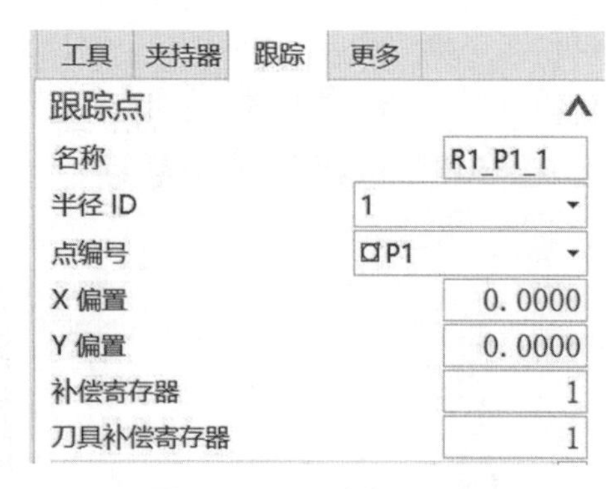

图 5-1-79　寄存器设置

（5）创建内径粗镗加工工序。

①单击创建工序图标，弹出“创建工序”对话框，在工序子类型中选择（内径粗镗）工序。

②在“位置”区域中，“程序”下拉菜单选择“PROGRAM”选项，“刀具”下拉菜单选择“镗刀_L（槽刀 - 标准）”选项，“几何体”下拉菜单选择“TURNING_WORKPIECE”选项，“方法”下拉菜单选择“LATHE_ROUGH”选项，如图 5-1-80 所示。单击“确定”按钮进入“内径粗镗”对话框，如图 5-1-81 所示。

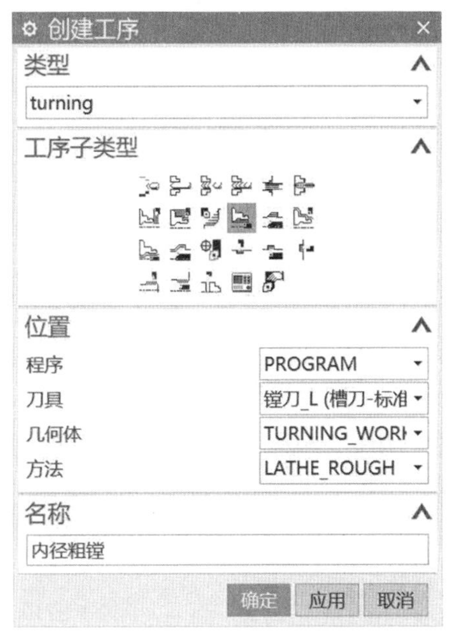

图 5-1-80　工序选择

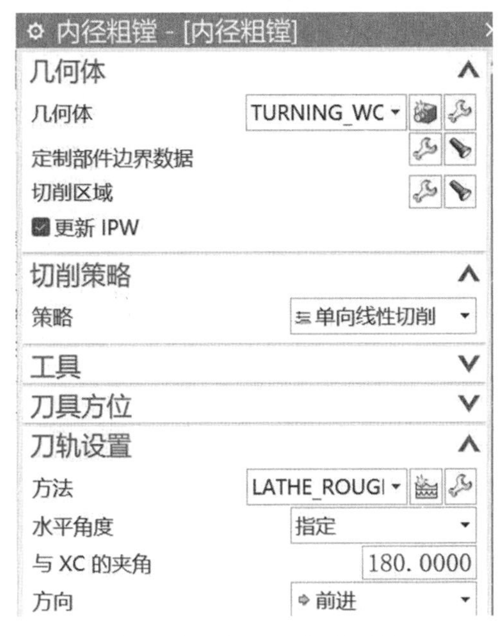

图 5-1-81　内径粗镗界面

③在“刀轨设置”对话框中，设置“步进”界面的“切削深度”模式为“恒定”选项，“最大距离”设置为“1.0000 mm”，如图 5-1-82 所示。

图 5-1-82　刀轨设置界面

④单击“刀轨设置”对话框中的（切削参数）图标，进入“切削参数”对话框，在“粗加工余量”区域中，设置“面”余量为“0.3000”，“径向”余量为“0.3000”。在“公差”区域设置“内公差”和“外公差”均为“0.0100”，如图 5-1-83 所示。单击“确定”按钮返回“内径粗镗”界面。

⑤单击“刀轨设置”对话框中的（非切削移动）图标，进入“非切削移动”→“逼近”界面，如图 5-1-84 所示。设置“出发点”区域的“点选项”为“指定”选项，单击（指定点）图标，设置“输出坐标”区域的“参考”为“WCS”选项，“XC”文本框中填入 50，“YC”文本框中填入 50，如图 5-1-85 所示。单击“确定”按钮返回“非切削移动”界面。在“安全距离”界面中的“工件安全距离”设置区域，把“径向安全距离”改为“0.0000”，“轴向安全距离”改为“0.0000”，如图 5-1-86 所示。

图 5-1-83　切削参数设置

图 5-1-84　逼近界面

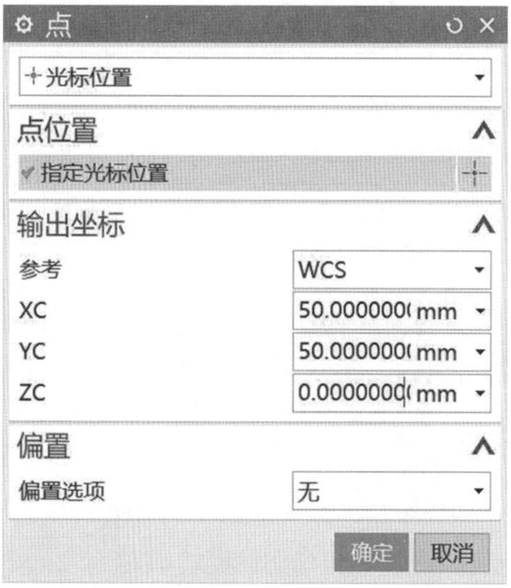

图 5-1-85　逼近点设置

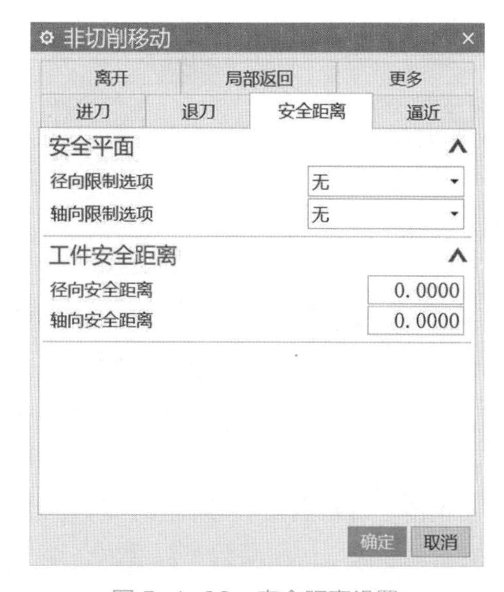

图 5-1-86　安全距离设置

⑥单击“刀轨设置”对话框中的（进给率和速度）图标，进入“进给率和速度”对话框，在“主轴速度”区域中，将输出模式设置为RPM，勾选□（主轴速度）图标，在文本框中填入“600.0000”，将“进给率”区域中的“切削”设置为“80”“mmpm”选项，如图 5-1-87 所示。单击“确定”按钮返回“内径粗镗”界面。单击图标进行计算，预览刀轨，如图 5-1-88 所示。

⑦单击“操作”区域中的图标进行计算，再单击图标，进入“刀轨可视化”对话框。单击“3D 动态”图标进行 3D 仿真操作，把“动画速度”调整到 2，便于观察。单击图标进行仿真，如图 5-1-89 所示。确认无误后，单击两次“确定”按钮后完成工序创建。

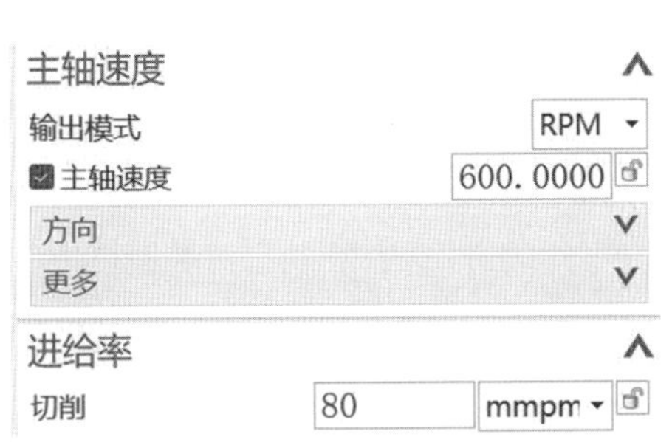

图 5-1-87　进给率和速度设置

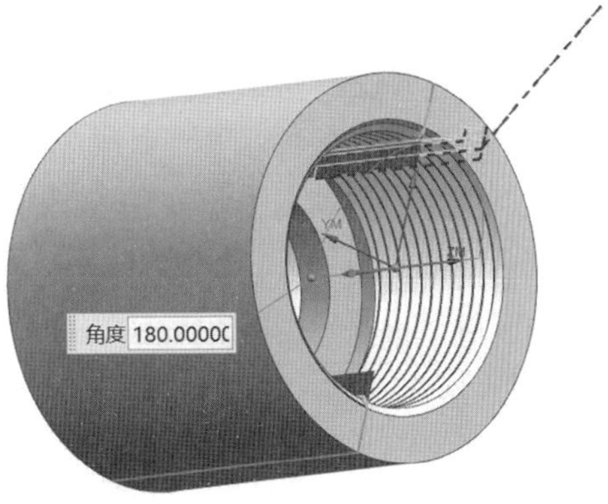

图 5-1-88　刀轨预览

2. 内径精加工

（1）右击内径粗镗图标，通过工具条插入工序，进入创建工序界面。在工序子类型中选择（内径精镗）工序。

（2）在“位置”区域中，“程序”下拉菜单选择“PROGRAM”选项，“刀具”下拉菜单选择“镗刀 _L（槽刀 - 标准）”选项，“几何体”下拉菜单选择“TURNING_WORKPIECE”选项，“方法”下拉菜单选择“LATHE_FINISH”选项，如图 5-1-90 所示。单击“确定”按钮进入“内径精镗”对话框，如图 5-1-91 所示。

图 5-1-89　加工仿真

图 5-1-90　工序选择

图 5-1-91　内径精镗界面

（3）单击“刀轨设置”对话框中的（非切削移动）图标，进入“非切削移动”→“逼近”界面，如图 5-1-92 所示。设置“出发点”区域的“点选项”为“指定”选项，单击（指定点）图标，设置“输出坐标”区域的“参考”为“WCS”选项，“XC”文本框中填入 50，“YC”文本框中填入 50，如图 5-1-93 所示。单击“确定”按钮返回“非切削移动”界面。

图 5-1-92　逼近界面

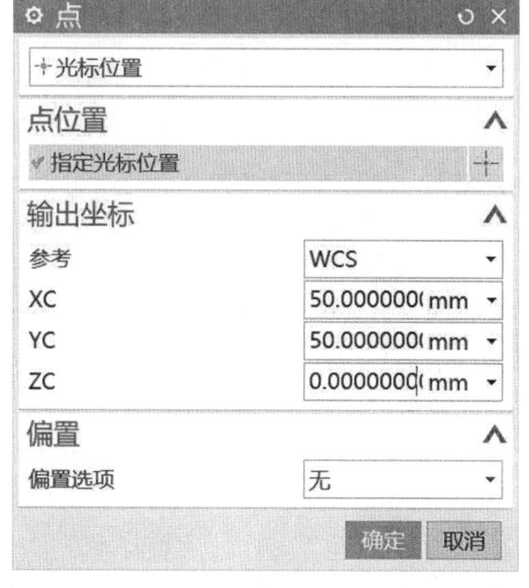

图 5-1-93　逼近点设置

进入“离开”界面，如图 5-1-94 所示。在“离开点”设置区域，单击（指定点）图标，设置“坐标”区域的“参考”为“WCS”选项，“XC”文本框中填入“50”，如图 5-1-95 所示。单击“确定”按钮返回“非切削移动”界面。

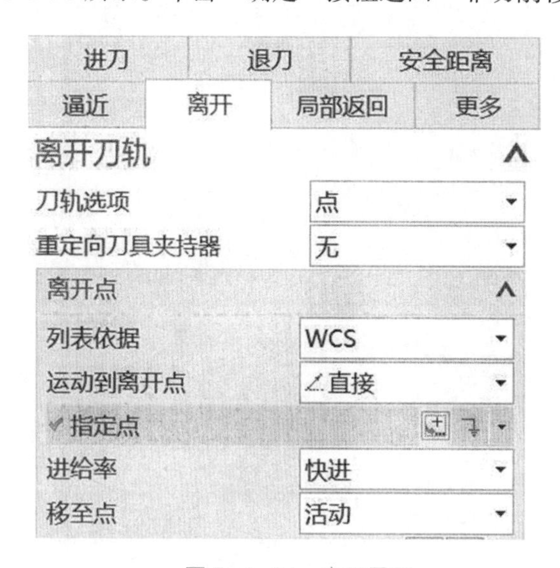

图 5-1-94　离开界面

图 5-1-95　离开点设置

在“安全距离”界面中的“工件安全距离”设置区域，把“径向安全距离”改为

“0.0000”，“轴向安全距离”改为“0.0000”，如图5-1-96所示。

（4）单击“刀轨设置”对话框中的（进给率和速度）图标，进入“进给率和速度”对话框，在“主轴速度”区域中，将输出模式设置为RPM，勾选□（主轴速度）图标，在文本框中填入“1000.000”，将“进给率”区域中的“切削”设置为“40”“mmpm”选项，如图5-1-97所示。单击“确定”按钮返回“内径精镗”界面。单击图标进行计算，预览刀轨，如图5-1-98所示。

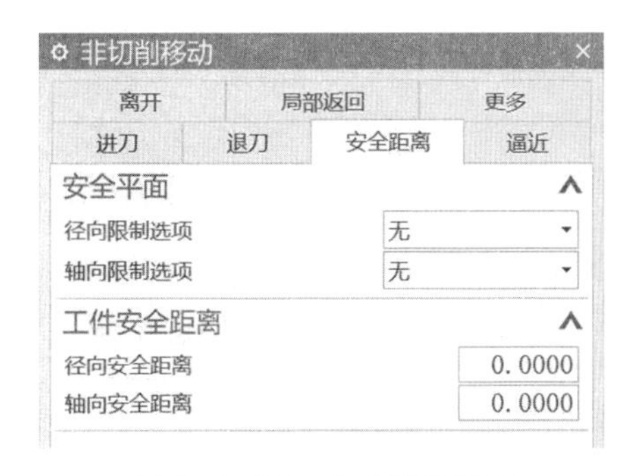

图5-1-96　安全距离设置

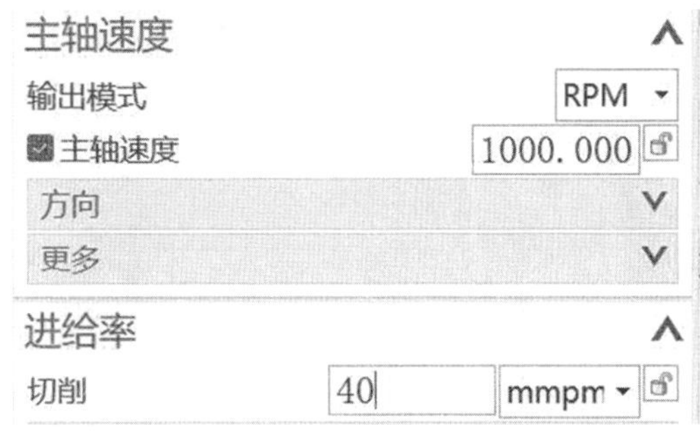

图5-1-97　进给率和速度设置

（5）单击“操作”区域中的图标进行计算，再单击图标，进入“刀轨可视化”对话框。单击“3D动态”图标进行3D仿真操作，把“动画速度”调整到2，便于观察。单击图标进行仿真，如图5-1-99所示。确认无误后，单击两次“确定”按钮后完成工序创建。

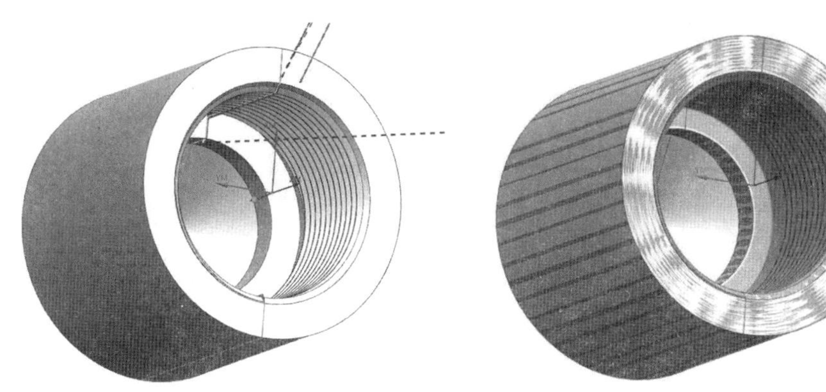

图5-1-98　刀轨预览　　　图5-1-99　加工仿真

3. 内径开槽

（1）创建刀具。

①单击创建刀具图标，进入“创建刀具”界面，选择刀具子类型中的内孔槽刀，在“名称”文本框中输入“3 mm内槽刀”作为刀具名称，单击“确定”按钮进入刀具参数设置对话框。

②在“尺寸”区域中的“刀片长度”文本框填入“6.0000”，“刀片宽度”文本框填

入“3.0000”。在“编号”区域中的“刀具号”文本框中填入“2”，如图 5-1-100 所示。在“跟踪”界面，设置“补偿寄存器”为“2”，“刀具补偿寄存器”为“2”，如图 5-1-101 所示。单击“确定”按钮完成刀具建立。

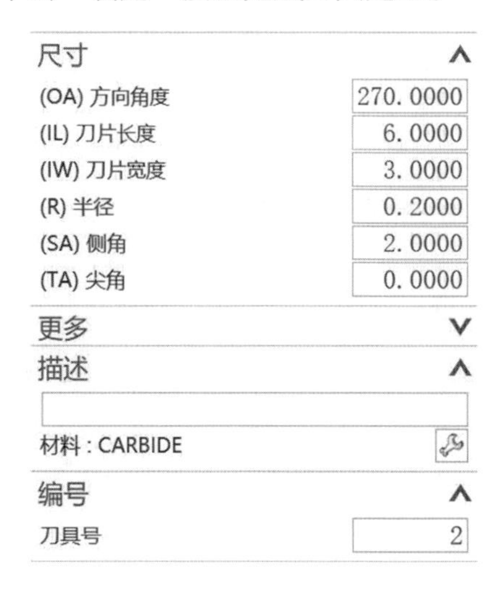

图 5-1-100　刀具参数

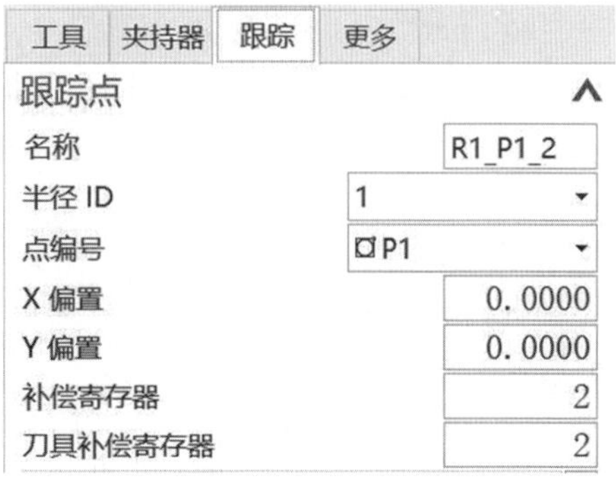

工具　夹持器　跟踪　更多
跟踪点
名称 R1_P1_2
半径 ID 1
点编号 P1
X 偏置 0.0000
Y 偏置 0.0000
补偿寄存器 2
刀具补偿寄存器 2

图 5-1-101　寄存器设置

（2）创建内径开槽加工工序。

①右击 内径精镗 图标，通过弹出的工具条插入工序，在工序子类型中选择（内径开槽）工序。

②在位置区域中，“程序”下拉菜单选择“PROGRAM”选项，“刀具”下拉菜单选择“3MM 内槽刀（槽刀 - 标准）”选项，“几何体”下拉菜单选择“TURNING_WORKPIECE”选项，“方法”下拉菜单选择“LATHE_FINISH”选项，如图 5-1-102 所示。单击“确定”按钮进入“内径开槽”对话框，如图 5-1-103 所示。

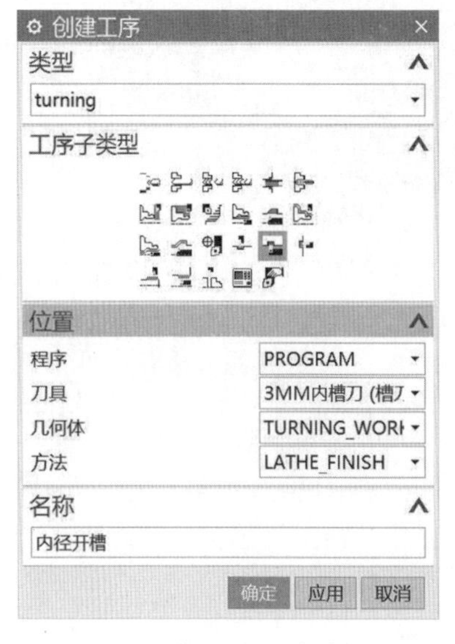

图 5-1-102　工序选择

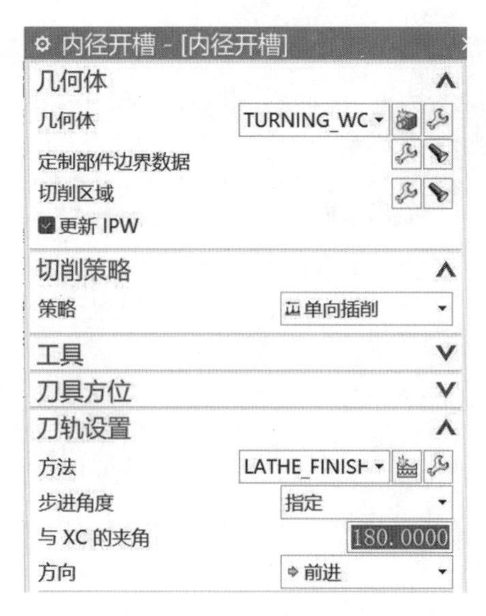

图 5-1-103　内径开槽界面

③在刀轨设置区域中，设置“步距”的切削深度模式为“恒定”，“距离”设置为“2.5000”，如图 5-1-104 所示。

④单击“刀轨设置”对话框中的（非切削移动）图标，进入“非切削移动”→“逼近”界面，如图 5-1-105 所示。设置“出发点”区域的“点选项”为“指定”选项，单击（指定点）图标，在“输出坐标”区域的“参考”选择“WCS”选项，“XC”文本框中填入 50，“YC”文本框中填入 50，如图 5-1-106 所示。单击“确定”按钮返回“非切削移动”界面。

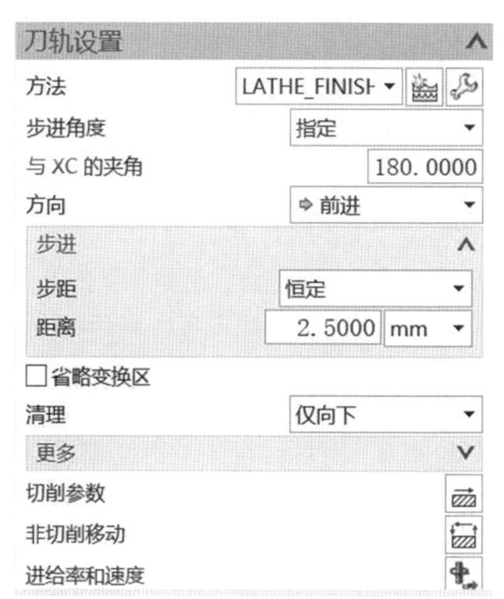

图 5-1-104　刀轨设置界面

图 5-1-105　逼近界面

进入“离开”界面，如图 5-1-107 所示。在“离开点”设置区域，单击（指定点）图标，在“坐标”区域的“参考”选择“WCS”选项，“XC”文本框中填入“50”，如图 5-1-108 所示。单击“确定”按钮返回“非切削移动”界面。

图 5-1-106　逼近点设置

图 5-1-107　离开界面

在“安全距离”界面中的“工件安全距离”设置区域，把“径向安全距离”改为“0.0000”，“轴向安全距离”改为“0.0000”，如图 5-1-109 所示。

图 5-1-108　离开点设置

图 5-1-109　安全距离设置

⑤单击“刀轨设置”对话框中的（进给率和速度）图标，进入“进给率和速度”对话框，在“主轴速度”区域中，将“输出模式”设置为RPM，勾选☐（主轴速度）图标，在文本框中填入“400.0000”，将“进给率”区域中的“切削”设置为“50.0000”“mmpm”选项，如图 5-1-110 所示。单击“确定”按钮返回“内径开槽”界面。单击图标进行计算，预览刀轨，如图 5-1-111 所示。

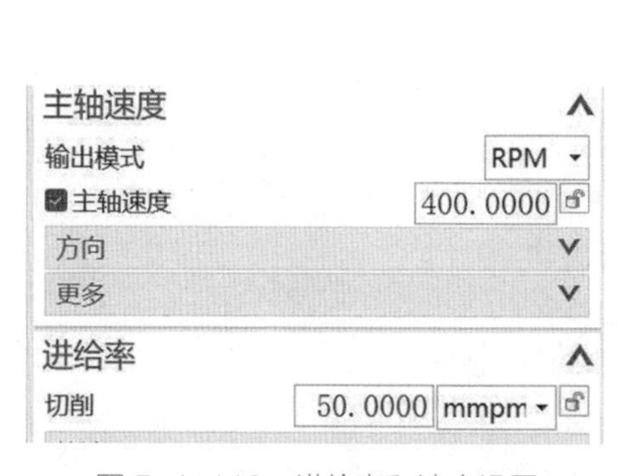

图 5-1-110　进给率和速度设置

图 5-1-111　刀轨预览

⑥单击“操作”区域中的图标进行计算，再单击图标，进入“刀轨可视化”对话框。单击“3D 动态”图标进行 3D 仿真操作，把“动画速度”调整到 2，便于观察。单击图标进行仿真，如图 5-1-112 所示。确认无误后，单击两次“确定”按钮后完成工序创建。

4. 内径螺纹铣

（1）创建刀具。

①单击创建刀具图标，进入“创建刀具”界面，选择刀具子类型中的内螺纹车刀，在“名称”文本框中输入“内螺纹刀”作为刀具名称，单击“确定”按钮进入刀具参数设置对话框。

②在“编号”区域中在“刀具号”文本框中填入“3”，如图 5-1-113 所示。在“跟踪”界面中的“补偿寄存器”和“刀具补偿寄存器”文本框中填入“3”，如图 5-1-114 所示。单击“确定”按钮完成刀具建立。

图 5-1-112　加工仿真

尺寸	
(OA) 方向角度	270.0000
(IL) 刀片长度	10.0000
(IW) 刀片宽度	5.0000
(LA) 左角	30.0000
(RA) 右角	30.0000
(NR) 刀尖半径	0.0000
(TO) 刀尖偏置	5.0000
更多	
描述	
材料 : CARBIDE	
编号	
刀具号	3

图 5-1-113　刀具参数 1

（2）创建外径螺纹铣加工工序。

①右击内径开槽图标，弹出工具菜单，选择“插入”→“工序”选项。

②弹出“创建工序”对话框，如图 5-1-115 所示，在“位置”设置区域，“程序”下拉菜单选择“PROGRAM”选项，“刀具”下拉菜单选择“内螺纹刀（螺纹刀 - 标准）”选项，“几何体”下拉菜单选择“TURNING_WORKPIECE”选项，“方法”下拉菜单选择“LATHE_FINISH”选项，单击“确定”按钮进入“内径螺纹铣”对话框，如图 5-1-116 所示。

跟踪点	
名称	R1_P9_3
半径 ID	1
点编号	P9
刀具角度	0.0000
半径	0.0000
X 偏置	0.0000
Y 偏置	0.0000
补偿寄存器	3
刀具补偿寄存器	3

图 5-1-114　刀具参数 2

③在螺纹形状设置区域中，单击选择顶线 (0)按钮，单击选择螺纹下方的截面线作为顶线，如图 5-1-117 所示。（注意选取截面线时，选取线的右端，则从右端开始加工；反之，选取线的左端，就会从左端开始加工。）

创建工序
类型
turning
工序子类型
位置
程序
PROGRAM
刀具
内螺纹刀 (螺纹刀
几何体
TURNING_WORK
方法
LATHE_FINISH
名称
内螺纹铣
确定
应用
取消

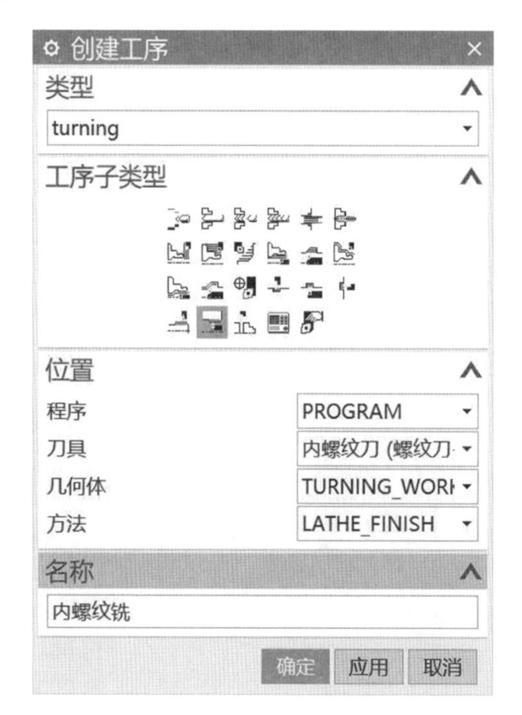

图 5-1-115　工序选择

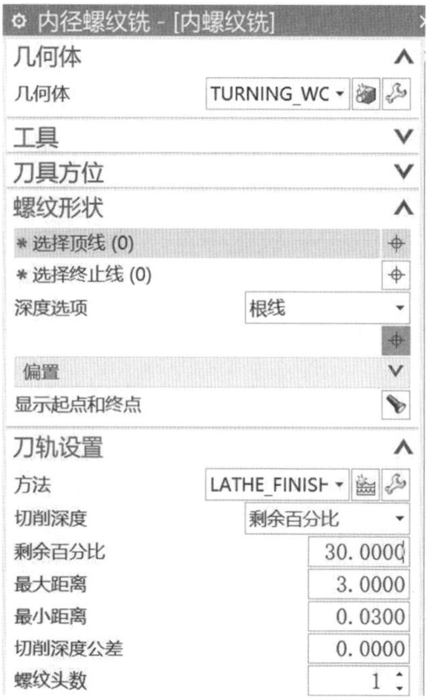

内径螺纹铣 - [内螺纹铣]
几何体
几何体
TURNING_WC
工具
刀具方位
螺纹形状
选择顶线 (0)
选择终止线 (0)
深度选项
根线
偏置
显示起点和终点
刀轨设置
方法
LATHE_FINISH
切削深度
剩余百分比
剩余百分比
30.0000
最大距离
3.0000
最小距离
0.0300
切削深度公差
0.0000
螺纹头数
1

图 5-1-116　工序界面

根据公式（牙高 H=0.54P），计算出 M27 × 1.5 螺纹的深度 = 牙高 = 0.81。把“深度选项”设置为“深度和角度”，在“深度”文本框中填入“0.8100”，在“与 XC 的夹角”文本框中填入“ –180.000”。为了能加工出完整的螺纹，需要增加切进距离和切出距离，在“偏置”设置区域中的“起始偏置”文本框中填入“3.0000”，“终止偏置”文本框中填入“2.0000”，如图 5-1-118 所示。

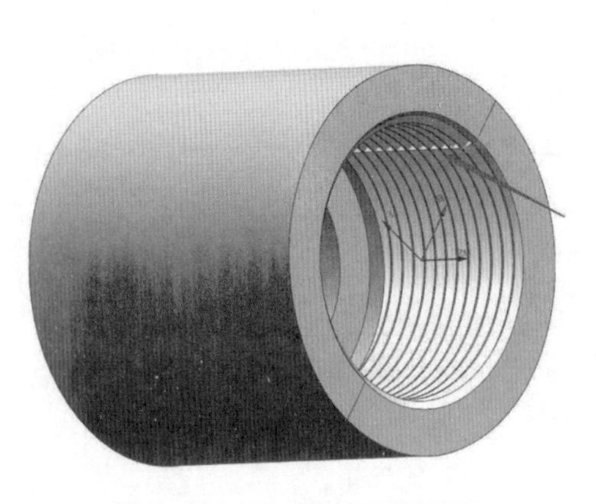

图 5-1-117　螺纹顶线的选取

螺纹形状
选择顶线 (1)
选择终止线 (0)
深度选项
深度和角度
深度
0.8100
与 XC 的夹角
-180.000
偏置
起始偏置
3.0000
设置从刀具的终止偏置
终止偏置
2.0000
顶线偏置
0.0000
根偏置
0.0000
显示起点和终点

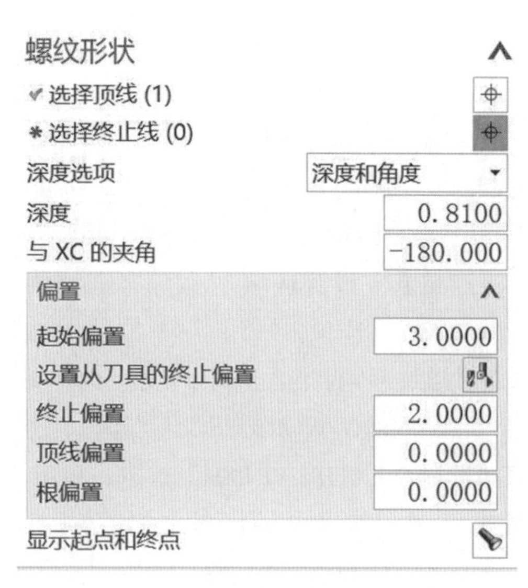

图 5-1-118　螺纹形状设置

④在“刀轨设置”对话框中，将“最大距离”设置为“1.5000”，“最小距离”设置为

“0.3000”，如图 5-1-119 所示。

⑤单击“刀轨设置”对话框中的（切削参数）图标，进入切削参数界面。在“螺距”界面中的“距离”文本框中填入“1.5000”，如图 5-1-120 所示。

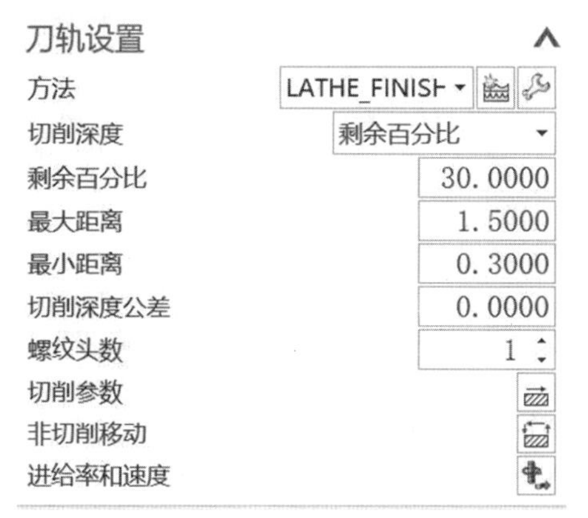

图 5-1-119　刀轨设置

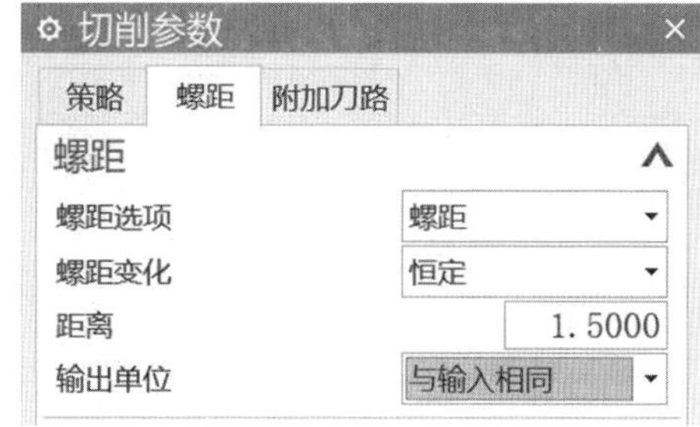

图 5-1-120　螺距设置

⑥单击“刀轨设置”对话框中的（非切削移动）图标，进入“非切削移动”→“逼近”界面，如图 5-1-121 所示。设置“出发点”区域的“点选项”为“指定”选项，单击（指定点）图标，在“输出坐标”区域的“参考”选择“WCS”选项，“XC”文本框中填入 50，“YC”文本框中填入 50，如图 5-1-122 所示。单击“确定”按钮返回“非切削移动”界面。

图 5-1-121　逼近界面

图 5-1-122　逼近点设置

进入“离开”界面，如图 5-1-123 所示。在“离开点”设置区域，单击（指定点）图标，在“坐标”区域的“参考”选择“WCS”选项，“XC”文本框中填入“50”，如图 5-1-124 所示。单击“确定”按钮返回“非切削移动”界面。

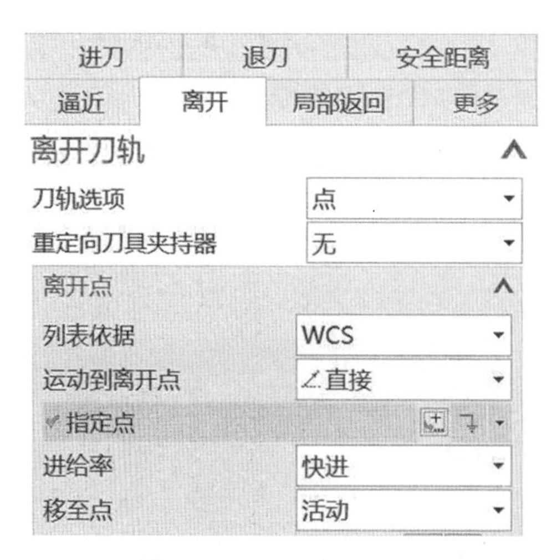

图 5-1-123　离开界面

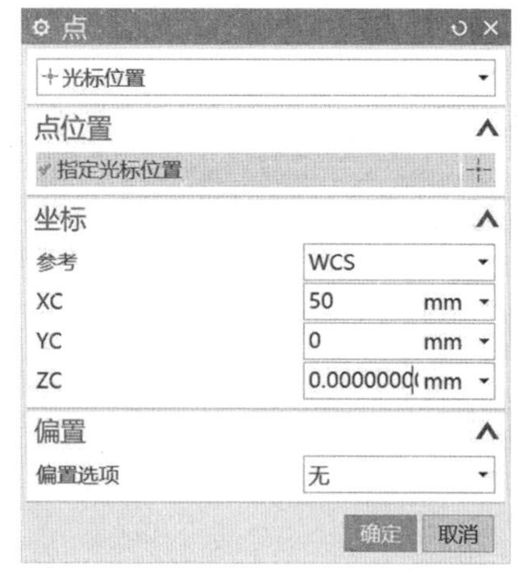

图 5-1-124　离开点设置

在“安全距离”界面中的“工件安全距离”设置区域，把“径向安全距离”改为“0.0000”，“轴向安全距离”改为“0.0000”，如图 5-1-125 所示。

⑦单击 (进给率和速度) 图标，进入“进给率和速度”对话框，在“主轴速度”区域中，勾选☐图标，在文本框中填入“300.0000”，将“进给率”区域中的“切削”设置为“1.5”“mmpr”，如图 5-1-126 所示。单击“确定”按钮返回“内径螺纹铣”界面。单击图标进行计算，预览刀轨，如图 5-1-127 所示。

图 5-1-125　安全距离设置

图 5-1-126　进给率和速度设置

⑧单击“操作”区域中的图标进行计算，再单击图标，进入“刀轨可视化”对话框。单击“3D 动态”图标进行 3D 仿真操作，把“动画速度”调整到 2，便于观察。单击图标进行仿真，如图 5-1-128 所示。确认无误后，单击两次“确定”按钮后完成工序创建。

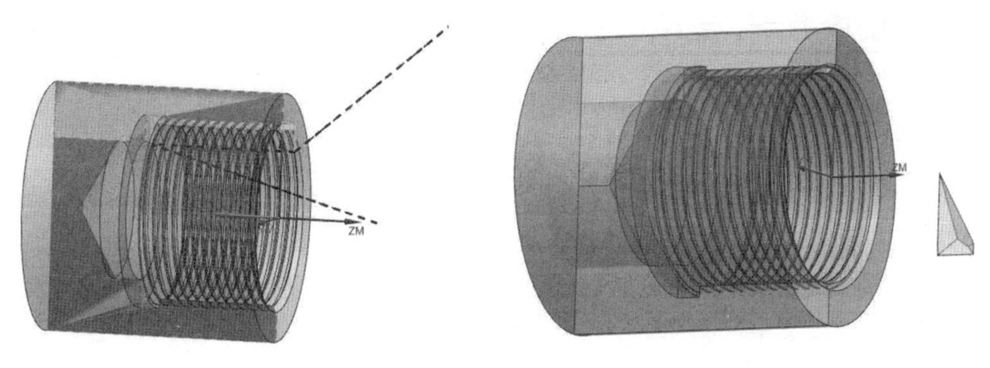

图 5-1-127　刀轨预览　　　　图 5-1-128　仿真加工

任务 5.2　“1+X”证书项目的车削加工编程

5.2.1　项目分析

如图 5-2-1 所示的零件图是数控车铣加工职业技能等级（中级）实操练习题之一。由图可知，我们需要加工一个尺寸为 $\phi52^{0}_{-0.046} \times 60^{+0.037}_{-0.037}$的传动轴，加工基准面为 *A* 面，公差为◎ Ø0.02 *A*。传动轴零件有同轴度的要求，因此我们先加工含有基准面 *A* 面的右端面，然后再调转工件，装夹基准面 *A* 面，加工带有内孔螺纹的左端面。由于基准面 *A* 面有表面粗糙度要求 *Ra*1.6，因此我们需要在基准面 *A* 面上包裹铜皮，再用三爪卡盘夹紧。

“1+X”证书项目的车削加工编程

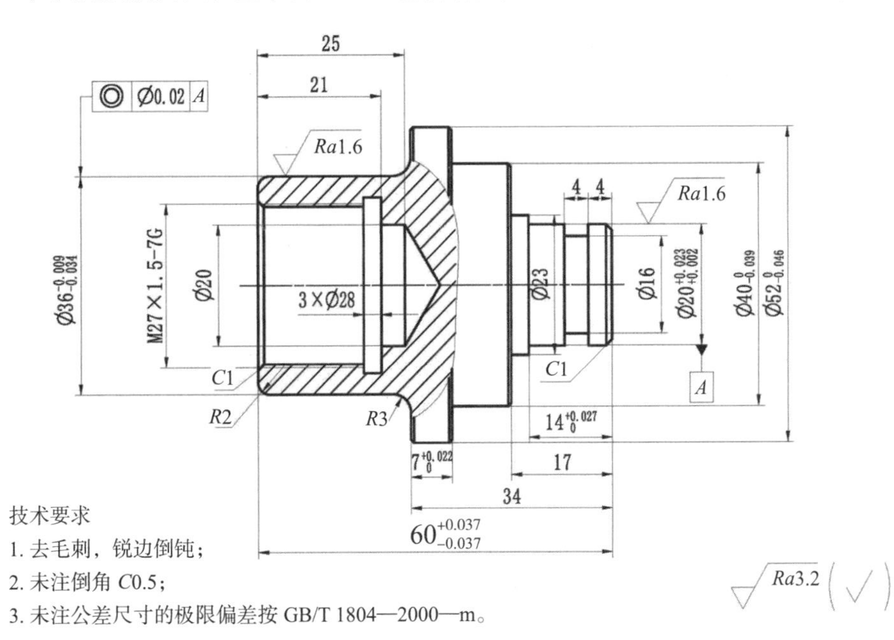

图 5-2-1　传动轴零件图

5.2.2 车削加工工艺选择

根据广州数控 980TD 数控车床的加工设备的具体情况，列举车削加工工艺，如表 5-2-1 所示。

表 5-2-1 加工工艺表

加工步骤	选用工序	加工刀具	主轴转速 /（r·min^{-1}）	进给率 /（mm·min^{-1}）
粗车右端面外形轮廓 $\phi52^{0}_{-0.046}$、$\phi40^{0}_{-0.039}$、$\phi20^{+0.023}_{-0.002}$	外径粗车	外圆车刀	600	100
精车右端面外形轮廓 $\phi52^{0}_{-0.046}$、$\phi40^{0}_{-0.039}$、$\phi20^{+0.023}_{-0.002}$	外径精车	外圆车刀	1000	80
车削 $4\times\phi16$ 退刀槽	外径开槽	3 mm 切槽刀	300	50
调头，钻 $\phi20\times25$ 的加工底孔	钻孔	麻花钻 $\phi20$	150	手动
粗车左端面外形轮廓 $\phi36^{-0.009}_{-0.034}$	外径粗车	外圆车刀	600	100
精车左端面外形轮廓 $\phi36^{-0.009}_{-0.034}$	外径精车	外圆车刀	1000	80
粗车左端面内孔螺纹 M27×1.5 的底孔	内径粗镗	内孔车刀	600	80
车削 $3\times\phi28$ 退刀槽	内径开槽	3 mm 内切槽刀	300	50
车削内孔螺纹 M27×1.5	内径螺纹铣	内螺纹铣刀	300	F1.5

5.2.3 编程工序的确定

下面以加工 $\phi52^{0}_{-0.046}\times60^{+0.037}_{-0.037}$传动轴的含有基准面 *A* 面的右端面为例。根据如图 5-2-1 所示的传动轴零件图，利用 NX UG 12.0 建立如图 5-2-2 所示的模型。

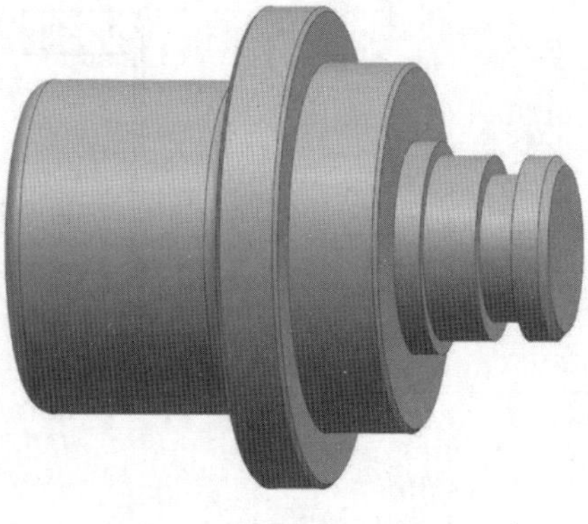

图 5-2-2 传动轴零件

加工步骤如下。

1. 外径粗车

（1）进入加工模块。

①打开图 5-2-2 所示的“加工零件”建模文件。

②在“应用模块”功能选项卡中单击（加工）图标，在弹出的“加工环境”对话框中的“要创建的 CAM 组装”模块选择“turning”选项，如图 5-2-3 所示，再单击“确定”按钮。

（2）创建几何体模块。

①单击（几何视图）图标，进入“几何视图”界面。双击 MCS_SPINDLE 图标，弹出“MCS 主轴”对话框。

②单击零件右端面的外圆，自动捕捉圆心成为坐标系原点，如图 5-2-4 所示。绕着 Y 轴旋转坐标轴 90°，得到如图 5-2-5 所示的机床坐标系。

在“MCS 主轴”对话框中的“车床工作平面”区域的“指定平面”下拉菜单选择“ZM-XM”选项，如图 5-2-6 所示，单击“确定”按钮完成安全平面的设置。

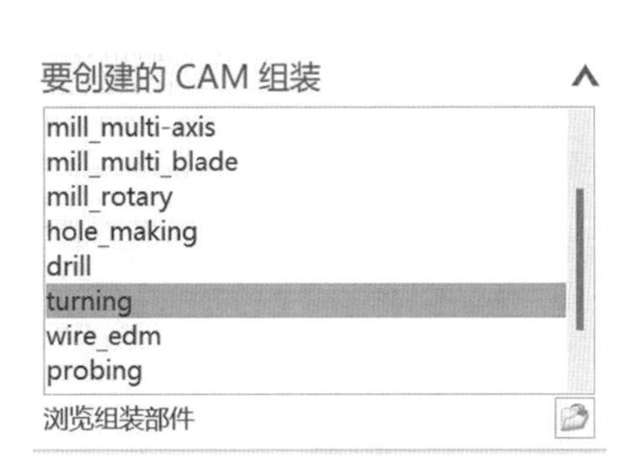

图 5-2-3　CAM 模块选择

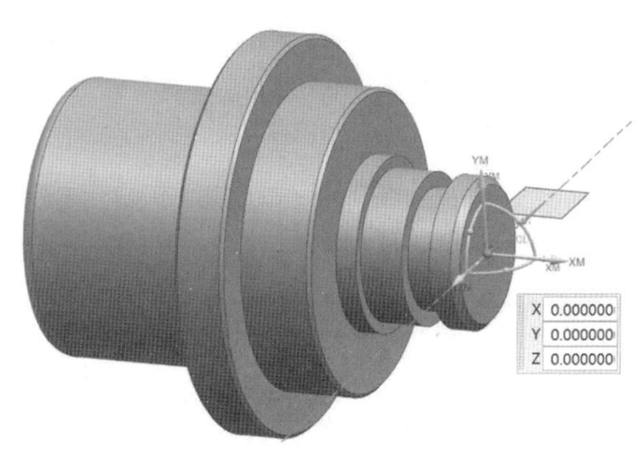

图 5-2-4　加工原点的设置

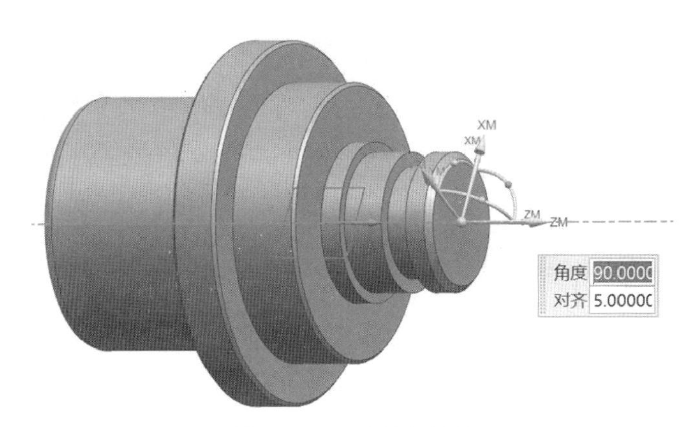

图 5-2-5　坐标轴旋转

（3）创建毛坯几何体。

①单击 MCS MILL 图标中的“+”，展开列表。双击 WORKPIECE 图标，弹出“工件”对话框。

②单击（指定部件）图标，弹出“部件几何体”对话框，选取加载零件作为加工最终部件，并单击“确定”按钮返回“工件”对话框。

③双击 TURNING_WORKPIECE 图标，弹出“车削工件”对话框，单击“指定毛坯边界”对话框右侧的图标，进入“毛坯边界”对话框，单击（指定点）图标，选取左侧端面外圆，自动捕捉圆心作为安装原点，如图 5-2-7 所示。在“长度”文本框输入“60.0000”，直径文本框中输入“55.0000”，如图 5-2-8 所示。

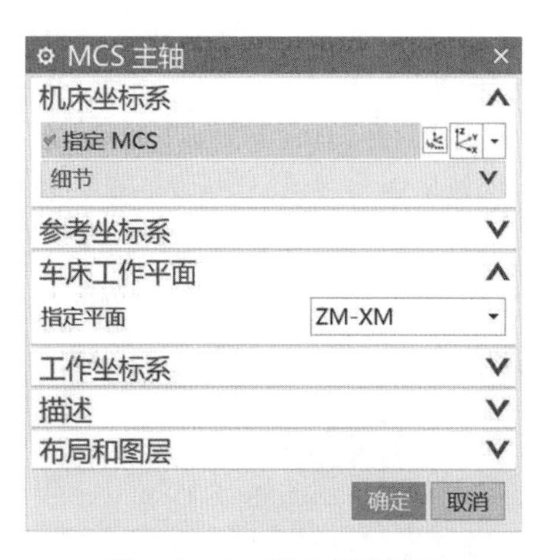

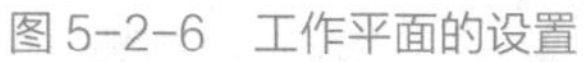

图 5-2-6　工作平面的设置

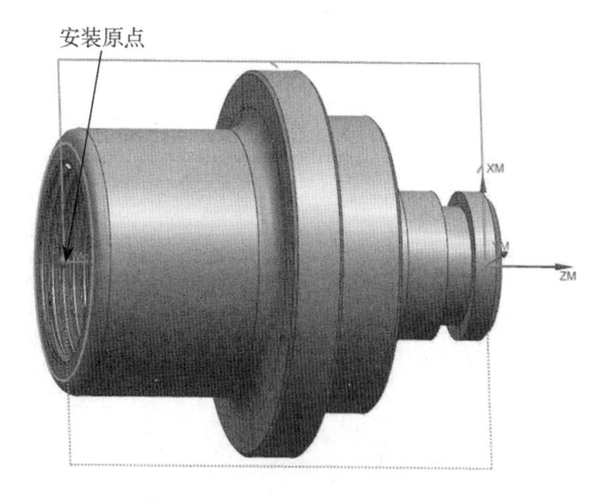

图 5-2-7　安装原点设置

④单击（显示）图标，观察设置的部件和毛坯是否符合要求，如图 5-2-9 所示。

毛坯边界
类型
棒材
毛坯
安装位置　在主轴箱处
指定点
长度　60. 0000
直径　55. 0000
预览
预览　显示
确定　取消

图 5-2-8　毛坯参数的设定

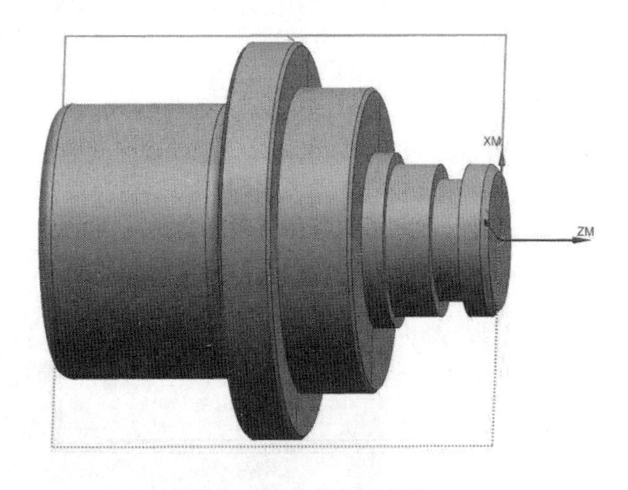

图 5-2-9　毛坯几何体

（4）创建刀具。

①单击创建刀具图标，进入“创建刀具”界面，选择刀具子类型中的车刀，在“名称”文本框输入“外圆刀 _80_L”作为刀具名称，单击“确定”按钮进入刀具参数设置对话框。

②在“尺寸”对话框中的“刀尖半径”文本框中填入实际加工车刀的外圆半径，在“编号”区域中的“刀具号”文本框中填入“1”，如图 5-2-10 所示。在“跟踪”界面，设置补偿寄存器为“1”，刀具补偿寄存器为“1”，如图 5-2-11 所示。单击“确定”按钮完成刀具创建。

（5）创建外径粗车加工工序。

①单击创建工序图标，弹出“创建工序”对话框，在工序子类型中选择（外径粗车）工序。

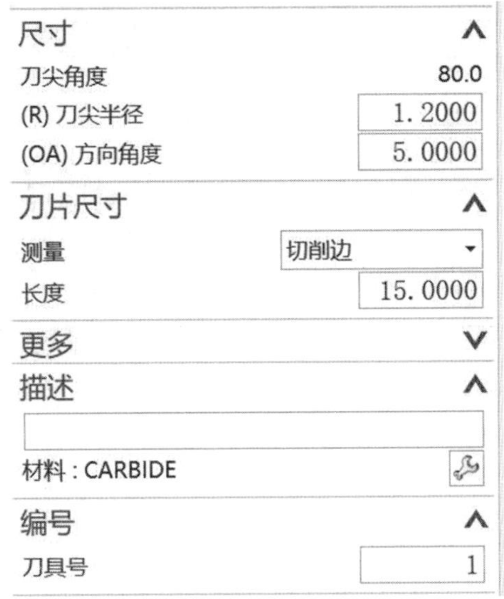

图 5-2-10　刀具参数

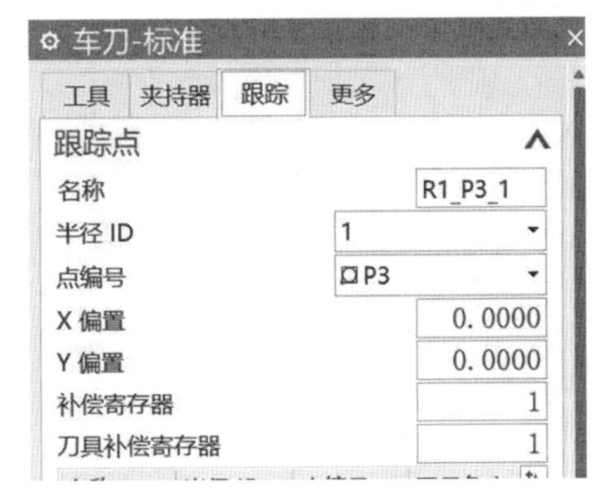

图 5-2-11　寄存器设置

②在“位置”区域中，“程序”下拉菜单选择“PROGRAM”选项，“刀具”下拉菜单选择“外圆刀_80_L（车刀-标准）”选项，“几何体”下拉菜单选择“TURNING_WORKPIECE”选项，“方法”下拉菜单选择“LATHE_ROUGH”选项，如图 5-2-12 所示。单击“确定”按钮进入“外径粗车”对话框，如图 5-2-13 所示。

图 5-2-12　工序选择

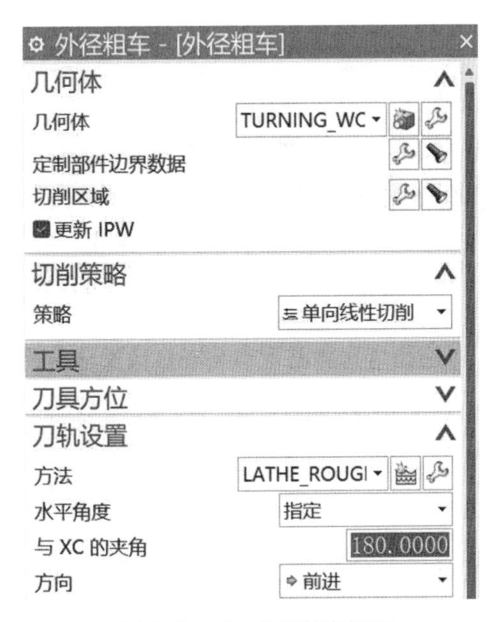

图 5-2-13　外径粗车界面

③在刀轨设置区域中，“步进”的“切削深度”模式选择“恒定”选项，“深度”设置为“2.0000”，如图 5-2-14 所示。

④单击“刀轨设置”对话框中的▤（切削参数）图标，进入“切削参数”对话框，在

“粗加工余量”区域中，设置“面”余量为“0.3000”，“径向”余量为“0.3000”。在“公差”设置区域，设置“内公差”和“外公差”均为“0.0100”，如图 5-2-15 所示。单击“确定”按钮返回“外径粗车”界面。

图 5-2-14　刀轨设置界面

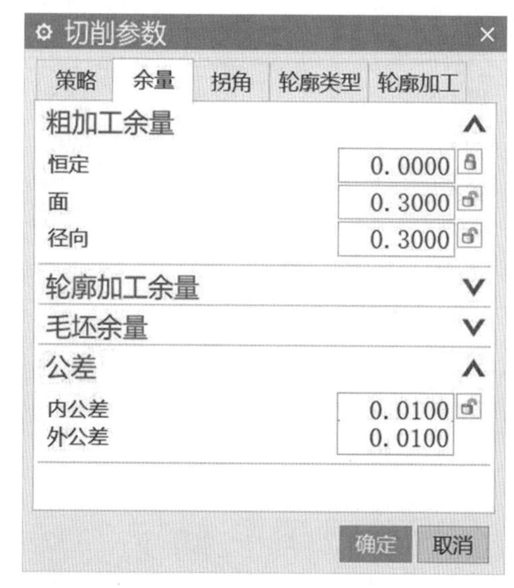

图 5-2-15　切削参数设置

⑤单击“刀轨设置”对话框中的（非切削移动）图标，进入“非切削移动”→“逼近”界面，如图 5-2-16 所示。设置“出发点”区域的“点选项”为“指定”选项，单击（指定点）图标，“输出坐标”区域的“参考”选择“ WCS”选项，“ XC”文本框中填入 50，“YC”文本框中填入 50，如图 5-2-17 所示。单击“确定”按钮返回“非切削移动”界面。在“安全距离”界面中的“工件安全距离”设置区域，把“径向安全距离”改为“0.0000”，“轴向安全距离”改为“0.0000”，如图 5-2-18 所示。

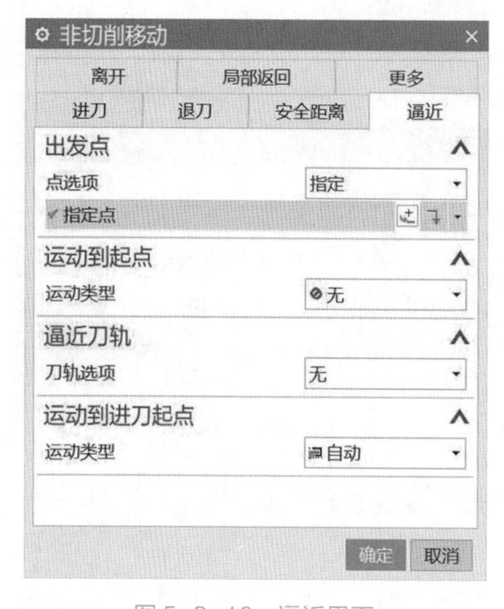

图 5-2-16　逼近界面

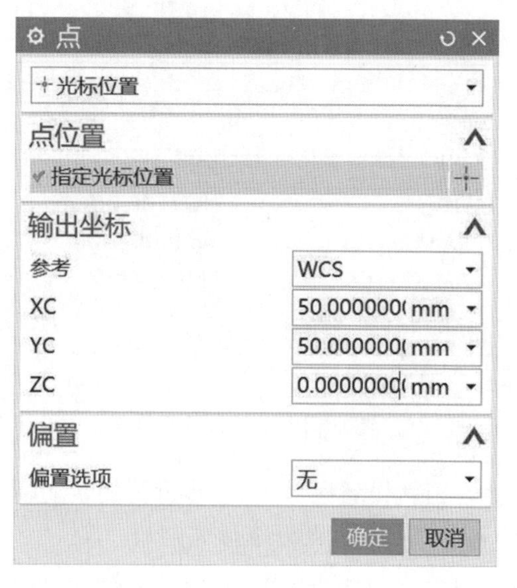

图 5-2-17　逼近点设置

⑥在几何体设置区域，单击切削区域按钮，进入“切削区域”界面。将轴向修剪平面 1 中的“限制选项”设置为“点”，单击如图 5-2-19 所示的圆角边，自动捕捉圆心作为加工区域的边界。单击“确定”按钮返回“外径粗车”界面。

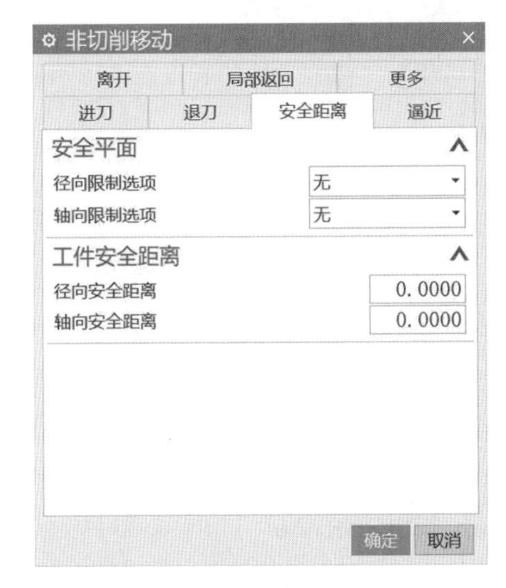

图 5-2-18　安全距离设置

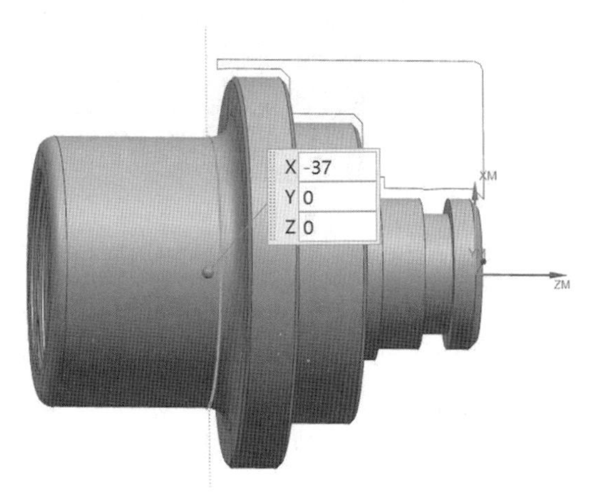

图 5-2-19　加工区域边界的设置

⑦设置进给率和速度。单击“刀轨设置”对话框中的（进给率和速度）图标，进入“进给率和速度”对话框，在“主轴速度”区域中，将“输出模式”设置为 RPM，勾选□（主轴速度）图标，在文本框中填入“600.0000”，在“进给率”区域中的“切削”文本框中填入“100.0000”，把切削模式设置为“mmpm”选项，如图 5-2-20 所示。单击“确定”按钮返回“外径粗车”界面。单击图标进行计算，预览刀轨，如图 5-2-21 所示。

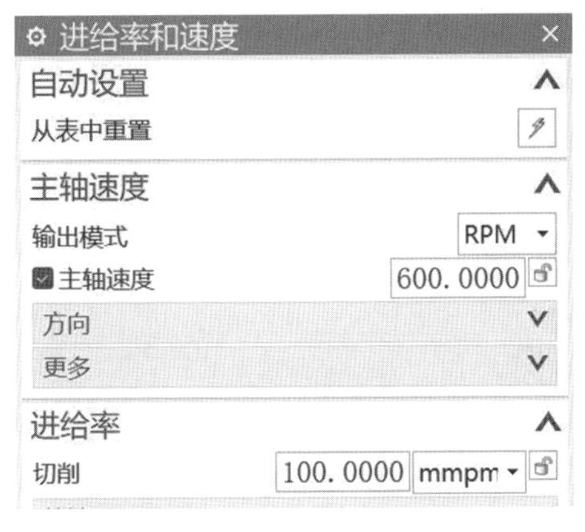

图 5-2-20　进给率和速度设置

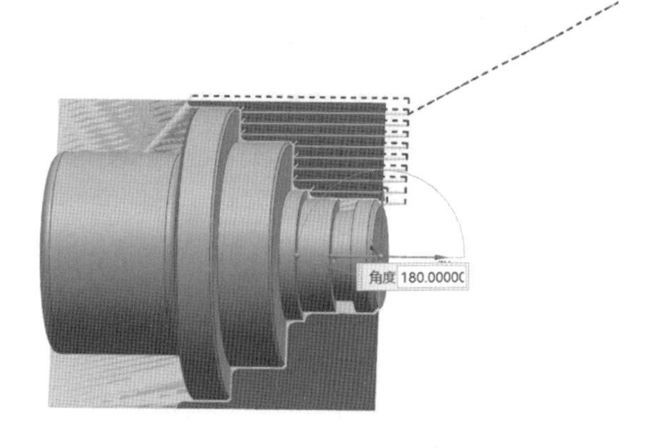

图 5-2-21　刀轨预览

⑧单击“操作”区域中的图标进行计算，再单击图标，进入“刀轨可视化”对话框。单击“3D 动态”图标进行 3D 仿真操作，把“动画速度”调整到 2，便于观察。单击图标进行仿真，如图 5-2-22 所示。确认无误后，单击两次“确定”按钮后完成工序创建。

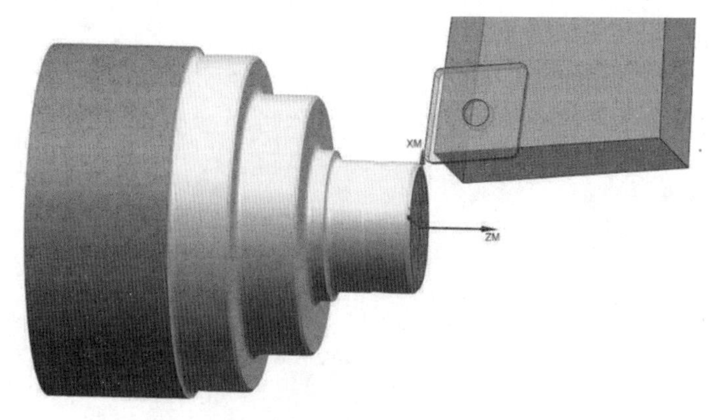

图 5-2-22　加工仿真

2. 外径精车

（1）右击 外径粗车 图标，通过工具条插入工序，进入创建工序界面。在工序子类型中选择（外径精车）工序。

（2）在“位置”区域中，“程序”下拉菜单选择“ PROGRAM”选项，“刀具”下拉菜单选择“外圆刀 _80_L（车刀 - 标准）”选项，“几何体”下拉菜单选择“ TURNING_WORKPIECE”选项，“方法”下拉菜单选择“LATHE_FINISH”选项，如图 5-2-23 所示。单击“确定”按钮进入“外径精车”对话框，如图 5-2-24 所示。

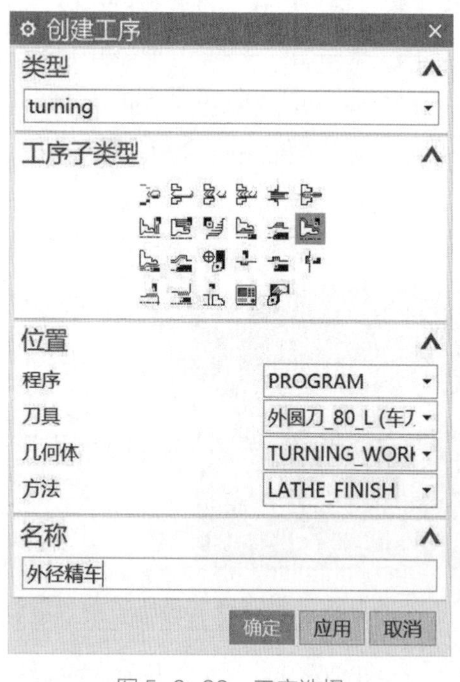

图 5-2-23　工序选择

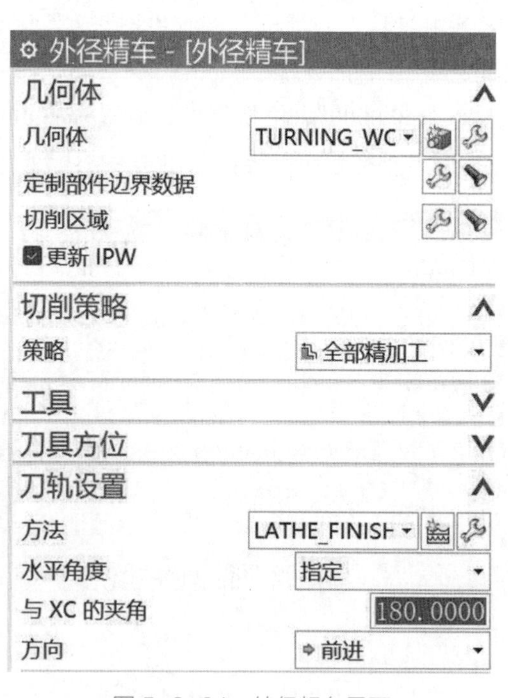

图 5-2-24　外径粗车界面

（3）单击“刀轨设置”对话框中的（非切削移动）图标，进入“非切削移动”界面。在“进刀”界面，设置“进刀类型”选择“线形 - 相对于切削”选项，“长度”设置为“5.0000”，“延伸距离”设置为“1.0000”，如图 5-2-25 所示。单击“确定”按钮返回“外径精车”界面。

（4）在几何体设置区域，单击切削区域按钮，进入“切削区域”界面。将轴向修剪平面 1 中的“限制选项”设置为“点”，单击如图 5-2-26 所示的圆角边，自动捕捉圆心作为加工区域的边界。单击“确定”按钮返回“外径粗车”界面。

图 5-2-25　进刀参数设置

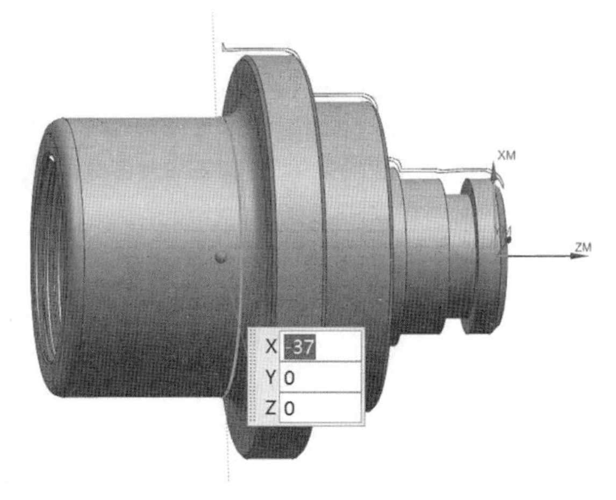

图 5-2-26　加工区域边界的设置

（5）单击“刀轨设置”对话框中的（进给率和速度）图标，进入“进给率和速度”对话框，在“主轴速度”区域，将“输出模式”设置为 RPM，勾选□（主轴速度）图标，在文本框中填入“1000.000”，在“进给率”区域中的“切削”文本框中填入“60.0000”，把切削模式设置为“ mmpm”选项，如图 5-2-27 所示。单击“确定”按钮返回“外径粗车”界面。单击图标进行计算，预览刀轨，如图 5-2-28 所示。

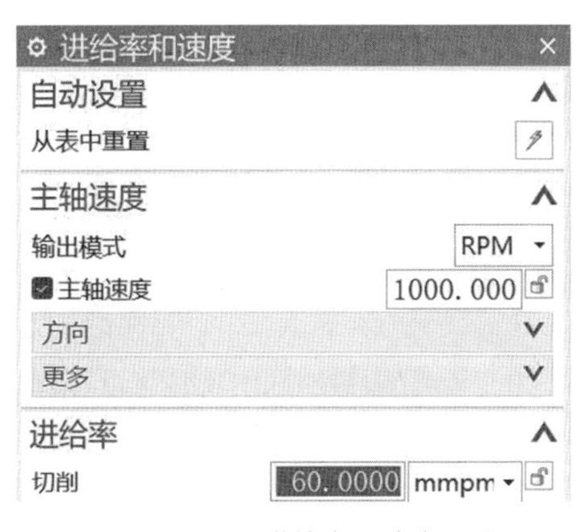

图 5-2-27　进给率和速度设置

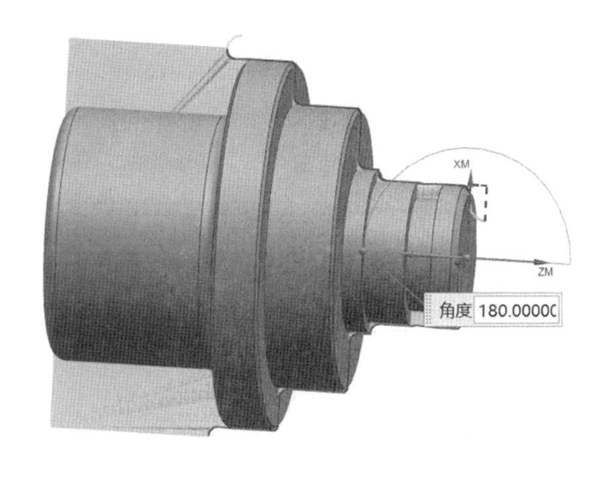

图 5-2-28　刀轨预览

（6）单击“操作”区域中的图标进行计算，再单击图标，进入“刀轨可视化”对话框。单击“3D 动态”图标进行 3D 仿真操作，把“动画速度”调整到 2，便于观察。单击图标进行仿真，如图 5-2-29 所示。确认无误后，单击两次“确定”按钮后完成工序创建。

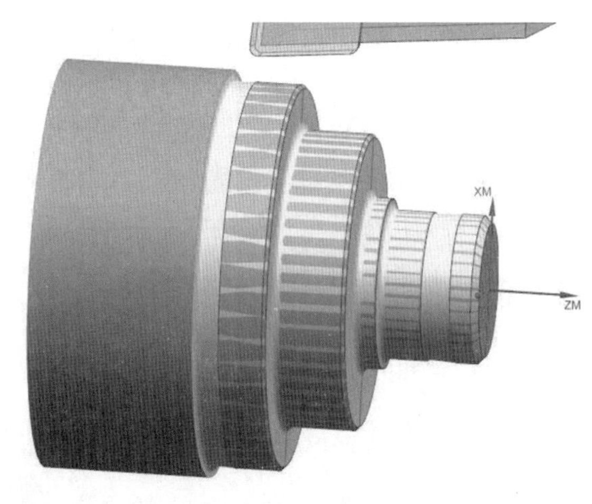

图 5-2-29　加工仿真

3. 外径开槽

（1）创建刀具。

①单击 创建刀具 图标，进入“创建刀具”界面，选择刀具子类型中的车刀，在“名称”文本框中输入“3mm 槽刀”作为刀具名称，单击“确定”按钮进入刀具参数设置对话框。

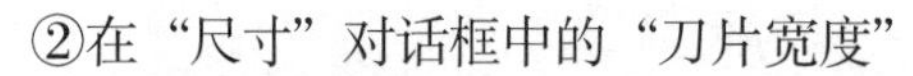

②在“尺寸”对话框中的“刀片宽度”文本框中填入“3.0000”，“半径”文本框中填入实际加工车刀的外圆半径。在“编号”区域中的“刀具号”文本框中填入“2.0000”，如图 5-2-30 所示。在“跟踪”界面，设置补偿寄存器为“2”，刀具补偿寄存器为“2”，如图 5-2-31 所示。单击“确定”按钮完成刀具建立。

尺寸	
(OA) 方向角度	90. 0000
(IL) 刀片长度	12. 0000
(IW) 刀片宽度	3. 0000
(R) 半径	0. 2000
(SA) 侧角	2. 0000
(TA) 尖角	0. 0000
更多	
描述	
材料 : CARBIDE	
编号	
刀具号	2

图 5-2-30　刀具参数

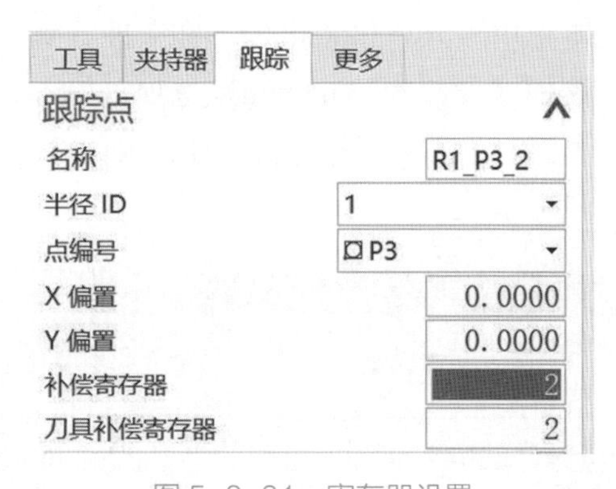

图 5-2-31　寄存器设置

（2）创建外径开槽加工工序。

①右击 外径精车 图标，通过弹出的工具条插入工序，在工序子类型中选择（外径开槽）工序。

②在位置区域中，“程序”下拉菜单选择“ PROGRAM”选项，“刀具”下拉菜单选择“3MM 槽刀（槽刀 - 标准）”选项，“几何体”下拉菜单选择“ TURNING_WORKPIECE”选项，“方法”下拉菜单选择“ LATHE_FINISH”选项，如图 5-2-32 所示。单击“确定”按钮进入“外径开槽”对话框，如图 5-2-33 所示。

图 5-2-32　工序选择

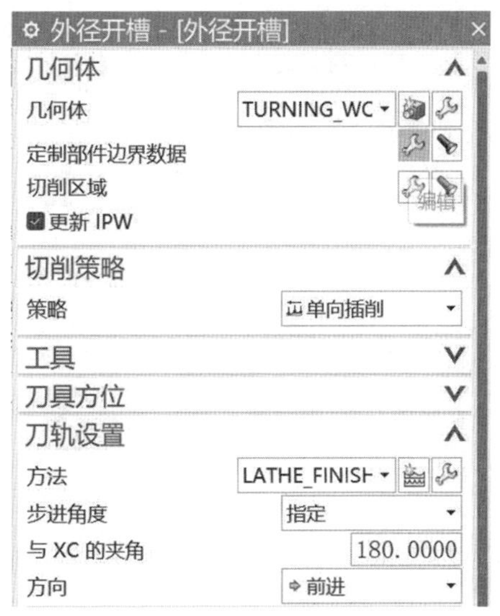

图 5-2-33　外径开槽界面

③在“刀轨设置”对话框中，“步进”的“步距”模式选择“恒定”选项，“最大距离”设置为“3.0000”，如图 5-2-34 所示。

④单击“刀轨设置”对话框中的 (非切削移动) 图标，进入“非切削移动”→“逼近”界面，如图 5-2-35 所示。设置“出发点”区域的“点选项”为“指定”选项，单击 (指定点) 图标，“输出坐标”区域的“参考”选择“ WCS”选项，“ XC”文本框中填入 50，“ YC”文本框中填入 50，如图 5-2-36 所示。单击“确定”按钮返回“非切削移动”界面。

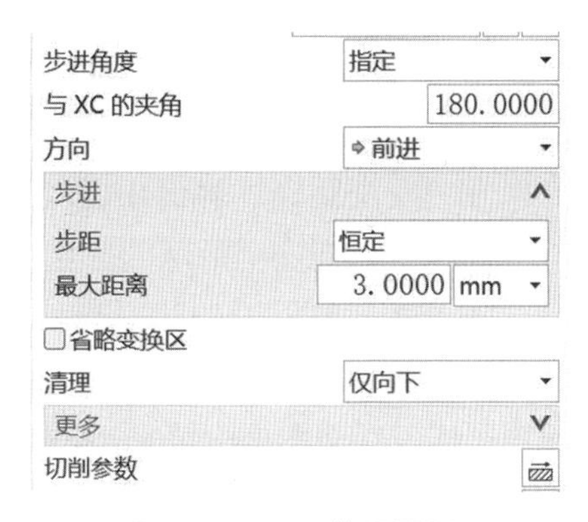

图 5-2-34　刀轨设置界面

图 5-2-35　逼近界面

图 5-2-36　逼近点设置

进入“离开”界面，如图 5-2-37 所示。在“离开点”设置区域，单击（指定点）图标，“输出坐标”区域的“参考”选择“WCS”选项，“XC”文本框中填入 50，如图 5-2-38 所示。单击“确定”按钮返回“非切削移动”界面。

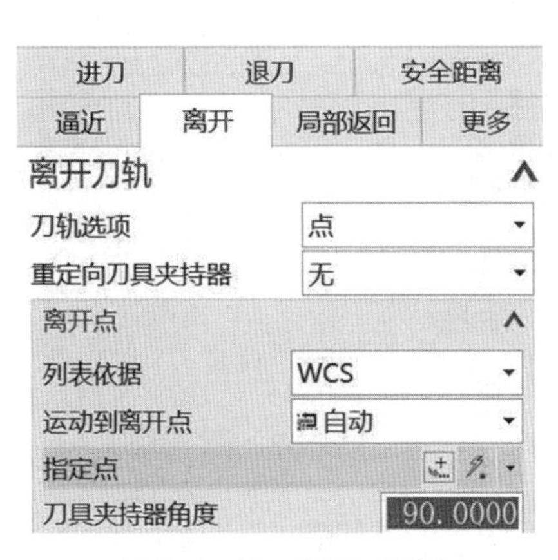

图 5-2-37 离开点设置

图 5-2-38 离开点坐标

在“安全距离”界面中的“工件安全距离”设置区域，把“径向安全距离”改为“0.0000”，“轴向安全距离”改为“0.0000”，如图 5-2-39 所示。

⑤单击“刀轨设置”对话框中的“（进给率和速度）图标，进入“进给率和速度”对话框，在“主轴速度”区域中，将“输出模式”设置为RPM，勾选□（主轴速度）图标，在文本框中填入“400.0000”，在“进给率”区域中的“切削”文本框中填入“50.0000”，把切削模式设置为“mmpm”，如图 5-2-40 所示。单击“确定”按钮返回“外径开槽”界面。单击图标进行计算，预览刀轨，如图 5-2-41 所示。

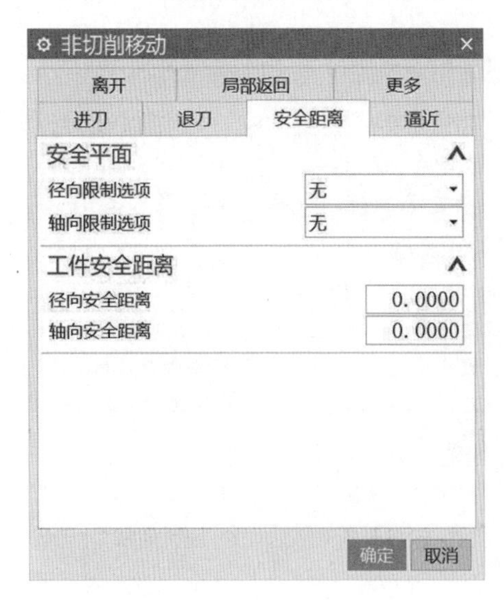

图 5-2-39 安全距离设置

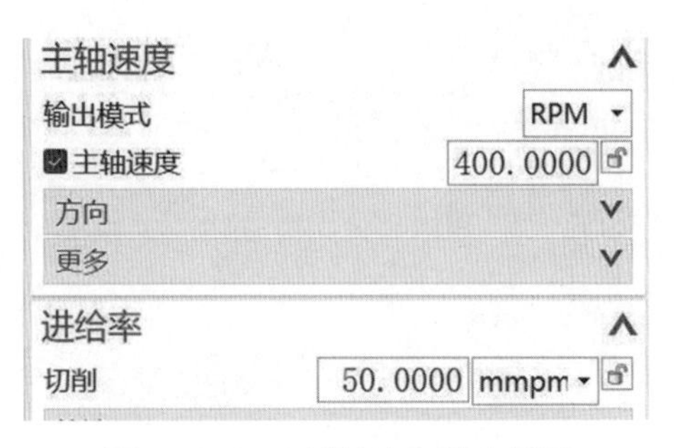

图 5-2-40 进给率和速度设置

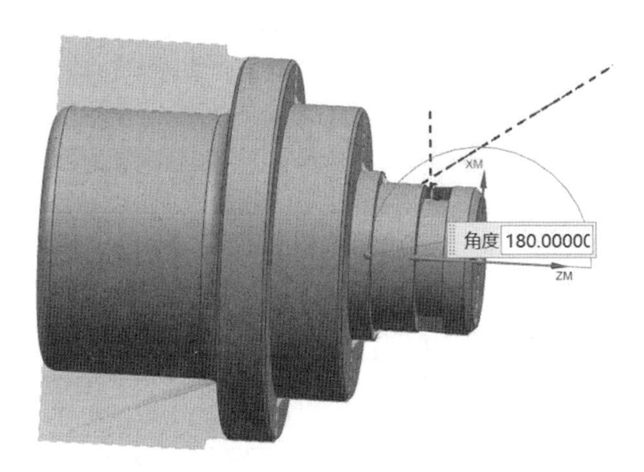

图 5-2-41　刀轨预览

⑥单击“操作”区域中的图标进行计算，再单击图标，进入“刀轨可视化”对话框。单击“3D 动态”图标进行 3D 仿真操作，把“动画速度”调整到 2，便于观察。单击图标进行仿真，如图 5-2-42 所示。确认无误后，单击两次“确定”按钮后完成工序创建。

图 5-2-42　加工仿真

思考

能否先对传动轴零件的左端加工，再调头加工零件的右端？请分析一下具体原因。

5.2.4　工件的检测与改进

数控车铣加工职业技能等级（中级）实操样题附带了如图 5-2-43 所示的考核评分表。我们可以通过常用内径千分尺（量程 0~25 mm 和量程 25~50 mm）和游标卡尺（量程

0~100 mm）进行测量，把测量的实际值填入评分表中，计算出得分。如果无得分，认真分析原因。

数控车铣加工职业技能等级标准（中级）评分表-传动轴零件											
试题编号				考生代码				配分	35		
场　次			工位编号			工件编号		成绩小计			
序号	配分	尺寸类型	公称尺寸	上偏差	下偏差	上极限尺寸	下极限尺寸	实际尺寸	得分	备注	
A-主要尺寸											
1	2	Ø	52	0	-0.046	52	51.954				
2	2	Ø	40	0	-0.039	40	39.961				
3	4	Ø	20	0.023	0.002	20.023	20.002				
4	3	Ø	36	-0.009	-0.034	35.991	35.966				
5	0.5	Ø	28	0.2	-0.2	28.2	27.8				
6	0.5	Ø	23	0.2	-0.2	23.2	22.8				
7	0.5	Ø	20	0.2	-0.2	20.2	19.8				
8	1	Ø	16	0.2	-0.2	16.2	15.8				
9	1.5	L	60	0.037	-0.037	60.037	59.963				
10	2	L	7	0.022	0	7.022	7				

图 5-2-43　考核评分表

5.2.5 “1+X”证书项目习题

在 5.2.3 中，学习了传动轴中的右端的外径轮廓加工的工艺与编程，请根据传动轴图 5-2-1 以及工艺表 5-2-2，完成传动轴左端加工编程，效果如图 5-2-44 所示。

表 5-2-2　加工工艺表

加工步骤	选用工序	加工刀具	主轴转速 / (r · min^{-1})	进给率 / (mm · min^{-1})
调头钻 ϕ20 × 25 的加工底孔	钻孔	麻花钻 ϕ20	150	手动
粗车左端面外形轮廓 $\phi36_{-0.034}^{-0.009}$	外径粗车	外圆车刀	600	100
精车左端面外形轮廓 $\phi36_{-0.034}^{-0.009}$	外径精车	外圆车刀	1000	80
粗车左端面内孔螺纹 27 × 1.5 的底孔	内径粗镗	内孔车刀	600	80
精车左端面内孔螺纹 M27 × 1.5 的底孔	内径精镗	内孔车刀	1000	60
车削 3 × ϕ28 退刀槽	内径开槽	3 mm 内切槽刀	300	50
车削内孔螺纹 M27 × 1.5	内径螺纹铣	内螺纹铣刀	300	F1.5

图 5-2-44　加工效果

学思践悟

锻造“千里眼”的幕后英雄——胡胜

随着现代科技的发展，“雷达”无疑成了现代人的“千里眼”。位于南京的中国电科第十四研究所就是我国雷达工业的发源地。1974 年出生的胡胜，现任中国电科第十四研究所数控车高级技师，他被称为锻造“千里眼”的幕后英雄。

2009 年国庆阅兵仪式上，我国自行研制的空警 -2000 大型预警机首次亮相，机身上方安装的雷达成为万众瞩目的焦点。这个雷达关键零部件的加工生产，是由胡胜带领团队完成的。

雷达零部件对精度的要求非常“苛刻”，有的误差要求不能超过一根头发丝的 1/10（0.005~0.008 mm），甚至要达到 0.004 mm 的精度，哪怕一丝划痕也不能出现。实现装备零部件对精度的苛刻要求，首先需要加工者选取不同的刀具。胡胜将 1000 多种刀具按照使用功能及其材料构成加以分类，经过两次筛选，剩下十几种或几种刀具备选，再结合加工材料的特性选择刀具。但是，挑选出来的刀具也常常不能满足要求。一些非标刀具，必须手工打磨。因为“磨功”好，胡胜打磨的刀具可以使用上千次，而有的人打磨的刀具往往只能使用十几次。

多年来，胡胜先后在机载火控、机载预警、舰载火控、星载雷达等一系列具有国际先进水平的重点科研项目中，承担关重件加工 70 多项，攻克了毫米波雷达的波纹管一次车削成形、机载火控雷达反射面加工变形等技术难题。他还提出了技术革新和合理化建议 30 多项，尤其在数控车的宏程序编程模块、车铣一次性加工成形等方面研发出许多独特的方法，大大提高了生产效率，节约科研经费近千万元。

20 多年潜心于数控机技术研究，胡胜奋战在国防尖端武器装备精密加工制造的最前线，从一名小车工晋升为我国精密加工制造领域的领军人物。2015 年，胡胜被誉为“工人院士”。2020 年，胡胜等 10 位顶尖技术技能人才荣登由中华全国总工会、中央广播电视总台联合举办的 2019 年“大国工匠年度人物”的榜单。

（来源：工人日报，2022 年 10 月 17 日）

参考文献

[1] 肖阳，吴爽．UG NX 12.0 数控编程与加工教程 [M]．武汉：华中科技大学出版社，2023.

[2] 詹建新．UG 12.0 数控编程实例教程 [M]．北京：电子工业出版社，2022.

[3] 林盛，胡登洲．UG NX 12.0 零基础编程实例教程 [M]．北京：机械工业出版社，2021.

[4] 张云杰．UG NX 12 完全实训手册 [M]．北京：清华大学出版社，2021.

[5] 天工在线．中文版 UG NX 12.0 数控加工从入门到精通：实战案例版 [M]．北京：中国水利水电出版社，2021.

[6] 张浩，易良培．UG NX 12.0 多轴数控编程与加工案例教程 [M]．北京：机械工业出版社，2020.

[7] 展迪优．UG NX 12.0 数控编程教程 [M]．5 版．北京：机械工业出版社，2019.

[8] 何县雄．UG NX 12.0 数控加工编程应用实例 [M]．北京：机械工业出版社，2018.

[9] 李锦，郑伟，吴涛．中文版 UG NX 10.0 技术大全 [M]．2 版．北京：人民邮电出版社，2017.

[10] 黄新燕．机床数控技术及编程 [M]．北京：人民邮电出版社，2015.